上岗轻松学

数码维修工程师鉴定指导中心 组织编写

图解电工识图快速入门

主　编　韩雪涛
副主编　吴　瑛　韩广兴

（视频版）

机械工业出版社

本书完全遵循国家职业技能标准和电工领域的实际岗位需求，在内容编排上充分考虑电工识图的特点，按照学习习惯和难易程度将电工识图划分为8章，即：电工电路中的符号标识、电工电路图的特点与连接方式、供配电线路的识读、照明控制电路的识读、电动机控制电路的识读、工业机床控制电路的识读、农机控制电路的识读、PLC及变频控制电路的识读。

学习者可以看着学、看着做、跟着练，通过“图文互动”的模式，轻松、快速地掌握电工识图技能。

书中大量的演示图解、操作案例以及实用数据可以供学习者在日后的工作中方便、快捷地查询使用。

本书还采用了微视频讲解互动的全新教学模式，在重要知识点相关图文的旁边，附印了二维码。读者只要用手机扫描书中相关知识点的二维码，即可在手机上实时浏览对应的教学视频，视频内容与图书涉及的知识完全匹配。晦涩复杂难懂的图文知识通过相关专家的语言讲解，帮助读者轻松领会，同时还可以极大缓解阅读疲劳。

本书是电工识图的必备用书，还可供电工电子行业从事生产、调试、维修的技术人员和业余爱好者阅读。

图书在版编目（CIP）数据

图解电工识图快速入门 ：视频版 / 韩雪涛主编. — 北京 ：机械工业出版社，2018. 1（2024.3重印）
（上岗轻松学）
ISBN 978-7-111-58754-5

Ⅰ. ①图… Ⅱ. ①韩… Ⅲ. ①电路图－识图－图解 Ⅳ. ①TM13-64

中国版本图书馆CIP数据核字（2017）第312765号

机械工业出版社（北京市百万庄大街22号　邮政编码100037）
策划编辑：陈玉芝 王 博　　责任编辑：王 博
责任校对：张 征　　责任印制：单爱军
北京虎彩文化传播有限公司印刷
2024年3月第1版第2次印刷
184mm×260mm · 10.25印张 · 231千字
标准书号：ISBN 978-7-111-58754-5
定价：49.8元

凡购本书，如有缺页、倒页、脱页，由本社发行部调换
电话服务　　网络服务
服务咨询热线：010-88361066　　机 工 官 网：www.cmpbook.com
读者购书热线：010-68326294　　机 工 官 博：weibo.com/cmp1952
010-88379203　　金 书 网：www.golden-book.com

教育服务网：www.cmpedu.com

编委会

主　编　韩雪涛

副主编　吴　瑛　韩广兴

参　编　张丽梅　马梦霞　韩雪冬　张湘萍

朱　勇　吴惠英　高瑞征　周文静

王新霞　吴鹏飞　张义伟　唐秀鸯

宋明芳　吴　玮

前言

电工识图技能是电工必不可少的一项专项、专业、基础、实用技能。该项技能的岗位需求非常广泛。随着技术的飞速发展以及市场竞争的日益加剧，越来越多的人认识到实用技能的重要性，电工识图的学习和培训也逐渐从知识层面延伸到技能层面。学习者更加注重电工识图技能能够用在哪儿，应用电工识图技能可以做什么。然而，目前市场上很多相关的图书仍延续传统的编写模式，不仅严重影响了学习的时效性，而且在实用性上也大打折扣。

针对这种情况，为使电工快速掌握识图技能，及时应对岗位的发展需求，我们对电工识图内容进行了全新的梳理和整合，结合岗位培训的特色，根据国家职业技能标准组织编写构架，引入多媒体出版特色，力求打造出具有全新学习理念的电工入门图书。

在编写理念方面

本书将国家职业技能标准与行业培训特色相融合，以市场需求为导向，以直接指导就业作为图书编写的目标，注重实用性和知识性的融合，将学习技能作为图书的核心思想。书中的知识内容完全为技能服务，知识内容以实用、够用为主。全书突出操作，强化训练，让学习者阅读图书时不是在单纯地学习内容，而是在练习技能。

在内容结构方面

本书在结构的编排上，充分考虑当前市场的需求和读者的情况，结合实际岗位培训的经验对电工识图这项技能进行全新的章节设置；内容的选取以实用为原则，案例的选择严格按照上岗从业的需求展开，确保内容符合实际工作的需要；知识性内容在注重系统性的同时以够用为原则，明确知识为技能服务，确保图书的内容符合市场需要，具备很强的实用性。

在编写形式方面

本书突破传统图书的编排和表述方式，引入了多媒体表现手法，采用双色图解的方式向学习者演示电工识图技能，将传统意义上的以“读”为主变成以“看”为主，力求用生动的图例演示取代枯燥的文字叙述，使学习者通过二维平面图、三维结构图、演示操作图、实物效果图等多种图解方式直观地获取实用技能中的关键环节和知识要点。

其次，图书还开创了数字媒体与传统纸质载体交互的全新教学方式。学习者可以通过手机扫描书中的二维码，实时浏览对应知识点的数字媒体资源。数字媒体资源与图书的图文资源相互衔接，相互补充，可充分调动学习者的主观能动性，确保学习者在短时间内获得最佳的学习效果。

扫描书中的“二维码”
开启全新微视频学习模式

在专业能力方面

本书编委会由行业专家、高级技师、资深多媒体工程师和一线教师组成，编委会成员除具备丰富的专业知识外，还具备丰富的教学实践经验和图书编写经验。

为确保图书的行业导向和专业品质，特聘请原信息产业部职业技能鉴定指导中心资深专家韩广兴担任顾问，亲自指导，充分以市场需求和社会就业需求为导向，确保图书内容符合职业技能鉴定标准，达到规范性就业的目的。

本书由韩雪涛任主编，吴瑛、韩广兴任副主编，张丽梅、马梦霞、韩雪冬、张湘萍、朱勇、吴惠英、高瑞征、周文静、王新霞、吴鹏飞、张义伟、唐秀鸯、宋明芳、吴玮参加编写。

读者通过学习与实践还可参加相关资质的国家职业资格或工程师资格认证，获得相应等级的国家职业资格证书或数码维修工程师资格证书。如果读者在学习和考核认证方面有什么问题，可通过以下方式与我们联系。

数码维修工程师鉴定指导中心
网址：http://www.chinadse.org
联系电话：022-83718162/83715667/13114807267
E-mail:chinadse@163.com
地址：天津市南开区榕苑路4号天发科技园8-1-401 邮编：300384

希望本书的出版能够帮助读者快速掌握电工识图技能，同时欢迎广大读者给我们提出宝贵建议！如书中存在问题，可发邮件至cyztian@126.com与编辑联系！

编　者

目录

第1章

电工电路中的符号标识

1.1 常用电气部件的符号标识

1.1.1 开关部件的符号标识

开关部件是用于控制仪器、仪表或设备等装置的部件，可以使被控制装置在“开”和“关”两种状态下相互转换，即开关是一个控制电路接通或断开的器件。在电路图中，开关部件以专用的图形符号和电路标识进行表示。

【典型开关部件的图形符号和电路标识】

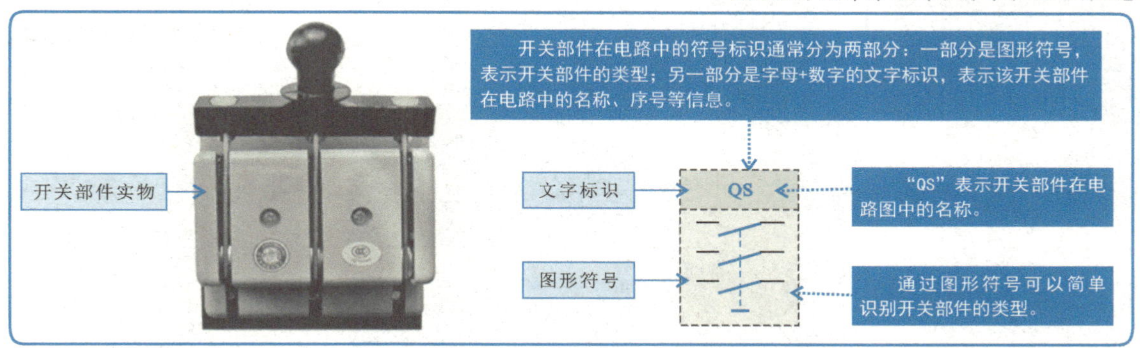

【开启式负荷开关的符号标识】

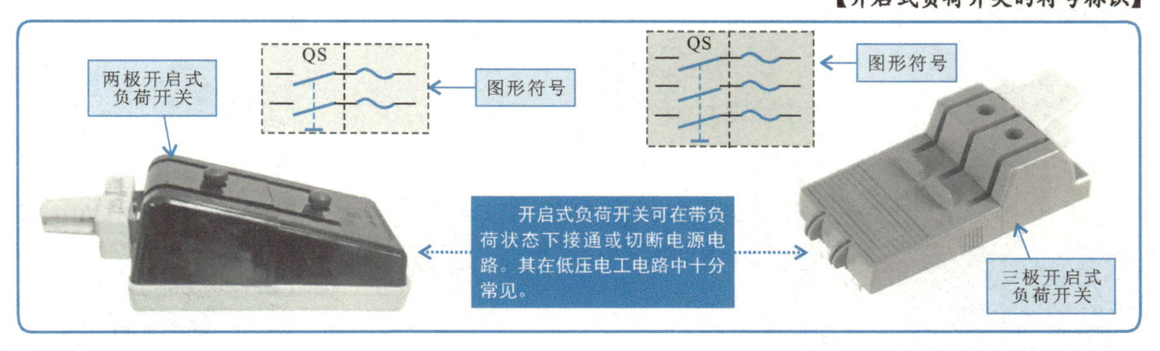

【按钮的符号标识】

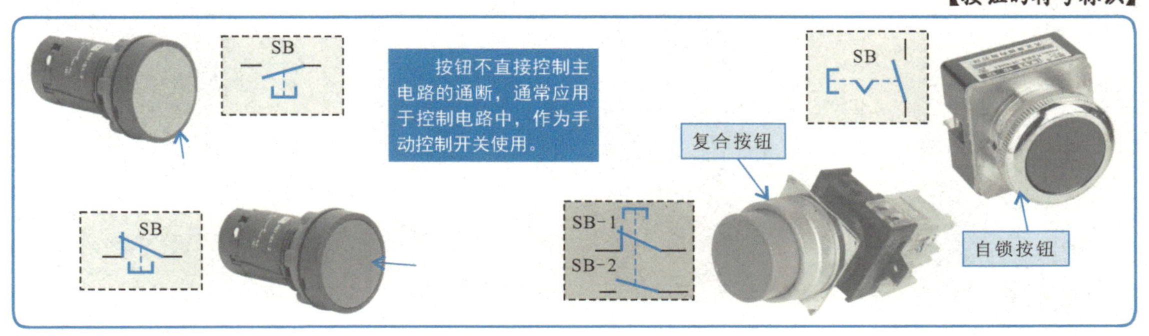

【照明开关部件的符号标识】

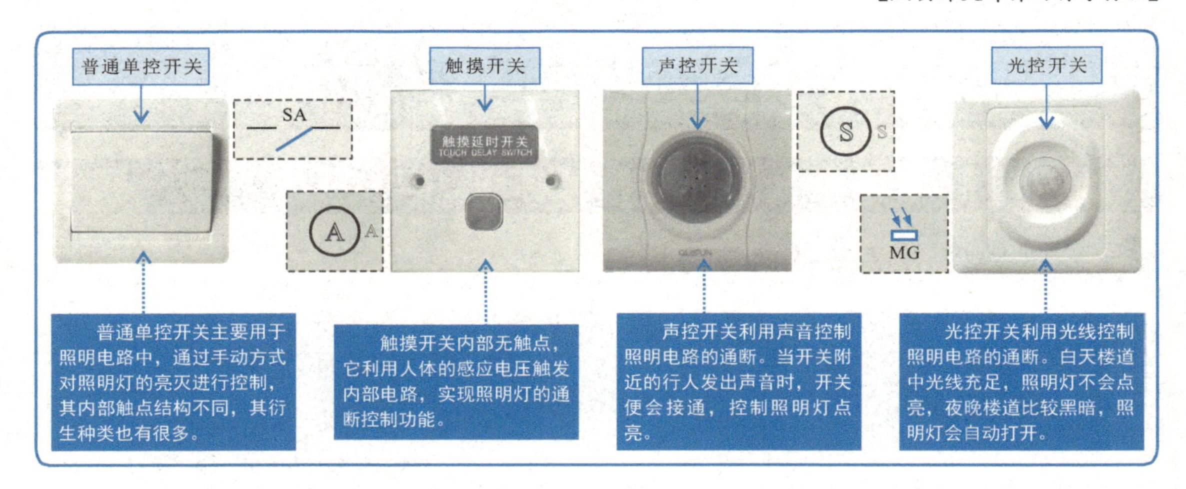

【低压断路器的符号标识】

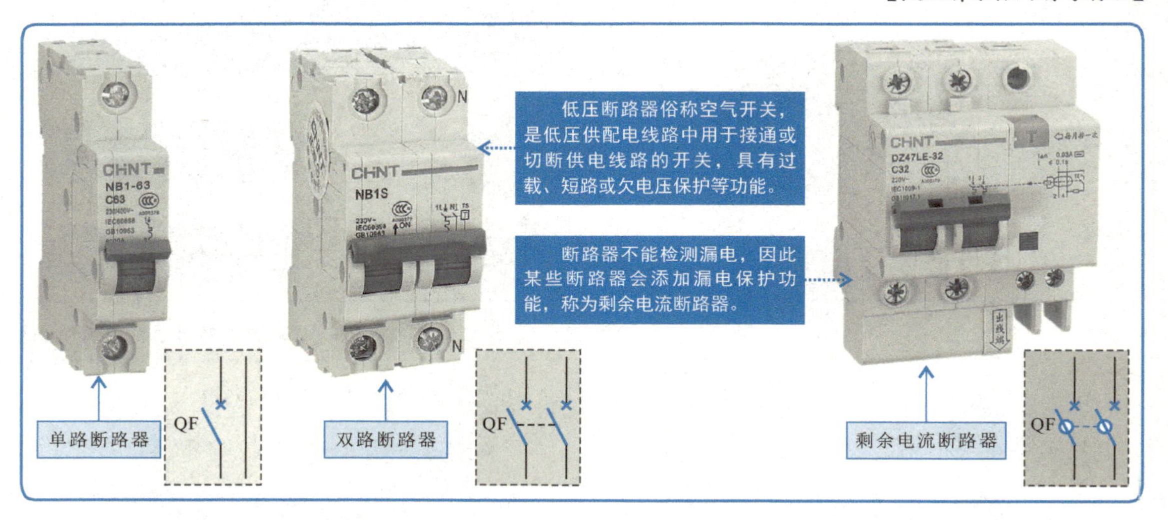

【特殊开关部件的符号标识】

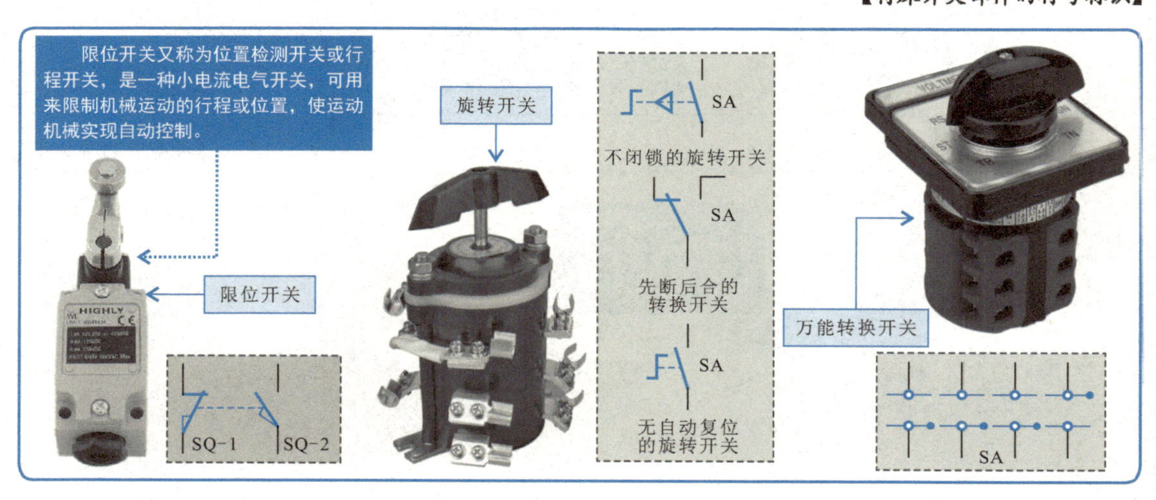

1.1.2 接触器的符号标识

接触器是一种由电压控制的开关装置，适用于远距离频繁地接通和断开交直流电路，是电力拖动系统、机床设备控制电路、自动控制系统中使用最广泛的低压电气部件之一。在电路图中，接触器以专用的图形符号和电路标识进行表示。

【典型接触器的图形符号和电路标识】

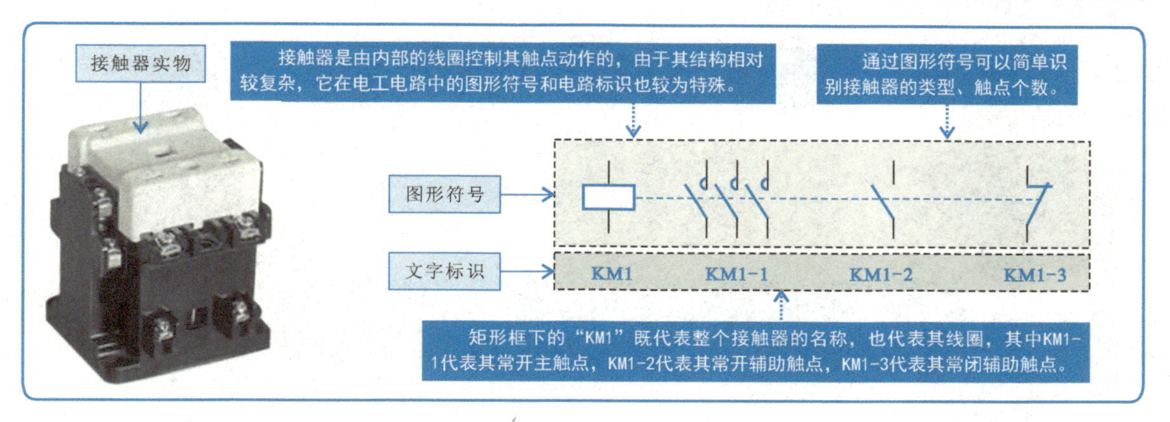

【交流接触器的符号标识】

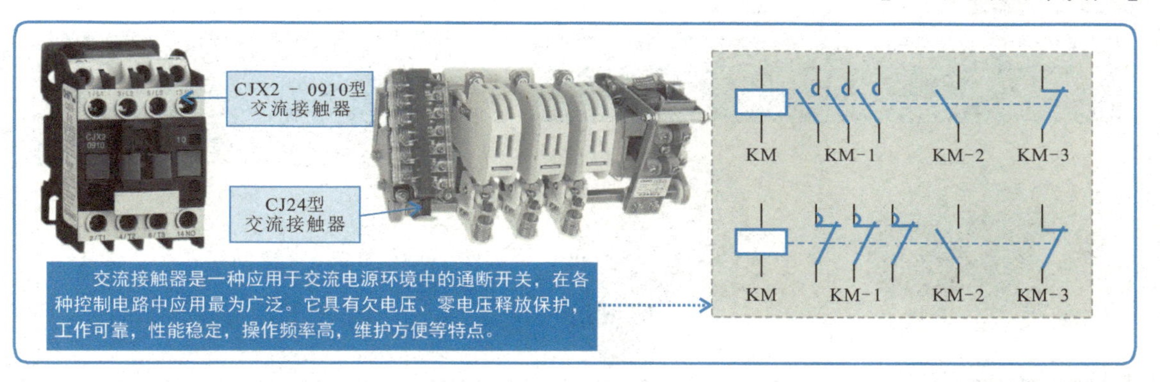

【直流接触器的符号标识】

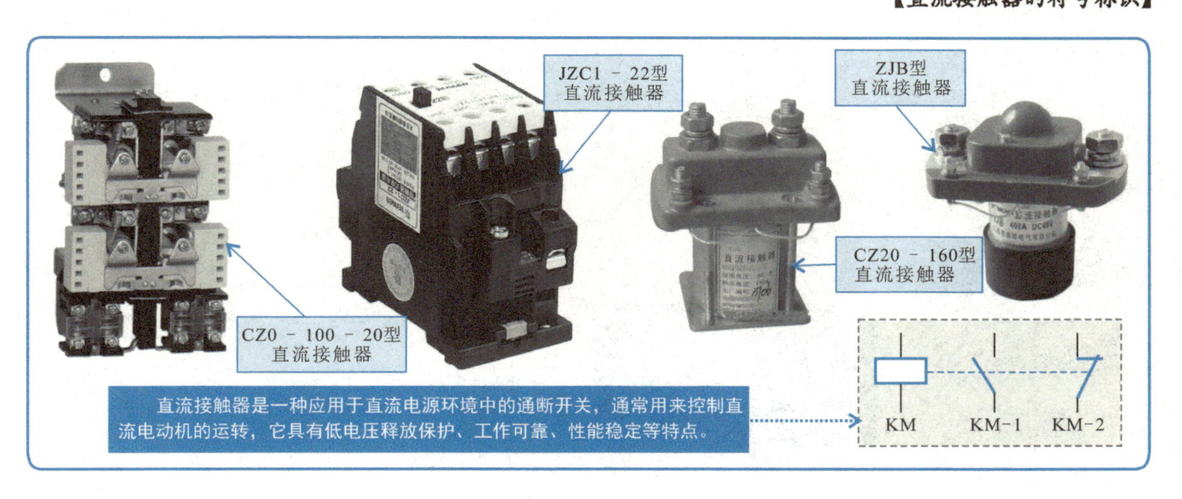

1.1.3 继电器的符号标识

继电器是一种根据外界输入量来控制电路"接通"或"断开"的自动电气部件，当输入量的变化达到规定要求时，在电气输出电路中，使控制量发生预定的阶跃变化。在电路图中，继电器以专用的图形符号和电路标识进行表示。

【普通继电器的图形符号和电路标识】

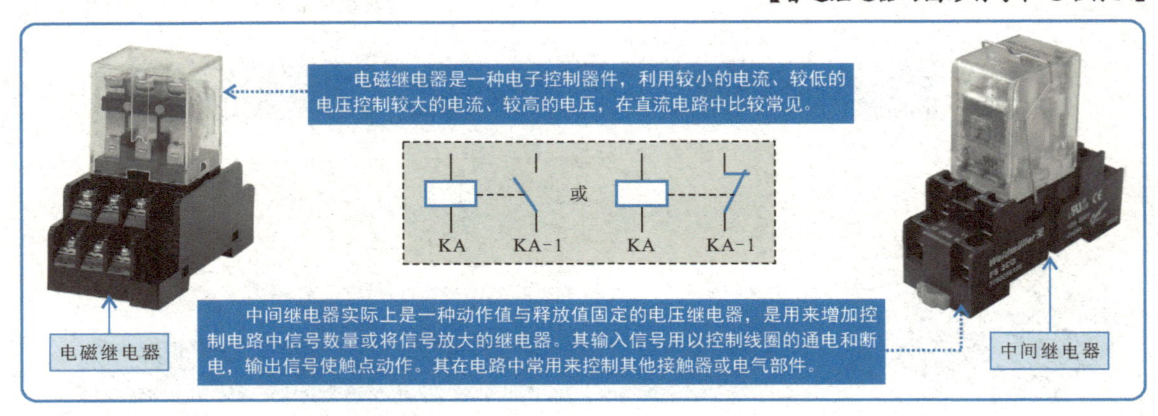

【热继电器的图形符号和电路标识】

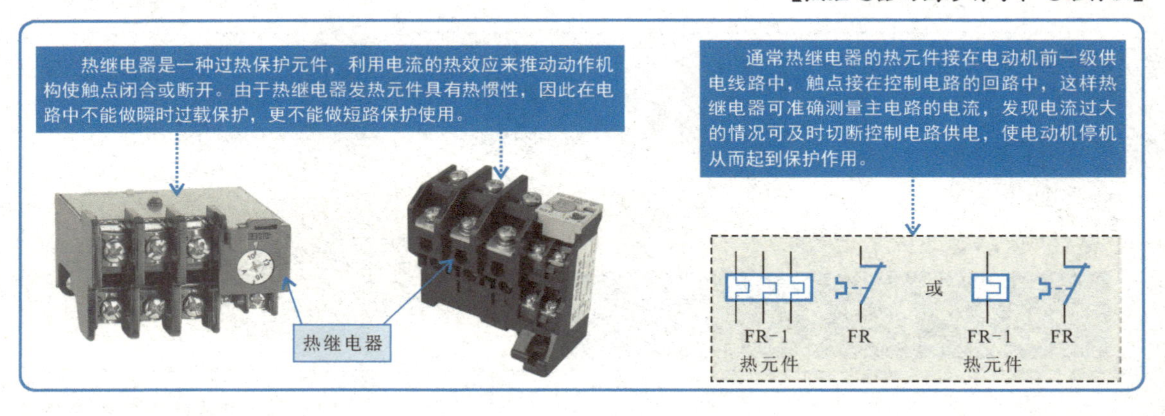

【时间继电器的符号标识】

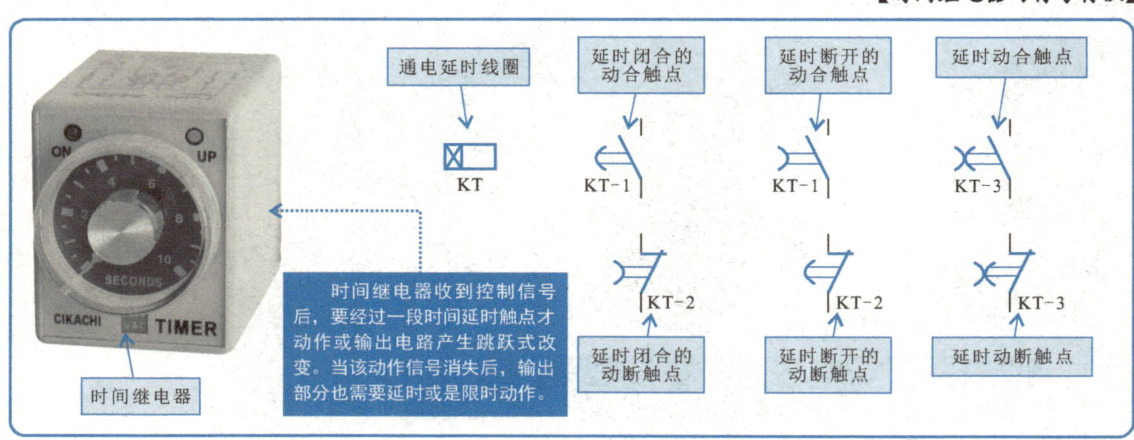

【电压、电流继电器的符号标识】

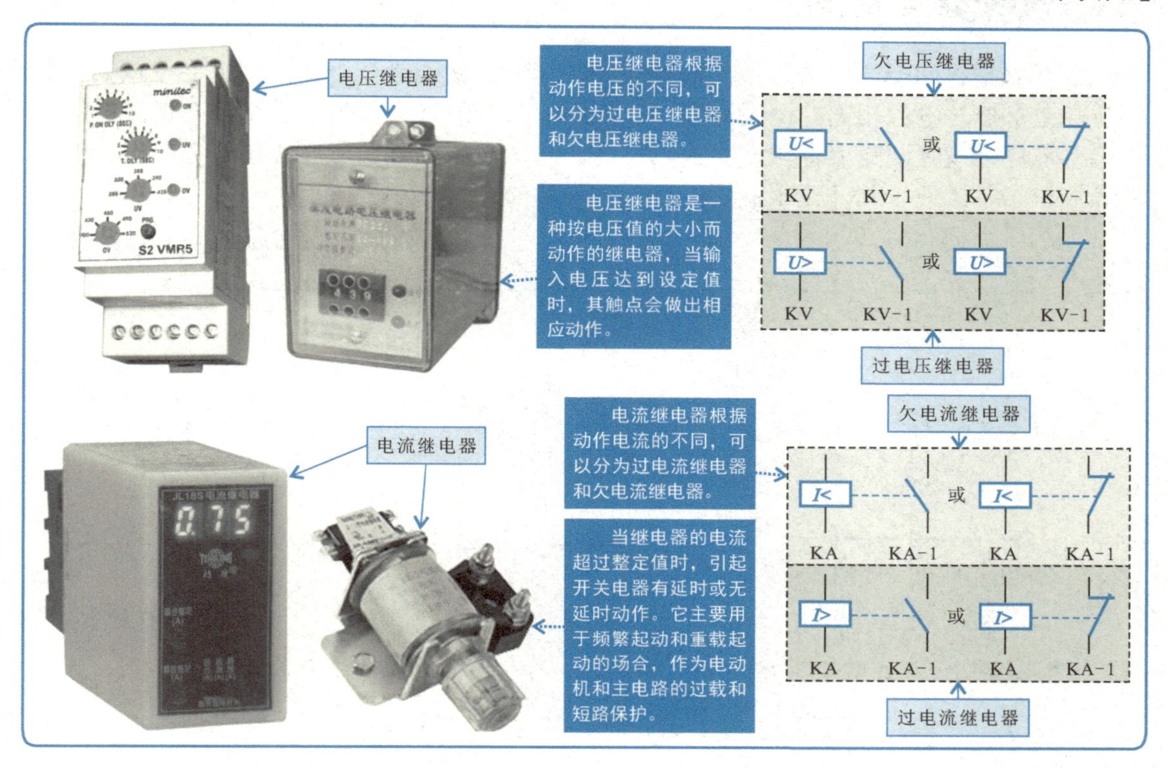

【速度、压力继电器的符号标识】

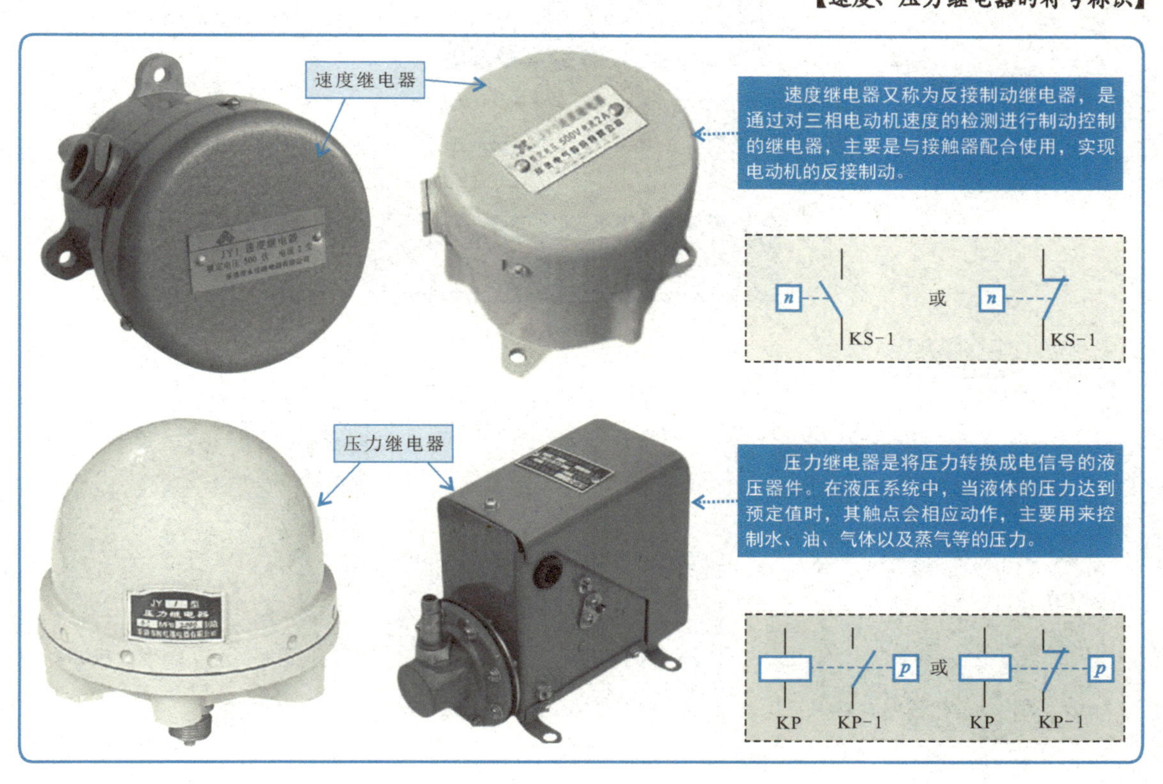

1.1.4 变压器的符号标识

变压器是将两个或两个以上的线圈绕制在同一个线圈骨架上，或绕在同一铁心上制成的。通常把与电源相连的绕组称为一次绕组，其余的绕组称为二次绕组。变压器的主要作用是提升或降低交流电压、变换阻抗等，它是利用电磁感应原理传递电能或传输交流信号的一种器件，此外变压器还具有电气隔离的作用。

【变压器的图形符号和电路标识】

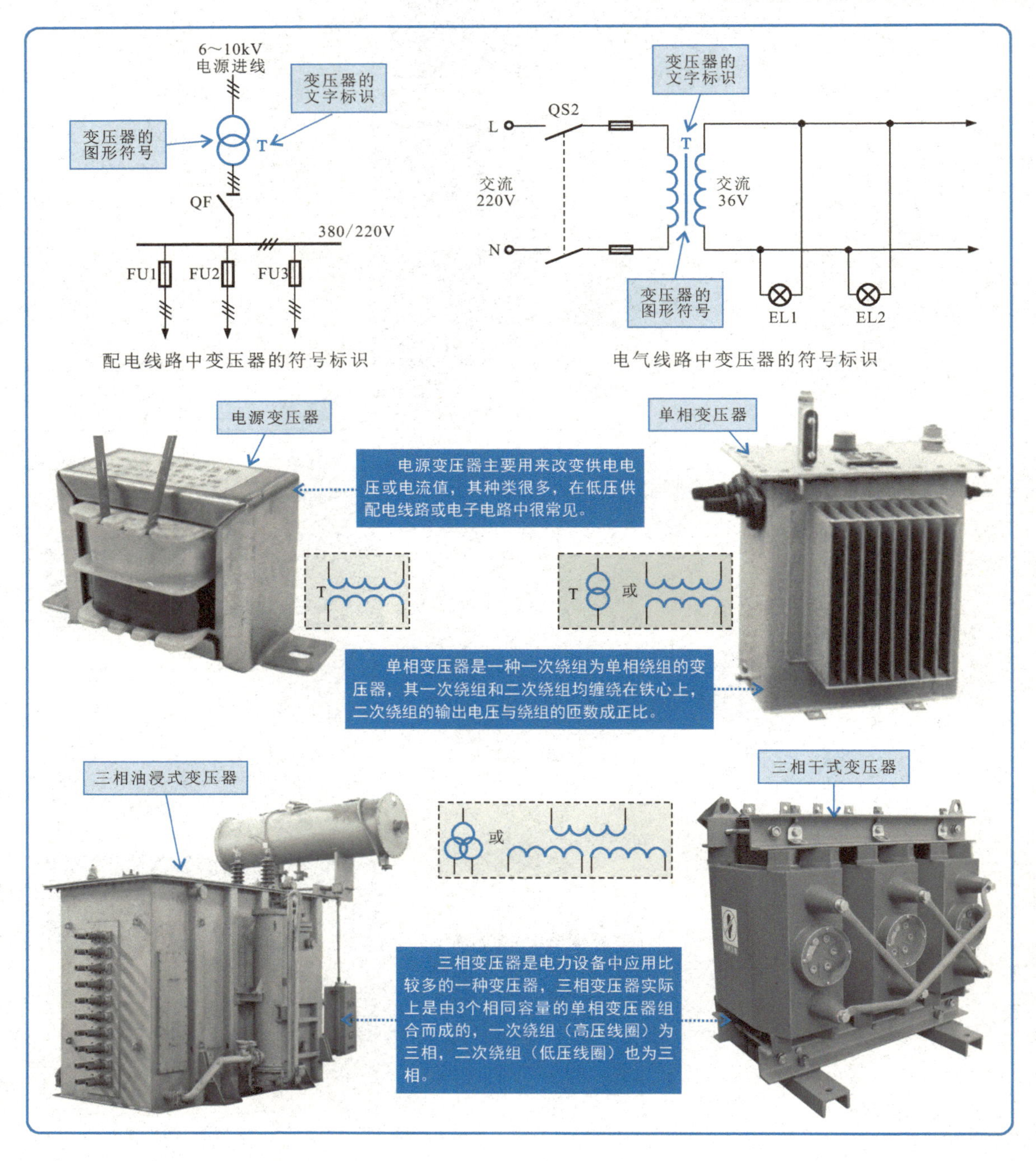

1.1.5 电动机的符号标识

电动机是一种可以将电能转换为机械能的电气设备，也是电工电路中最常用的动力设备，实际应用中电动机有很多种类。在电路图中，各电动机以专用的图形符号和电路标识进行表示。

【典型电动机的图形符号和电路标识】

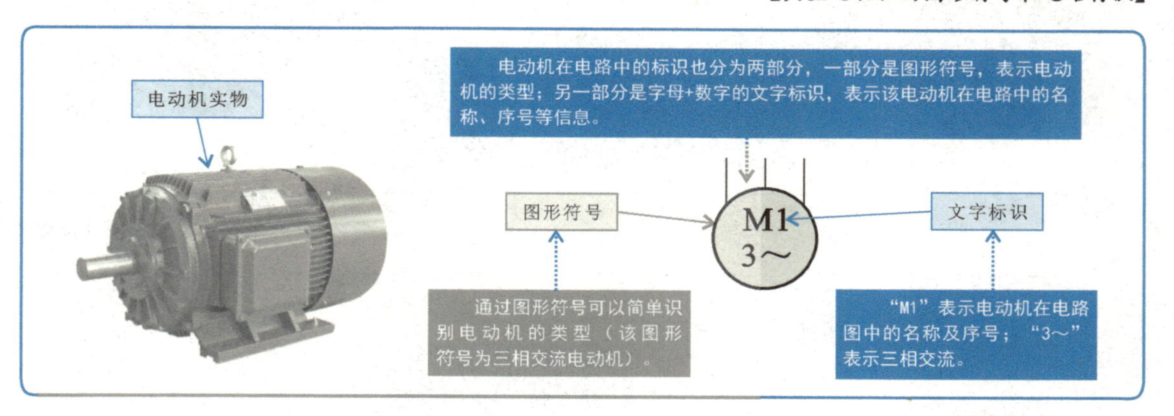

【直流电动机的符号标识】

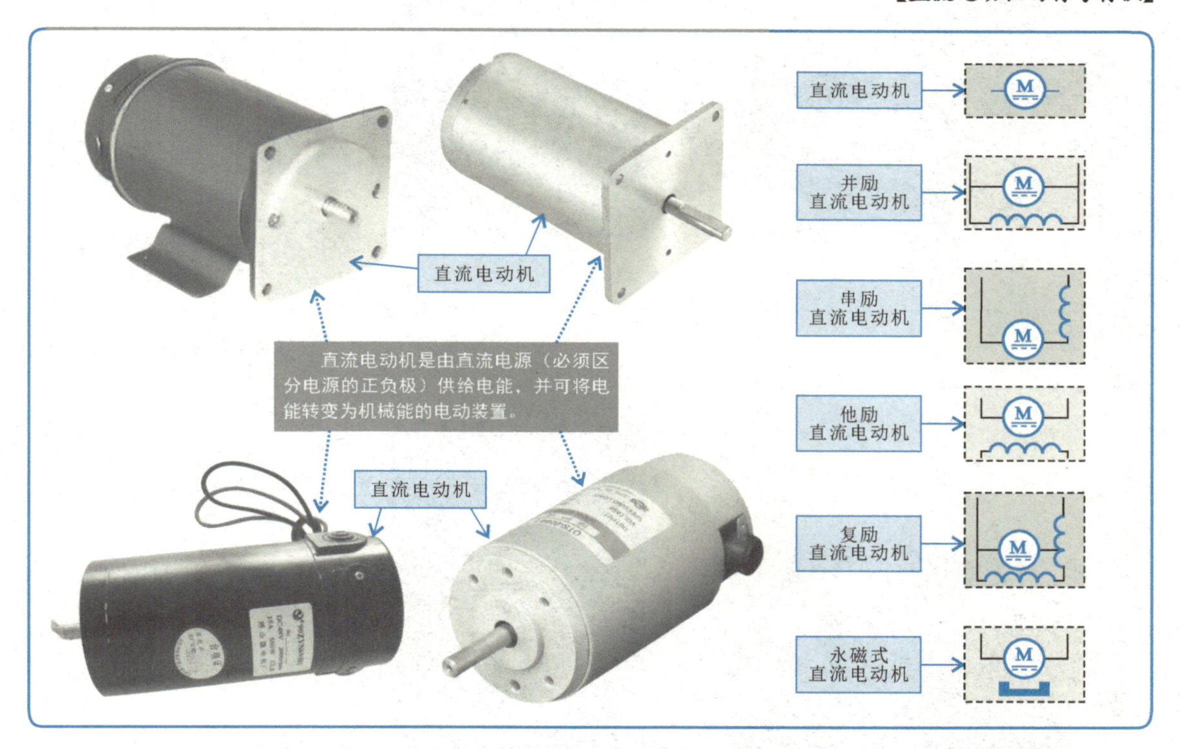

特别提醒

在实际的电路中，很多时候用电机的一般图形符号进行标识，即用"(*)"表示电机的通用符号，*可用字母M、G等字母代换，其中M表示电动机，G表示发电机。

【步进电动机和伺服电动机的符号标识】

步进电动机是将电脉冲信号转变为角位移或线位移的开环控制器件。在负载正常的情况下，电动机转动与停止的位置（或相位）只取决于驱动脉冲信号的频率和脉冲数，不受负载变化的影响。

伺服电动机是指自动跟踪控制系统中的电动机，与自动控制电路系统是密不可分的。伺服电动机有直流电动机、交流电动机和步进电动机。

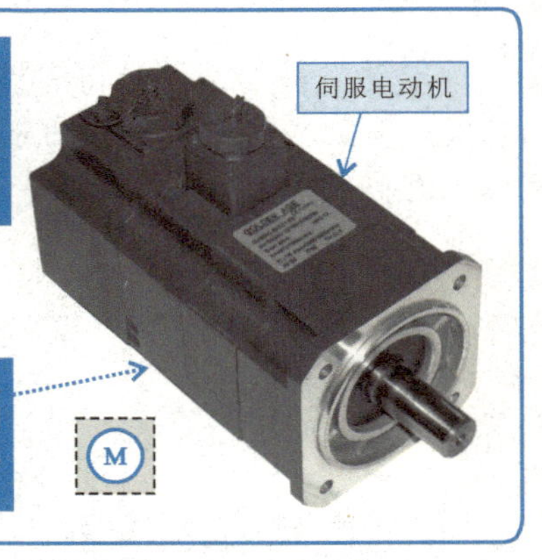

【单相电动机的符号标识】

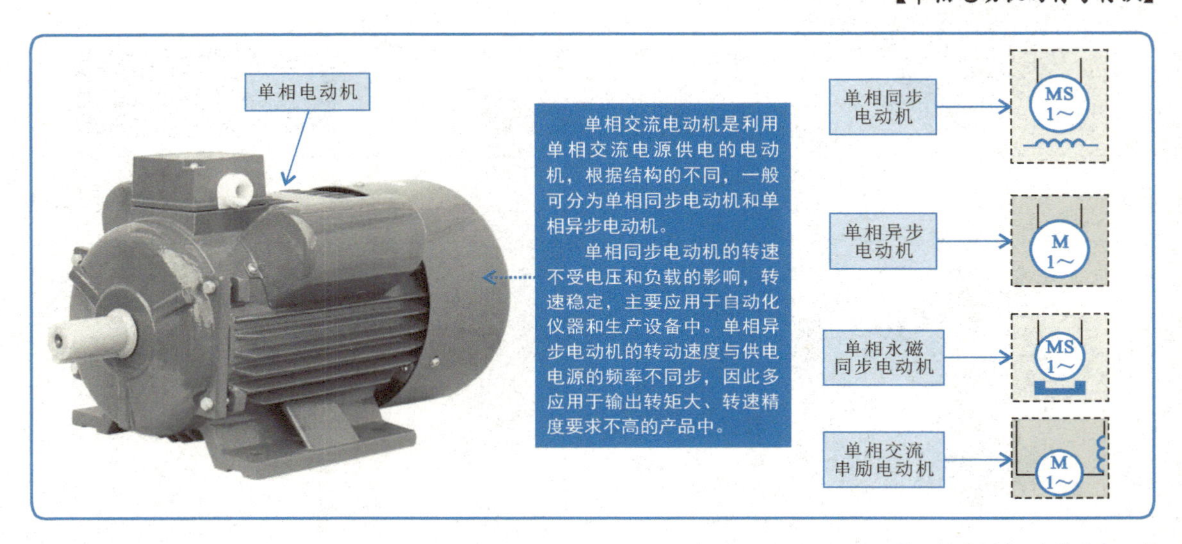

单相交流电动机是利用单相交流电源供电的电动机，根据结构的不同，一般可分为单相同步电动机和单相异步电动机。

单相同步电动机的转速不受电压和负载的影响，转速稳定，主要应用于自动化仪器和生产设备中。单相异步电动机的转动速度与供电电源的频率不同步，因此多应用于输出转矩大、转速精度要求不高的产品中。

【三相电动机的符号标识】

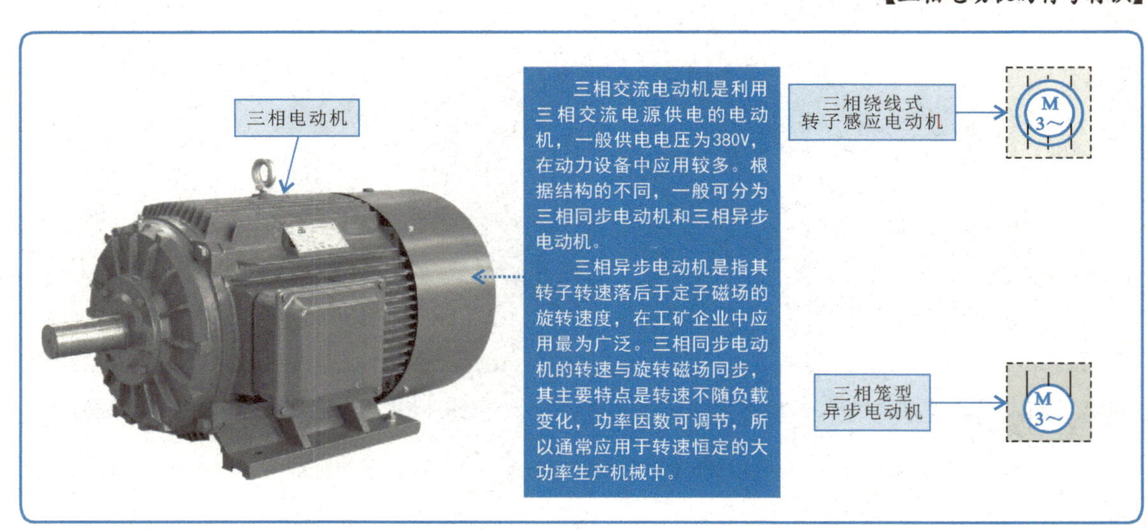

三相交流电动机是利用三相交流电源供电的电动机，一般供电电压为380V，在动力设备中应用较多。根据结构的不同，一般可分为三相同步电动机和三相异步电动机。

三相异步电动机是指其转子转速落后于定子磁场的旋转速度，在工矿企业中应用最为广泛。三相同步电动机的转速与旋转磁场同步，其主要特点是转速不随负载变化，功率因数可调节，所以通常应用于转速恒定的大功率生产机械中。

1.2 常用供配电部件的符号标识

1.2.1 高压供配电部件的符号标识

高压供配电部件是指专门用于高压供配电线路中的各种开关、保护、转换部件，除了前面介绍过的变压器外，还包括高压断路器、高压隔离开关、高压熔断器、高压电流互感器、高压电压互感器等，这些部件以专用的图形符号和电路标识进行表示。

【高压断路器的符号标识】

【高压隔离开关的符号标识】

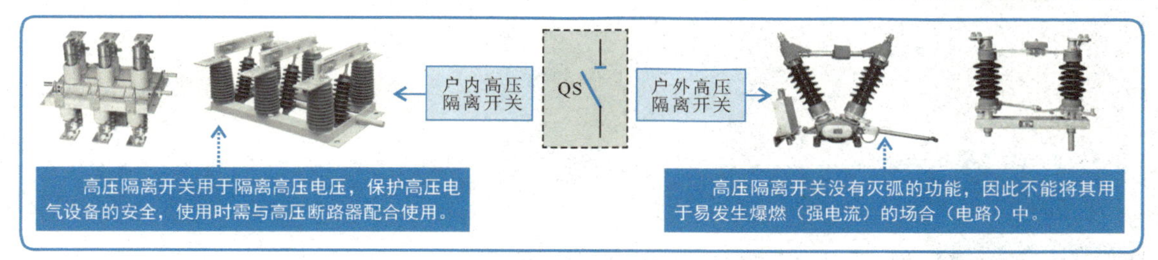

【高压熔断器的符号标识】

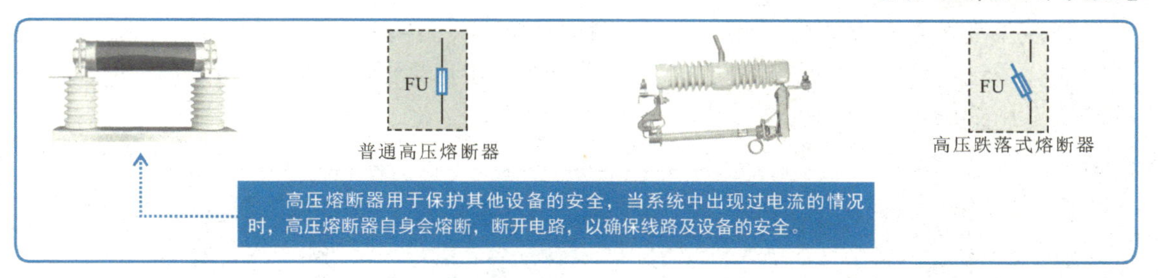

【高压电流互感器的符号标识】

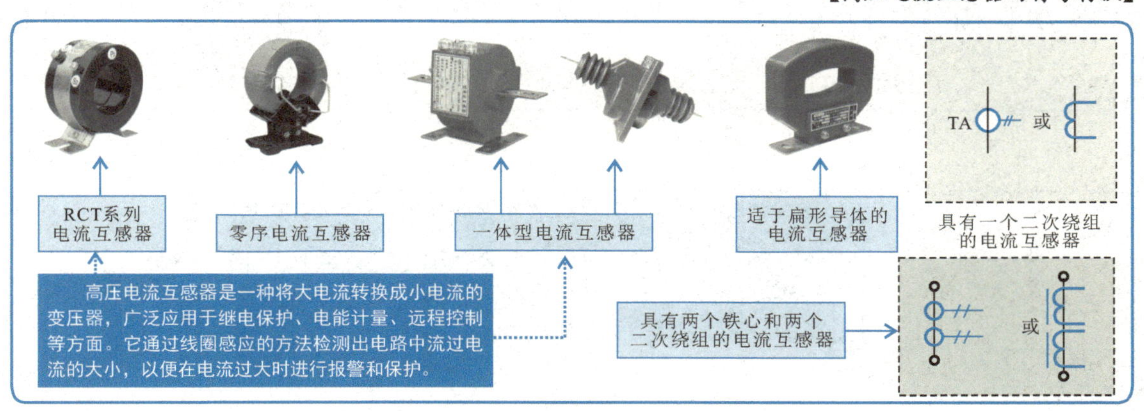

【高压电压互感器的符号标识】

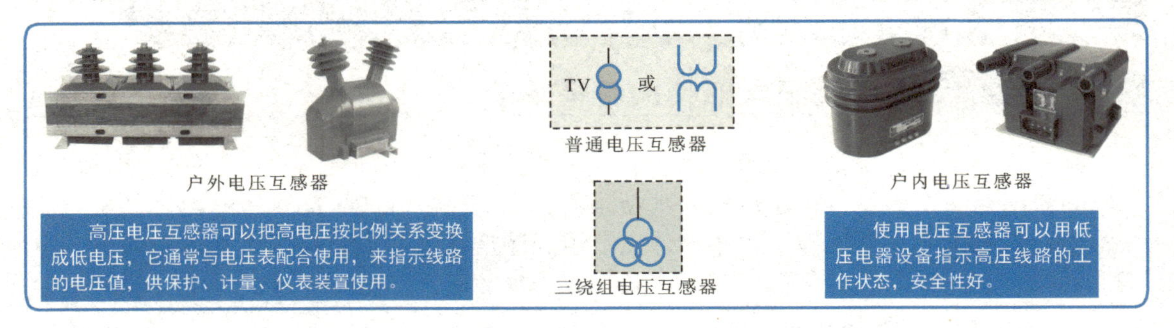

【高压补偿电容器和避雷器的符号标识】

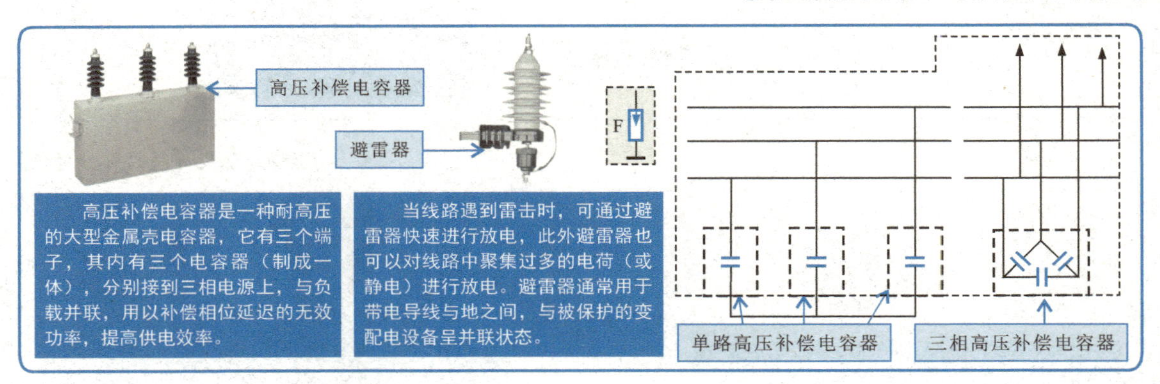

1.2.2 低压供配电部件的符号标识

低压供配电部件是指专门用于低压供配电线路中的各种开关、保护、计量部件，除了前面介绍过的低压断路器、开启式负荷开关外，还包括低压熔断器、电能表等，这些部件以专用的图形符号和电路标识进行表示。

【电能表的符号标识】

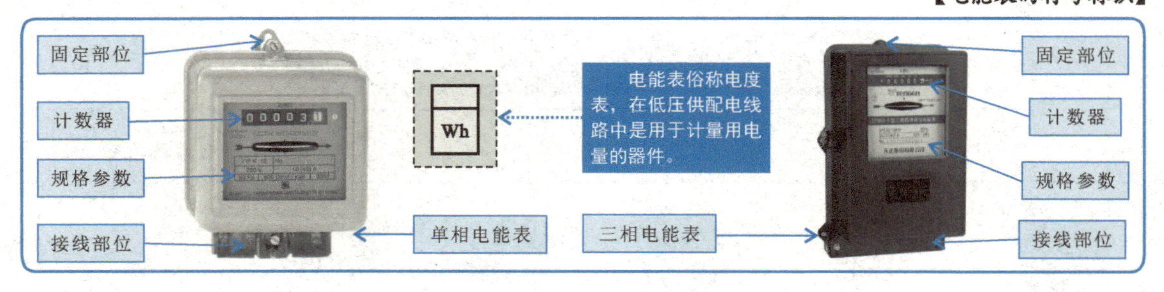

【低压熔断器的符号标识】

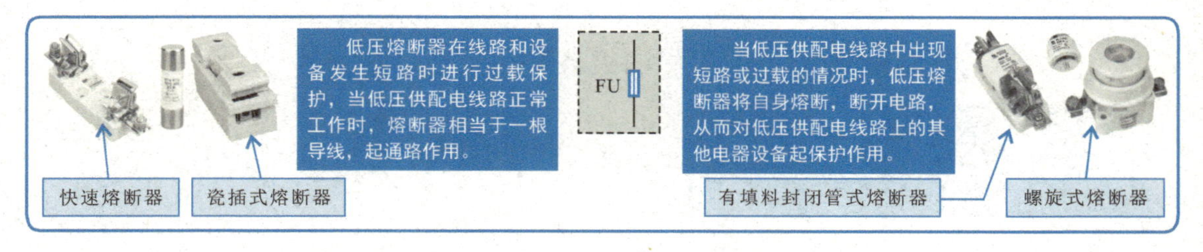

1.3 常用电子元件的符号标识

1.3.1 电阻器的符号标识

电阻器是电工电路中应用最多的电子元器件之一。它利用自身对电流的阻碍作用，可以通过限流电路为其他电子元器件提供所需的电流，通过分压电路为其他电子元器件提供所需的电压。在电路图中，电阻器以专用的图形符号和电路标识进行表示。

【固定电阻器的符号标识】

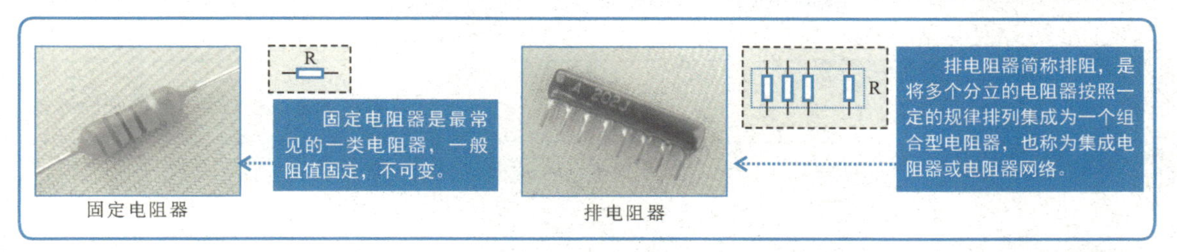

【可调电阻器、熔断电阻器和熔断器的符号标识】

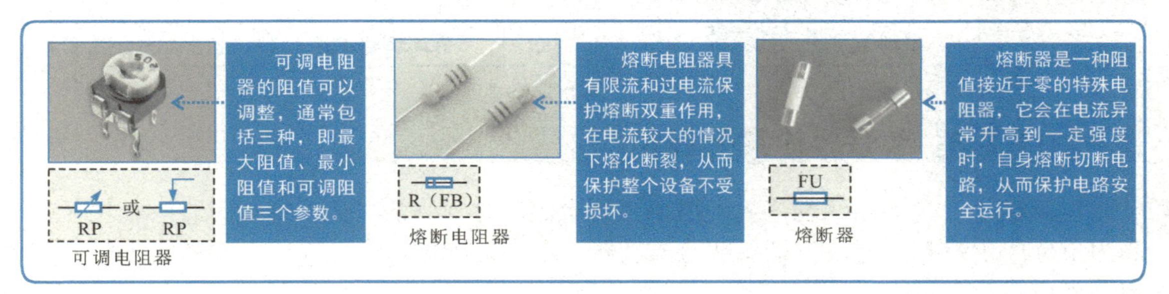

【敏感电阻器的符号标识】

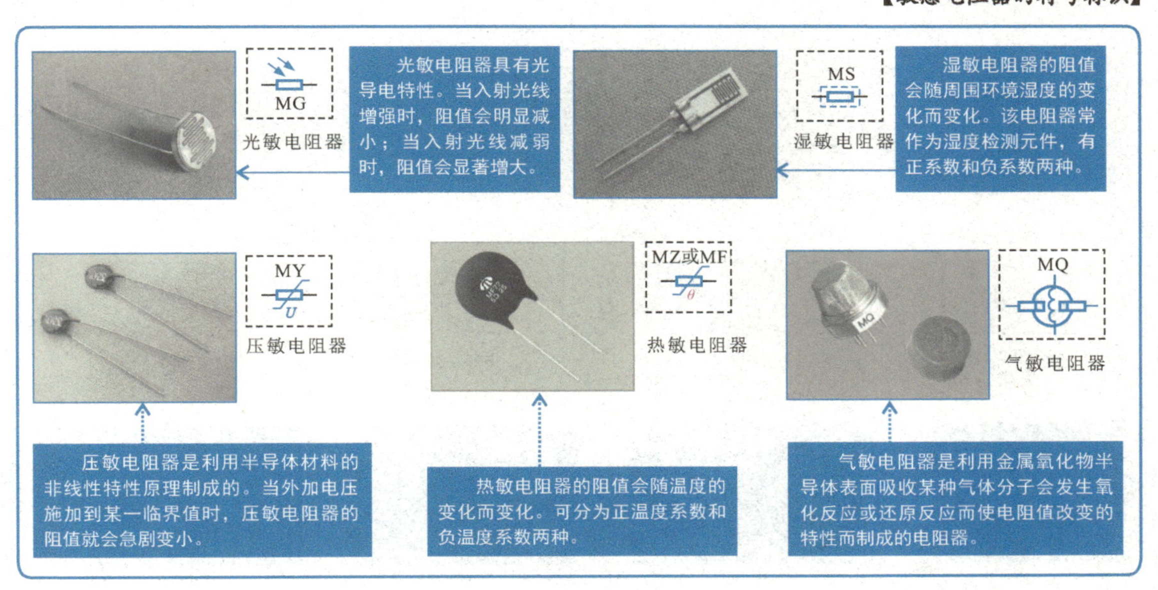

1.3.2 电容器的符号标识

电容器是一种可储存电能的元件（储能元件）。电容器是由两个极板构成的，具有存储电荷的功能，在电路中常用于滤波、与电感器构成谐振电路、作为交流信号的传输元件等。在电路图中，电容器以专用的图形符号和电路标识进行表示。

【普通电容器和电解电容器的符号标识】

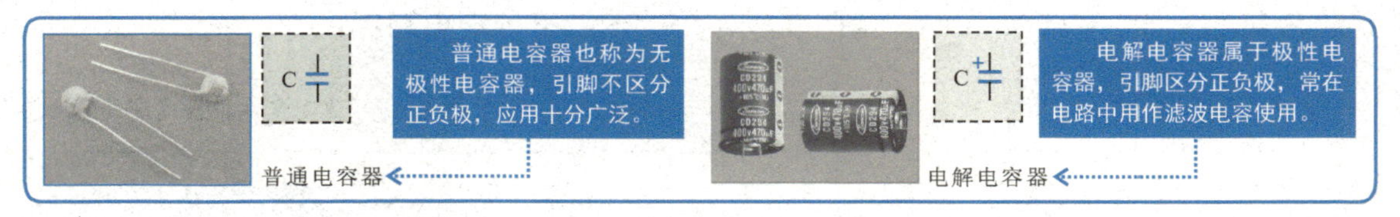

【预调电容器、可调电容器的符号标识】

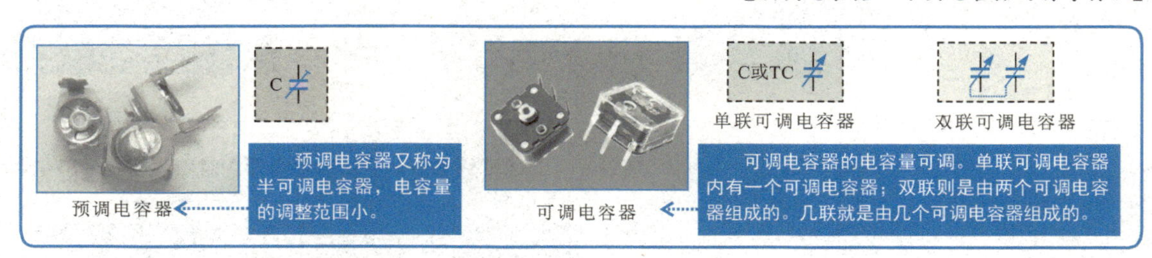

1.3.3 电感器的符号标识

电感器是一种利用线圈产生的磁场阻碍电流变化通直流、阻交流的元件，在电子产品中主要用于分频、滤波、谐振和磁偏转等。在电路图中，电感器以专用的图形符号和电路标识进行表示。

【电感器的符号标识】

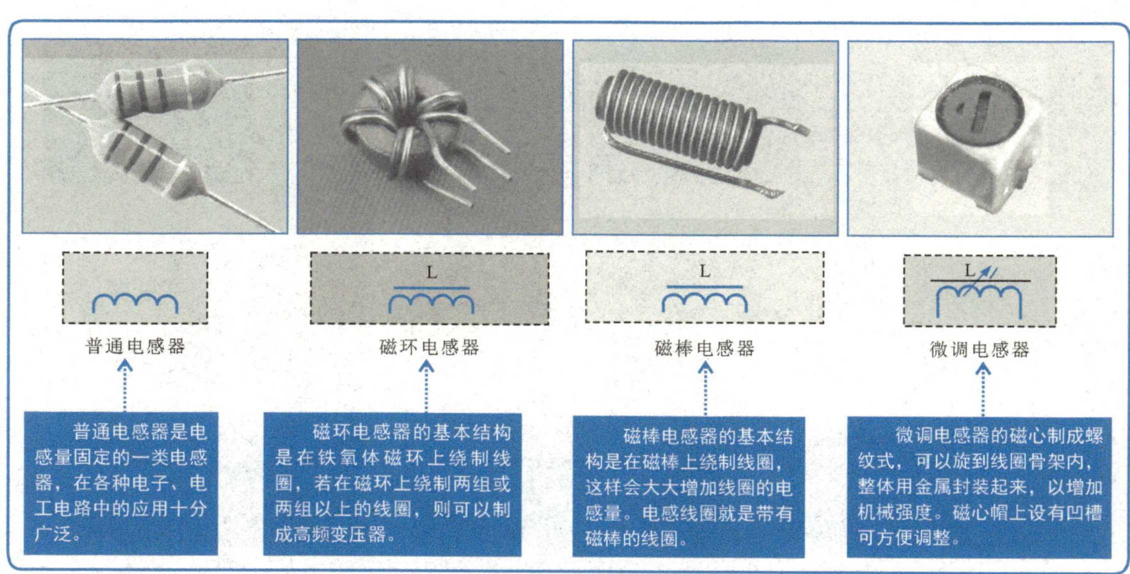

1.4 常用半导体器件的符号标识

1.4.1 二极管的符号标识

晶体二极管（简称二极管）是一种常用的具有一个PN结的半导体器件，它具有单向导电性，通过二极管的电流只能沿一个方向流动。二极管只有在所加的正向电压达到一定值后才能导通。在电路图中，二极管以专用的图形符号和电路标识进行表示。

【二极管的符号标识】

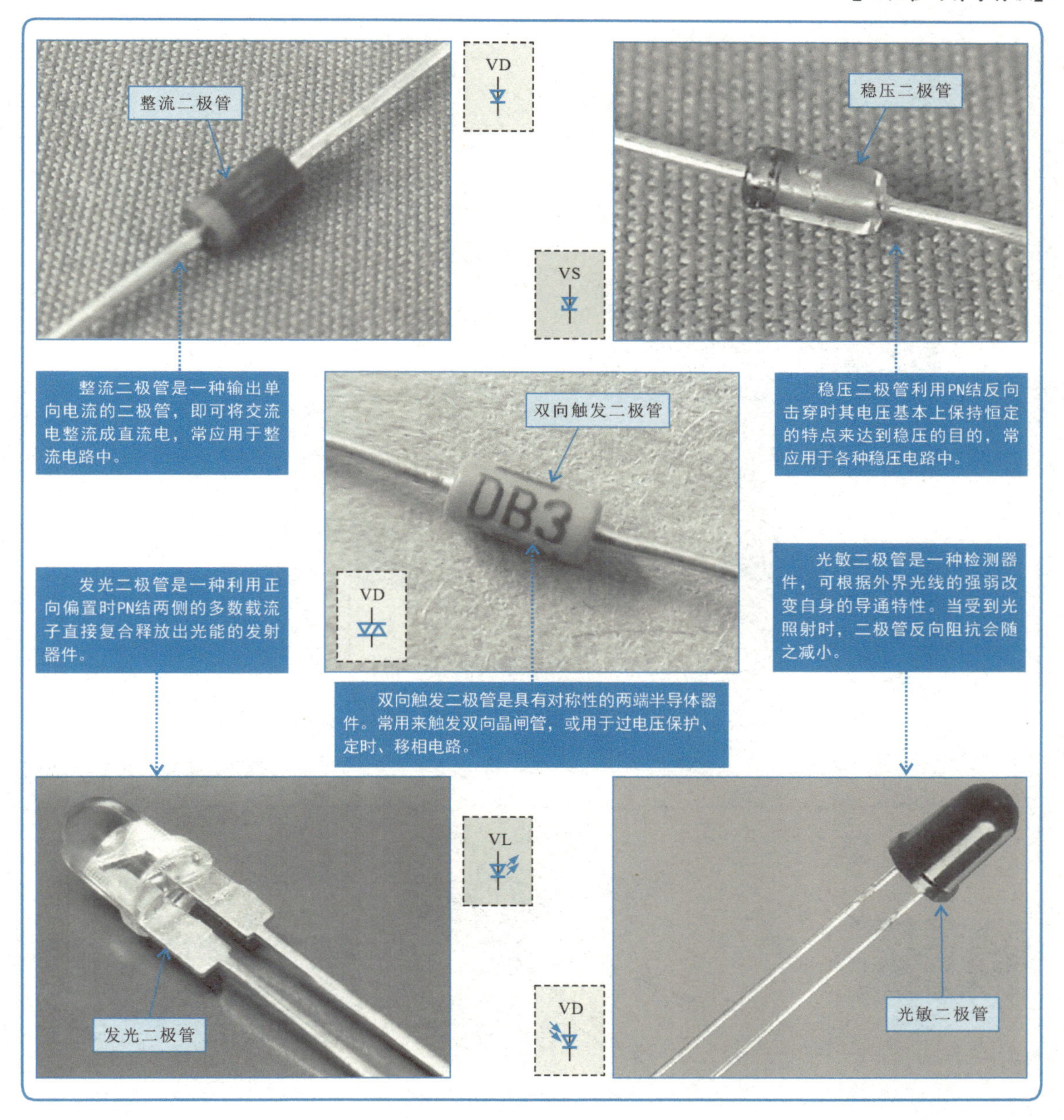

整流二极管
VD
稳压二极管
VS
整流二极管是一种输出单向电流的二极管，即可将交流电整流成直流电，常应用于整流电路中。
双向触发二极管
DB3
稳压二极管利用PN结反向击穿时其电压基本上保持恒定的特点来达到稳压的目的，常应用于各种稳压电路中。
VD
发光二极管是一种利用正向偏置时PN结两侧的多数载流子直接复合释放出光能的发射器件。
光敏二极管是一种检测器件，可根据外界光线的强弱改变自身的导通特性。当受到光照射时，二极管反向阻抗会随之减小。
双向触发二极管是具有对称性的两端半导体器件。常用来触发双向晶闸管，或用于过电压保护、定时、移相电路。
VL
发光二极管
VD
光敏二极管

1.4.2 晶体管的符号标识

晶体管是一种半导体器件，它是在一块半导体基片上制作两个距离很近的PN结，这两个PN结把整块半导体分成三部分，中间部分称为基区，两侧部分是集电区和发射区，是电子电路中非常重要的核心元器件。晶体管最重要的功能就是具有电流放大作用，只要基极电流有一个很小的变化就会引起集电极电流发生较大的变化。

【晶体管的符号标识】

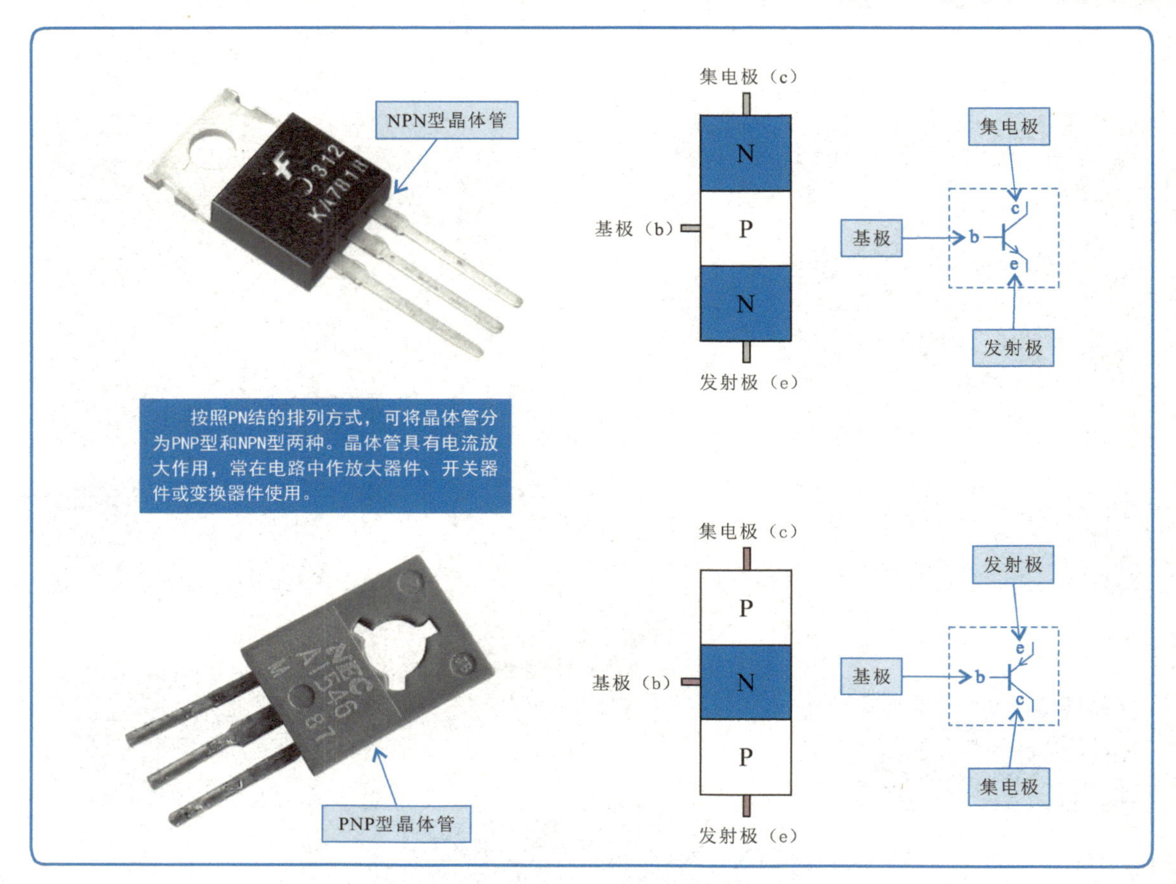

【光敏晶体管的符号标识】

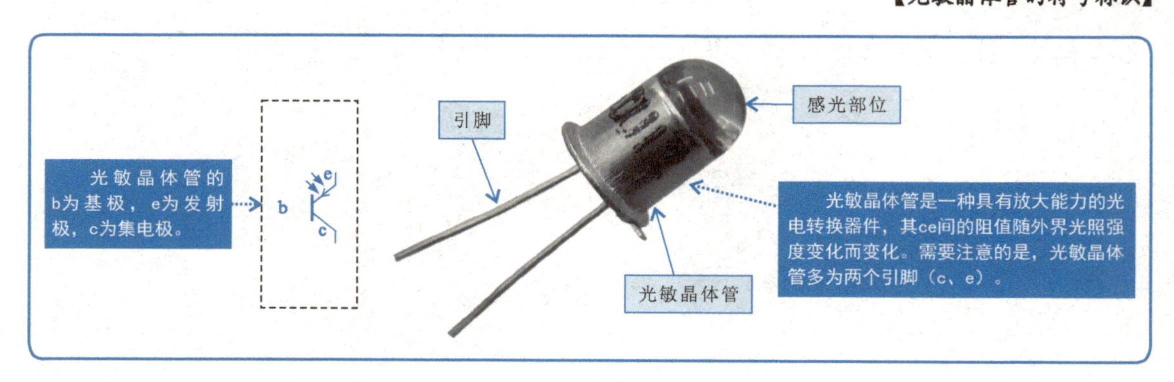

1.4.3 晶闸管的符号标识

晶闸管是晶体闸流管的简称，它是一种可控整流半导体器件，俗称可控硅。晶闸管在一定的电压条件下，只要有一触发脉冲就可导通，触发脉冲消失，晶闸管仍然能维持导通状态，可以微小的功率控制较大的功率，因此，常作为电动机驱动控制、电动机调速控制、电量通断、调压、控温等的控制器件，广泛应用于电子电器产品、工业控制及自动化生产领域。在电路图中，晶闸管以专用的图形符号和电路标识进行表示。

【晶闸管的符号标识】

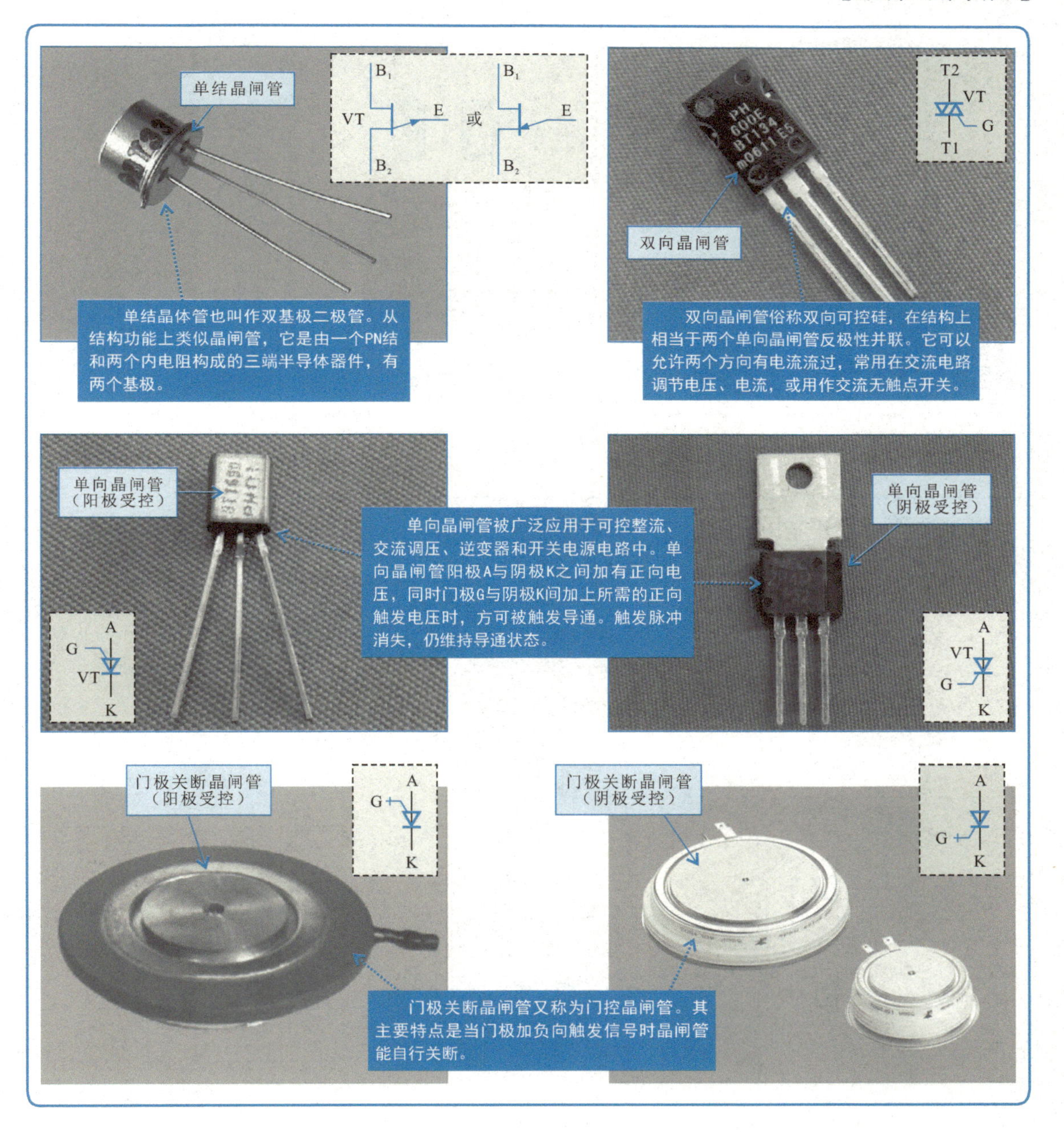

1.4.4 场效应晶体管的符号标识

场效应晶体管简称为场效应管，是一种典型的电压控制型半导体器件，具有输入阻抗高、噪声小、热稳定性好、便于集成等特点，但容易被静电击穿。场效应晶体管有三个引脚，分别为漏极（D）、源极（S）、栅极（G）。在电路图中，场效应晶体管以专用的图形符号和电路标识进行表示。

【结型场效应晶体管的符号标识】

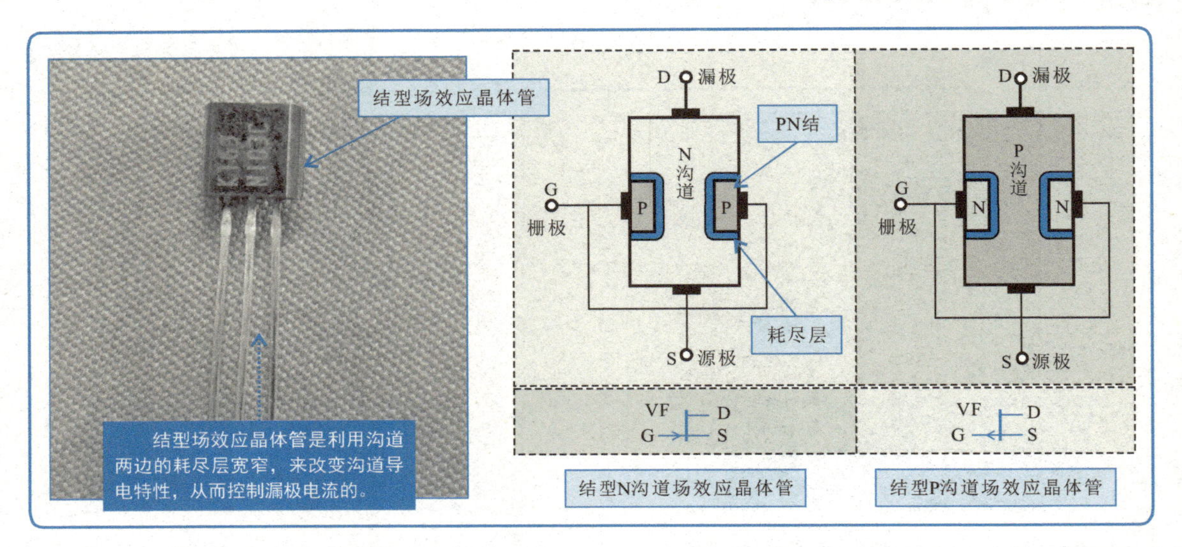

【绝缘栅型场效应晶体管的符号标识】

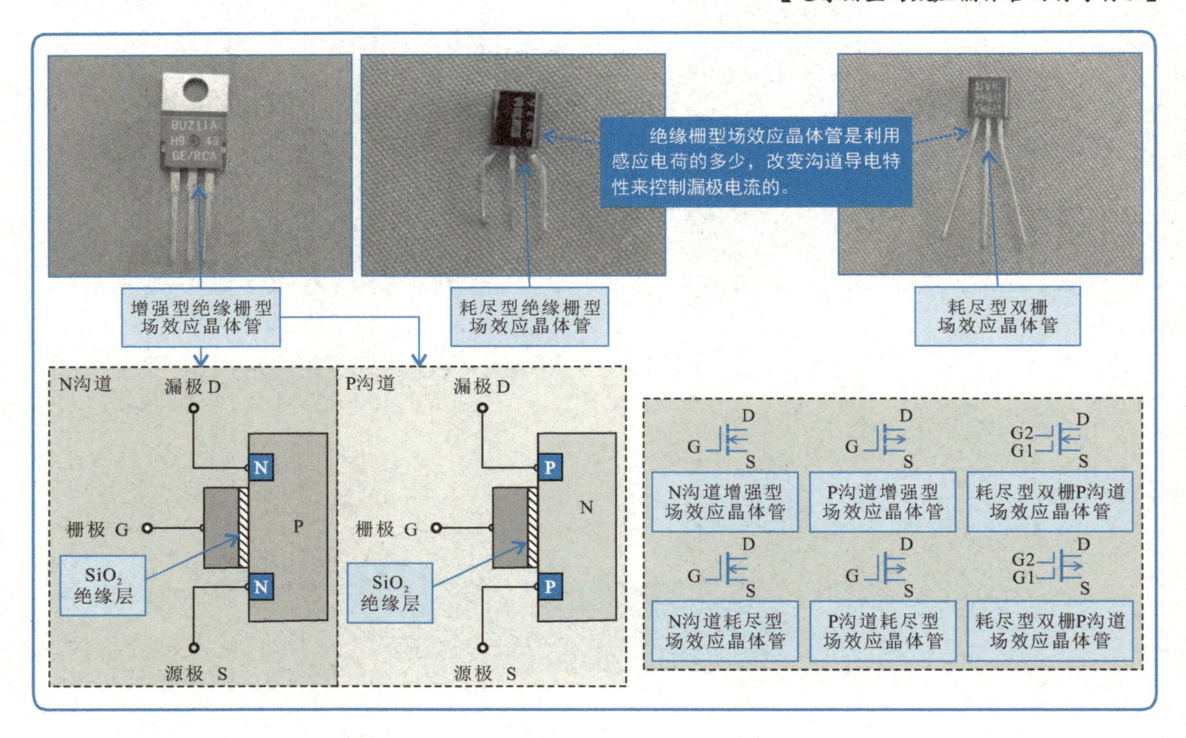

第2章 电工电路图的特点与连接方式

2.1 电工电路图的特点与应用

2.1.1 电工概略图的特点与应用

电工概略图也称为系统图或框图，这种电路图主要反映电气线路的基本结构和连接关系，所表达的内容比较简单、概括。它主要用于帮助电工完成对整个电路整体关系的理解，有助于从整体上把握整个电路系统或分系统的基本组成、相互关系及主要特征。

【某建筑物的室外照明线路概略图】

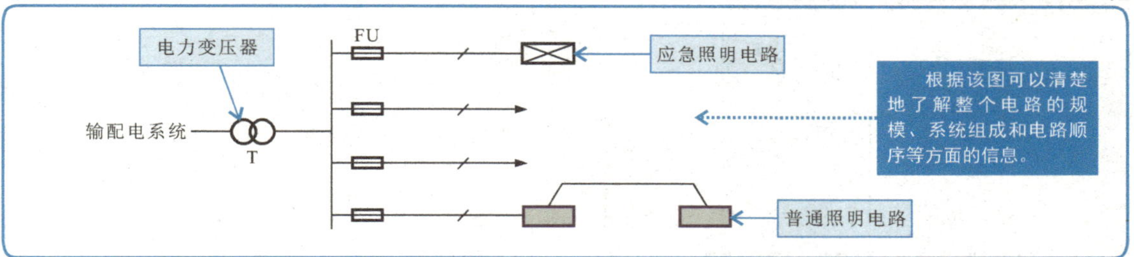

【典型车间供配电线路的电工概略图】

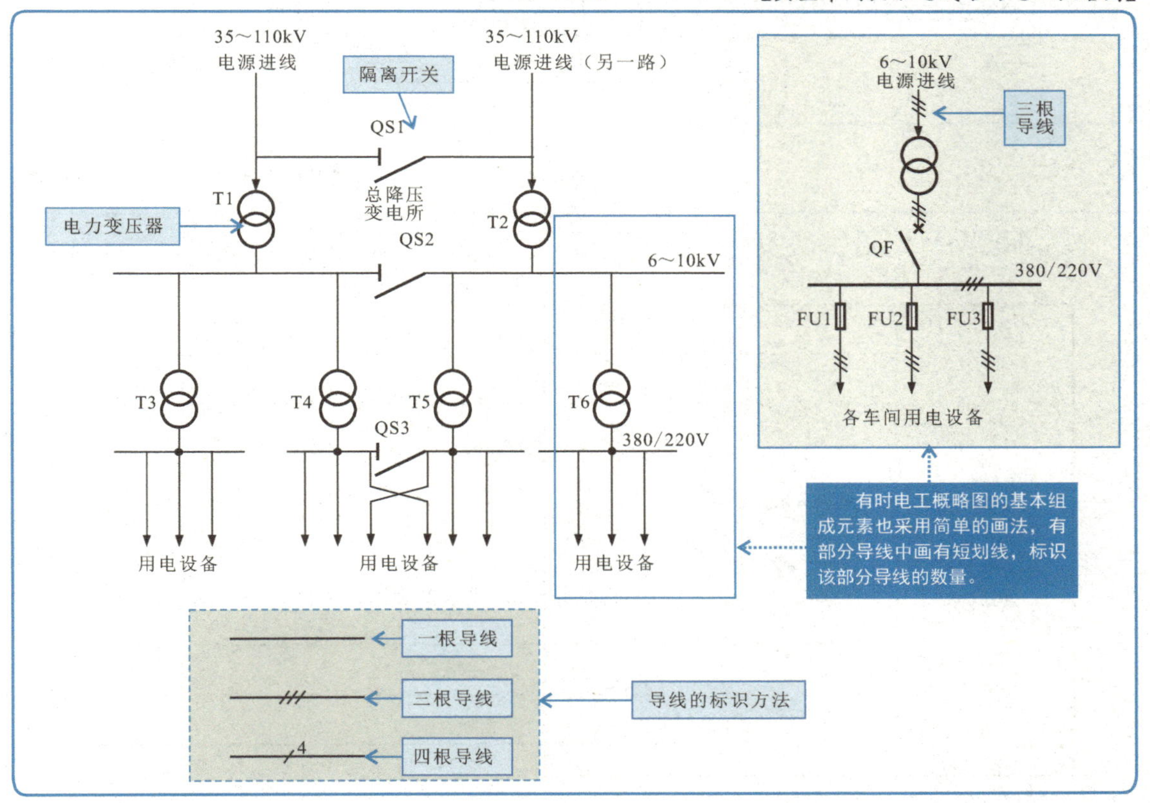

2.1.2 电气连接图的特点与应用

电气连接图重点突出电工电路各电气部件或电子元器件的实际位置及它们之间的连接关系，主要应用于电工的安装接线、线路检查、线路维修和故障处理等场合。

【典型电动机点动控制电路的电气连接图】

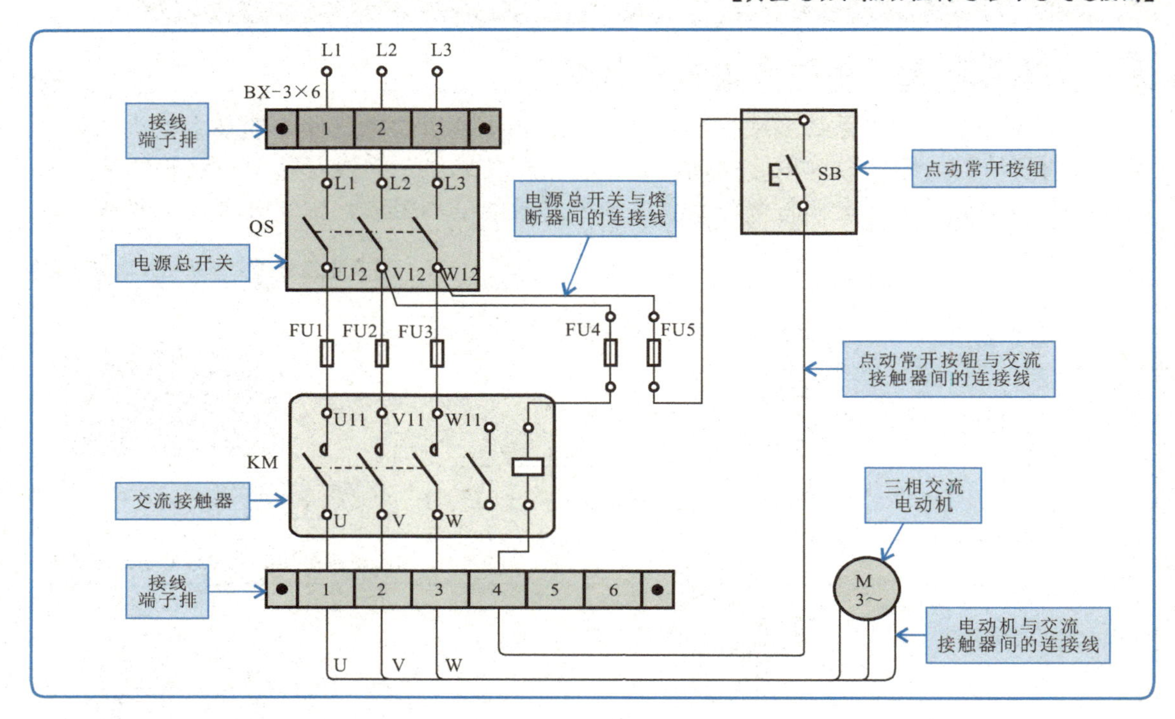

【典型供配电系统的电气连接图】

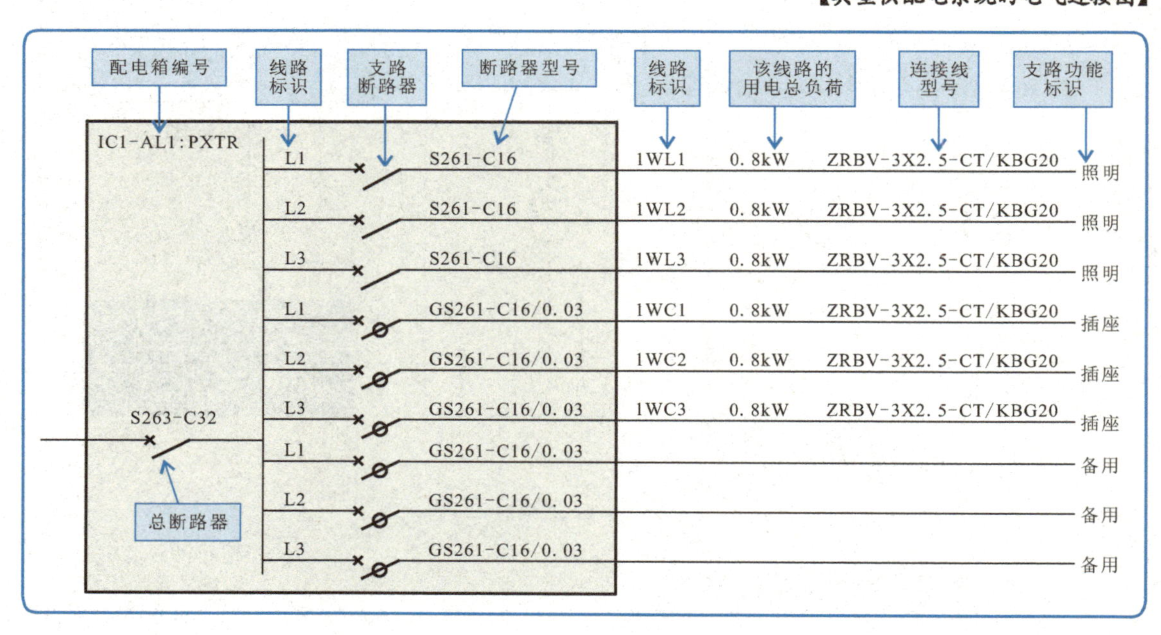

2.1.3 电工原理图的特点与应用

电工原理图是非常重要的一种电路图，这种电路图中详细地画出了各种组成部件或装置的图形符号，并用规则的导线连接来表现各部件之间的连接关系，主要用于辅助电气系统维修人员完成对设备和系统工作原理的分析，以此来指导完成维修工作。

【典型电动机点动控制电路的电工原理图】

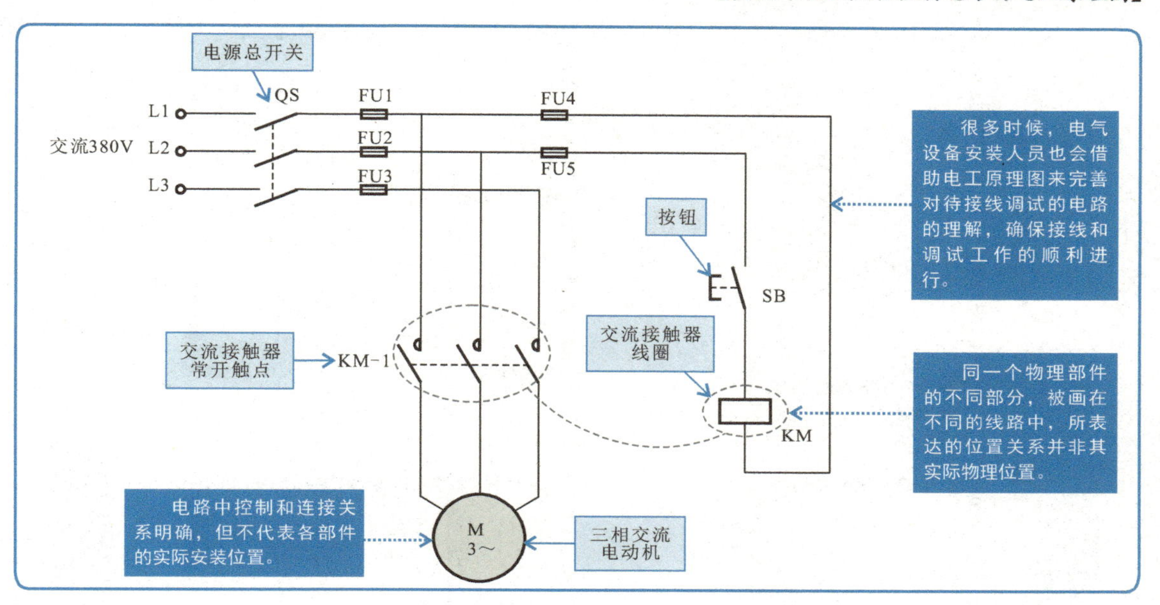

【典型电气部件与电子元器件构成的电工原理图】

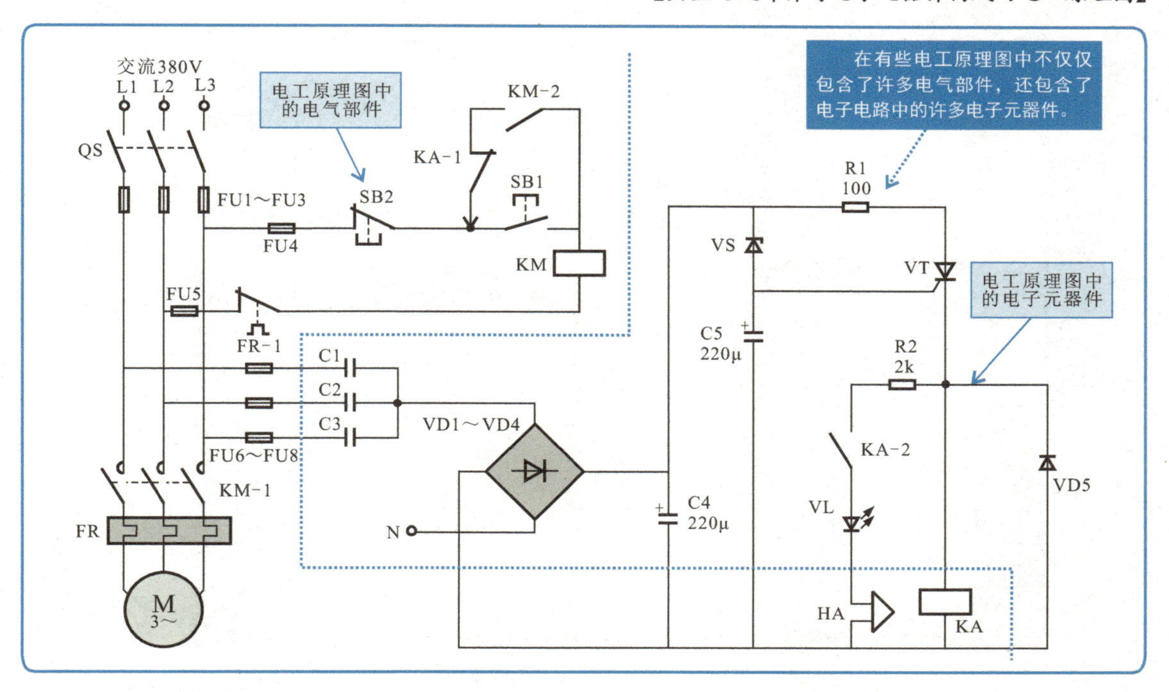

2.1.4 电工施工图的特点与应用

电工施工图是一种采用示意图及文字标识的方法反映电气部件的具体安装位置、线路的分配、走向、敷设、施工方案以及线路连接关系等的一种电路结构，主要用于电气设备的安装接线、敷设以及调试、检修中。

【典型室内的电工施工图】

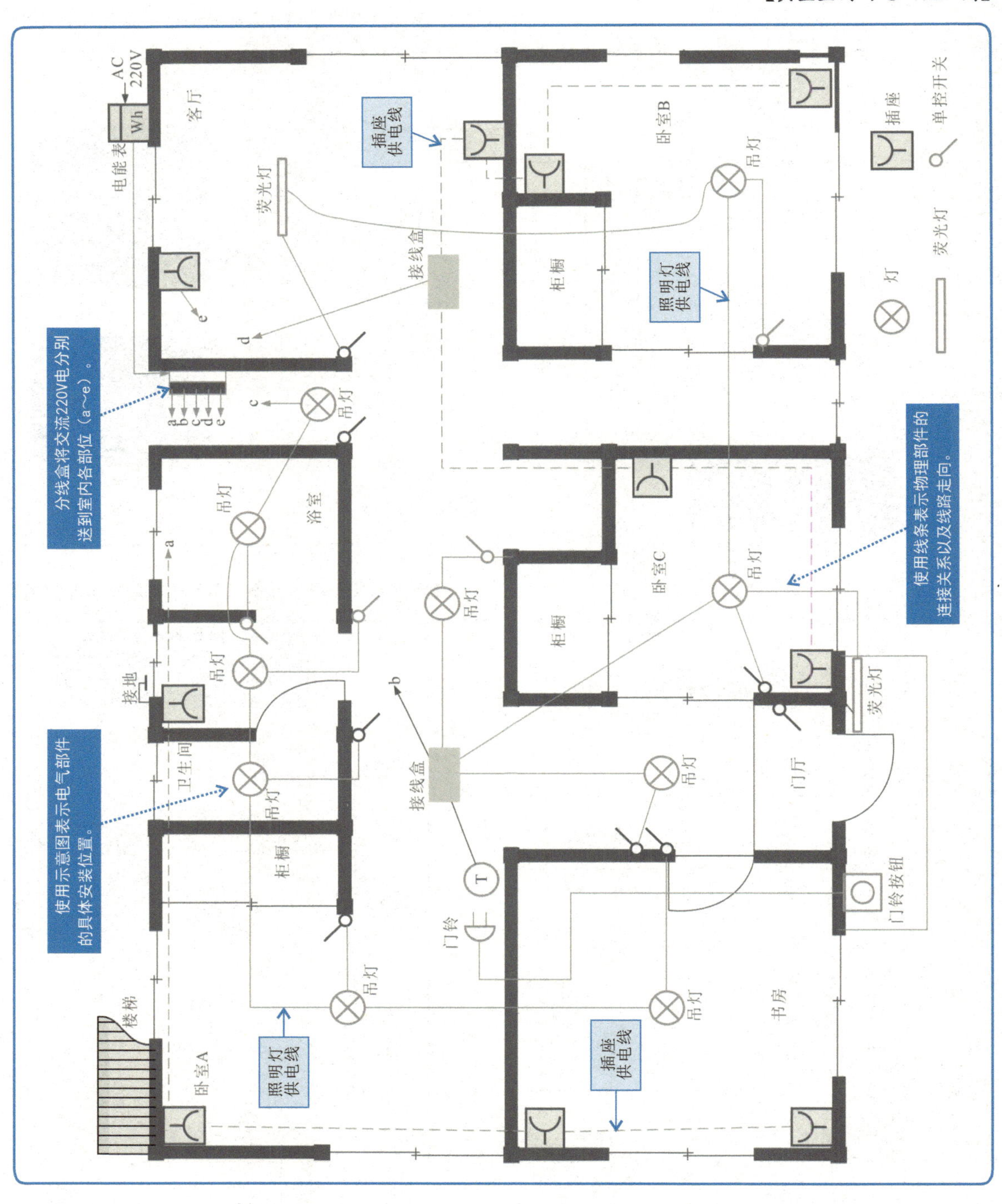

2.2 电工电路图的基本连接方式

2.2.1 电气元件的串联方式

如果电路中两个或多个负载首尾相连，那么我们称它们的连接状态是串联的，该电路即称为串联电路。

【典型串联电路的实物连接及电路原理图】

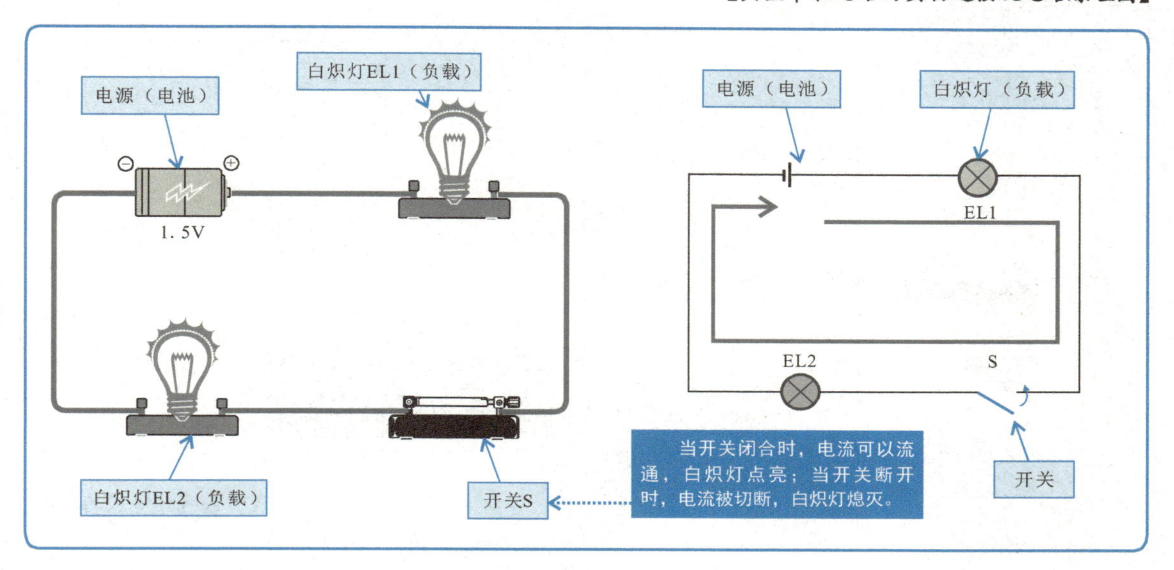

【串联电路电压的分配】

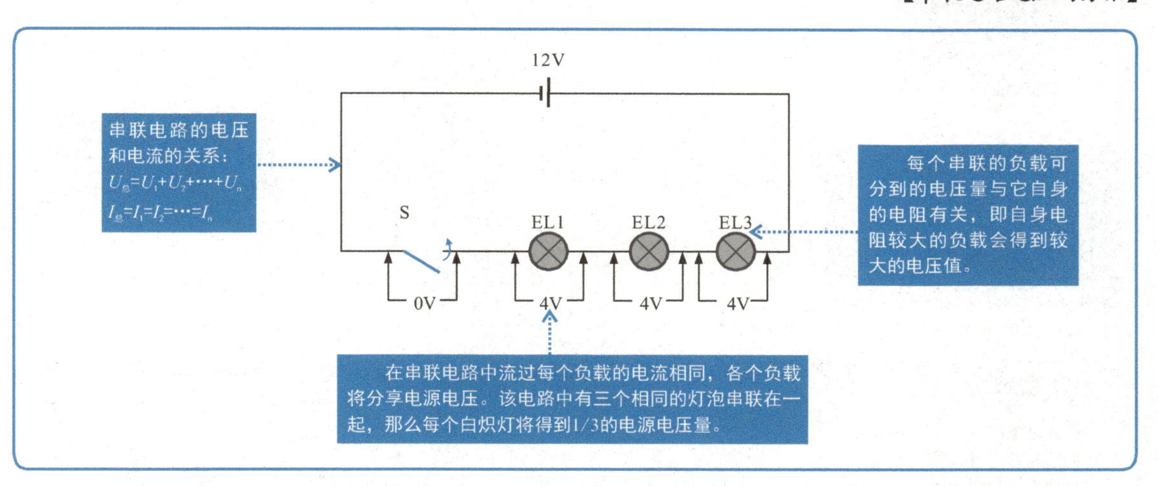

特别提醒

串联灯泡的个数决定了电路中每个白炽灯的工作电压。越多的灯泡串联在一起，每个灯泡的工作电压越低。如果有10个型号相同的白炽灯串联在一起，总供电电压为220V，那么每个白炽灯会得到22V的电压（220V/10）。

在串联电路中通过每个负载的电流量是相同的，且串联电路中只有一个电流通路，当开关断开或电路的某一点出现断路时，整个电路将变成断路状态，因此当其中一盏灯损坏后，其他灯的电流通路也被切断，使得串联电路中的灯都不能正常点亮。

2.2.2 电气元件的并联方式

如果两个或两个以上负载其两端都和电源两端相连，那么我们称它们的连接状态是并联的，该电路即称为并联电路。

【典型并联电路的实物连接及电路原理图】

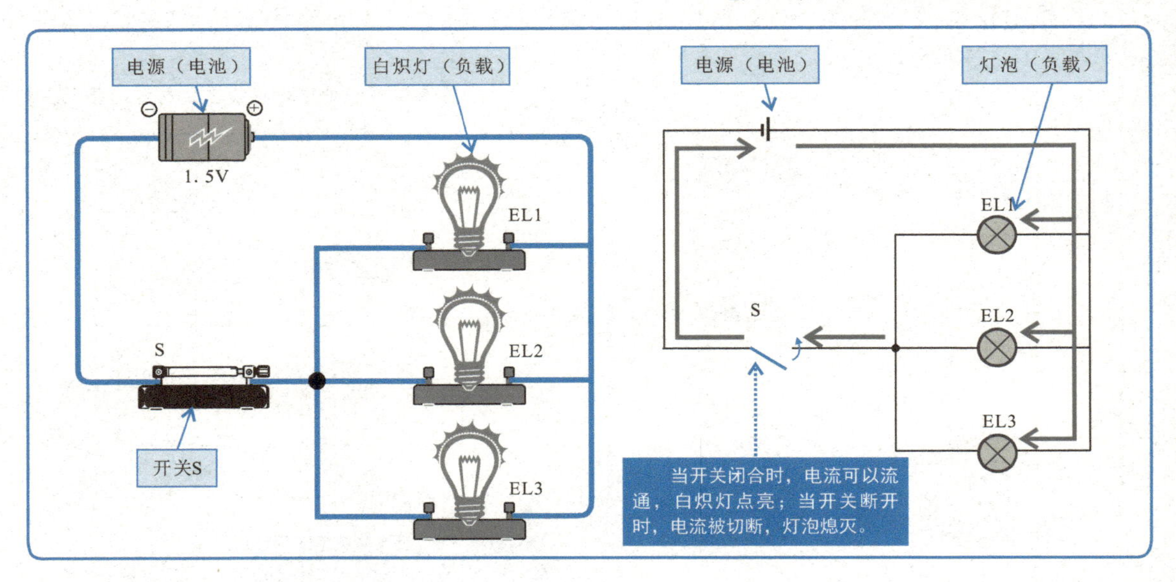

【并联电路电压的分配】

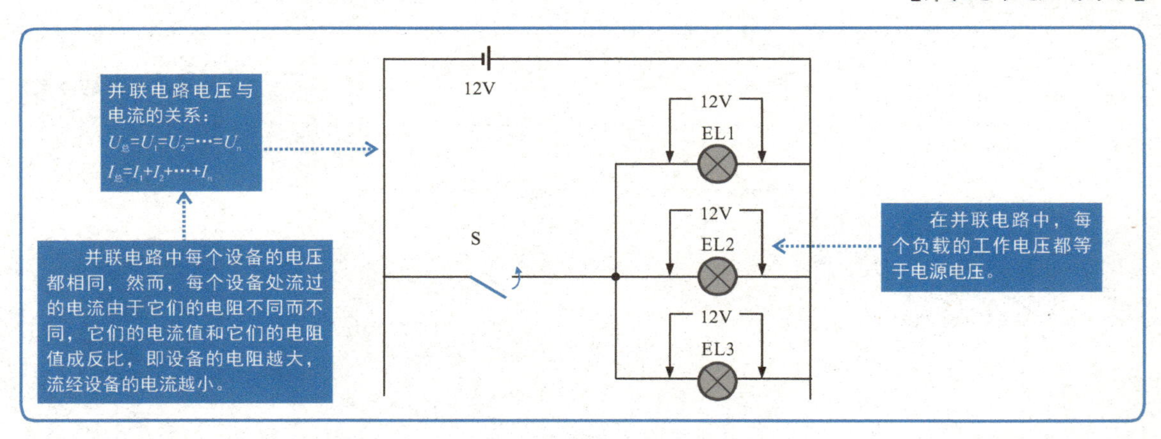

并联电路电压与电流的关系：
$U_{总}=U_1=U_2=\cdots=U_n$
$I_{总}=I_1+I_2+\cdots+I_n$
并联电路中每个设备的电压都相同，然而，每个设备处流过的电流由于它们的电阻不同而不同，它们的电流值和它们的电阻值成反比，即设备的电阻越大，流经设备的电流越小。
12V
12V
EL1
12V
EL2
12V
EL3
S
在并联电路中，每个负载的工作电压都等于电源电压。

特别提醒

在并联电路中，每个负载相对其他负载都是独立的，即有多少个负载就有多少条电流通路。由于是两盏灯进行并联，因此就有两条电流通路，当其中一个灯泡坏掉了，该条电流通路不能工作，而另一条电流通路是独立的，并不会受到影响，因此另一个灯泡仍然能正常工作。

两个电流通路

EL1

S

EL2

EL1烧坏（通路断开）

EL1

S

EL2

EL2正常发光

2.2.3 电气元件的混联方式

将负载进行串联和并联连接，那么我们称它们的连接状态是混联的，该电路即称为混联电路。

【典型混联电路的实物连接及电路原理图】

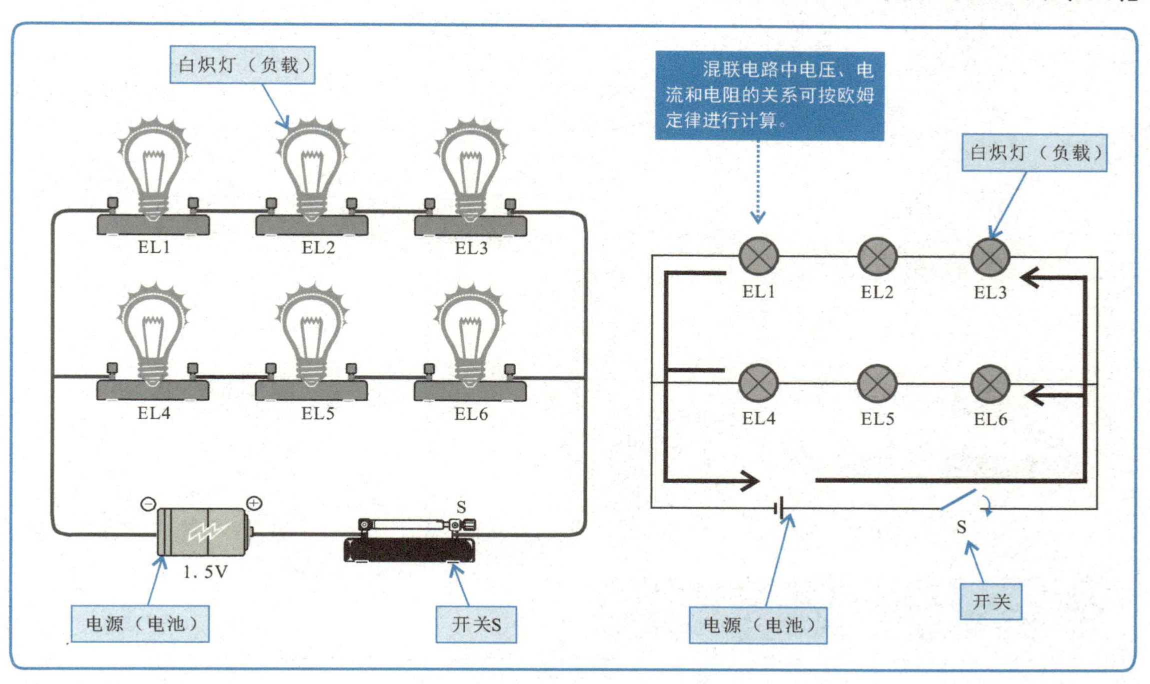

特别提醒

欧姆定律表示了电压（U）与电流（I）及电阻（R）之间的关系，即流过电阻的电流（I）与电阻两端的电压（U）成正比，与电阻值（R）成反比，即$I=U/R$。

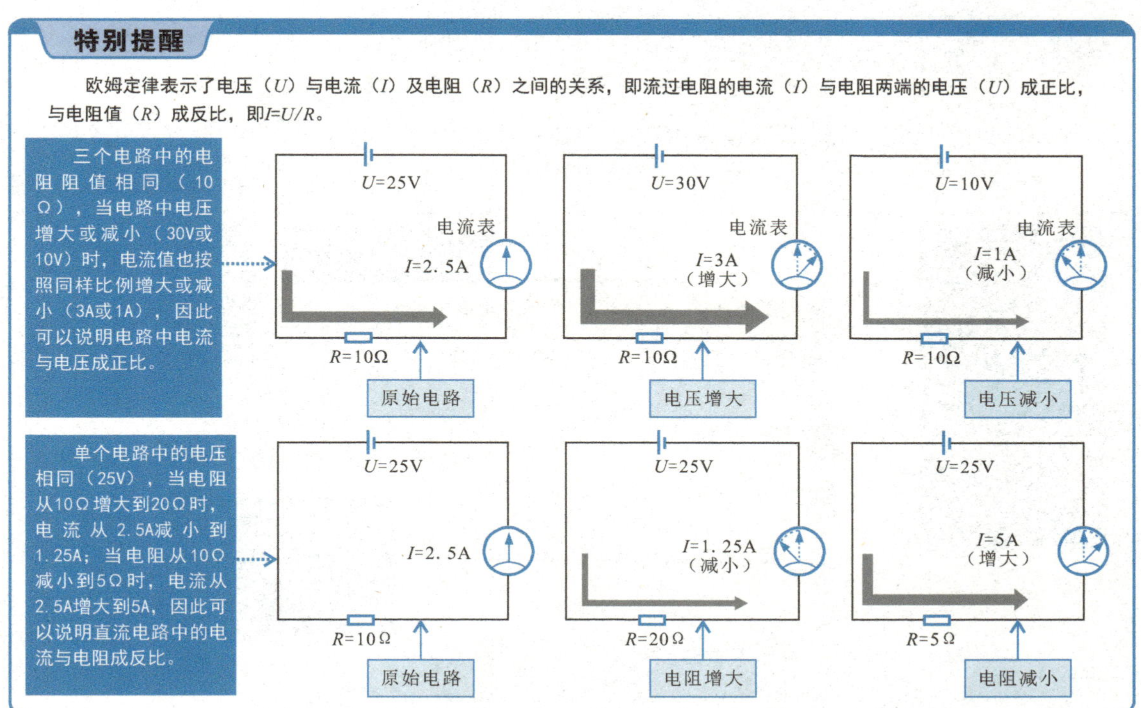

2.3 电工电路的特点

2.3.1 直流电路的特点

直流电路是指电流流向不变的电路，它是由直流电源、控制器件和负载（电阻、灯泡、电动机等）构成的闭合导电回路。

【典型直流电路的实物连接】

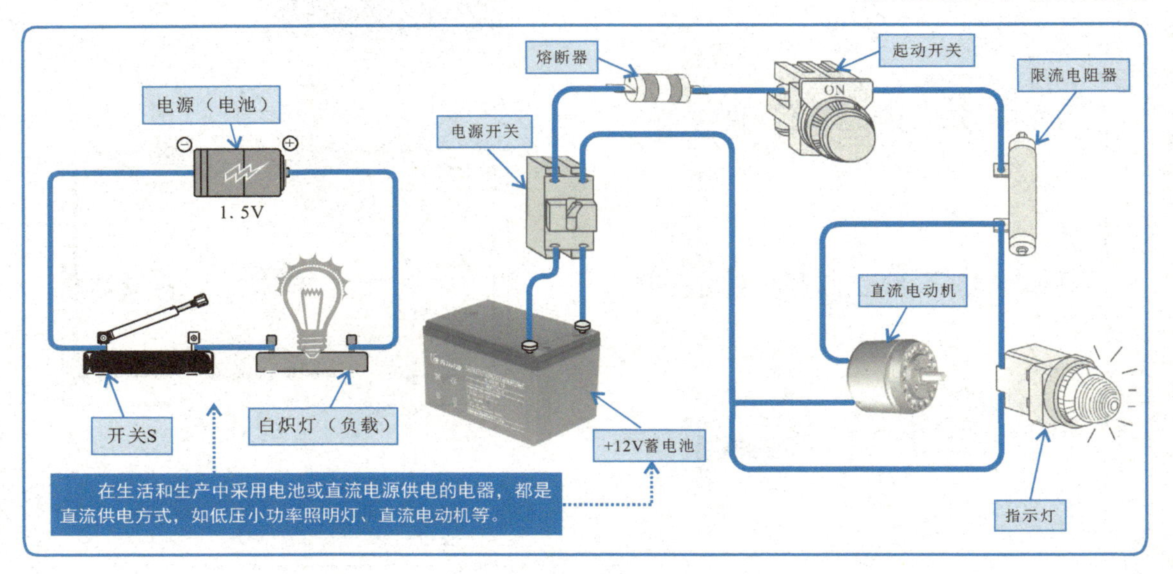

1. 直流电路中的基本参数

直流电路中的基本参数主要有电流、电压、电能及电功率，其参数基本定义如下。

【直流电路的基本参数】

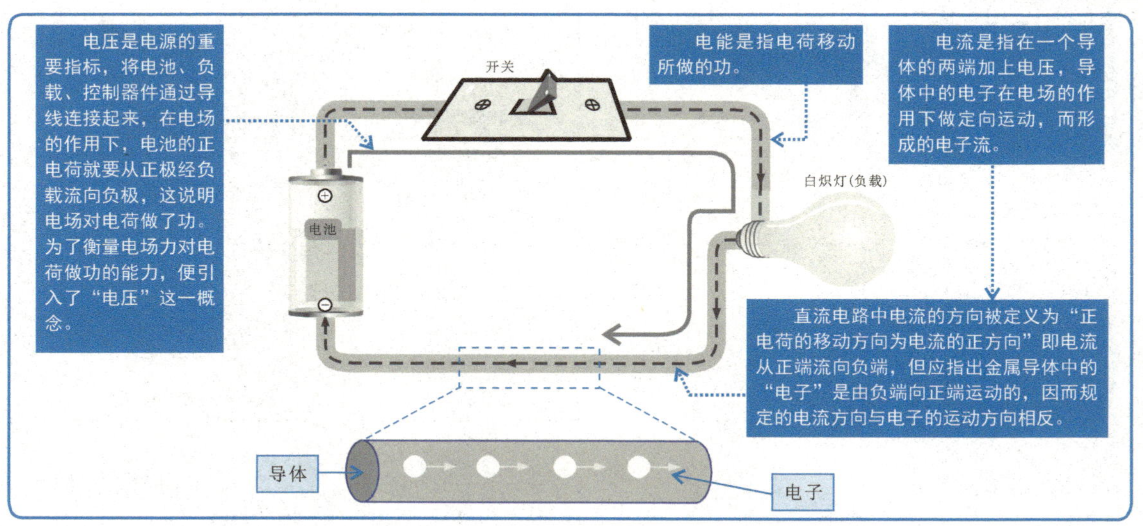

特别提醒

电流用大写字母“I”或小写字母“i”来表示，指的是单位时间内通过导体横截面积的电荷量。若在t秒内通过导体横截面积的电荷量是Q，则电流可用$I=Q/t$进行计算。电流的单位为安培，简称安，用大写字母A表示。根据不同的需要，还可以用千安（kA）、毫安（mA）和微安（μA）来表示，其换算关系为：1kA=1000A、$1A=10^3mA$、$1A=10^6\mu A$。

电压用符号“U”或“u”表示，用“W”表示电场所做的功，“q”表示电荷量，则$U=W/q$。

电能的转换是在电流做功的过程中进行的，因此，电流做功所消耗电能的多少可以用电功来计算，即电功$W=UIt$，单位为焦耳，用符号“J”表示。

电功率是指电流在单位时间内（s）所做的功，以字母“P”表示，即：$P=W/t=UIt/t=UI$，单位为瓦特，用符号“W”表示，还可用千瓦（kW），毫瓦（mW）来表示它们之间的关系是：$1kW=10^3W$、$1W=10^3$ mW。

2. 直流电路的工作状态

直流电路的工作状态可分为有载工作状态、开路状态和短路状态三种。

【直流电路的有载工作状态】

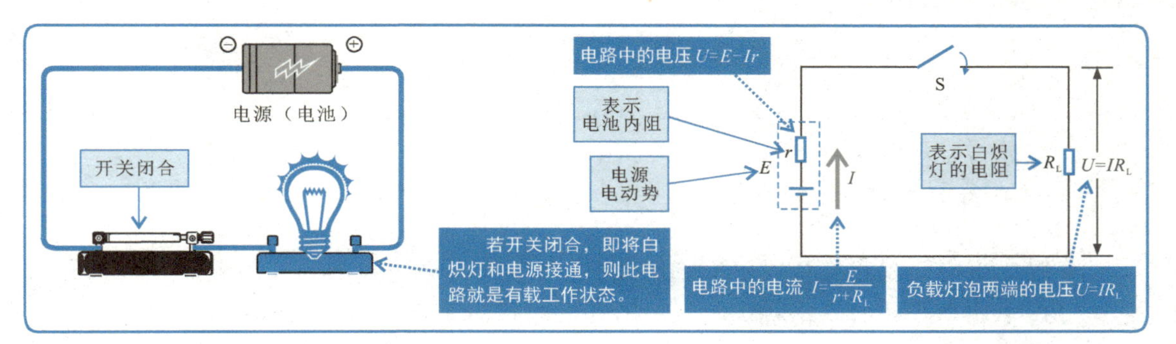

【直流电路的开路状态】

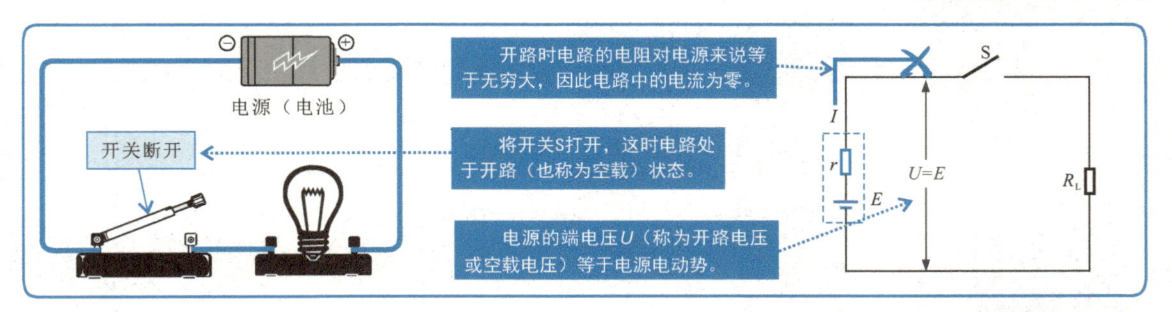

【直流电路的短路状态】

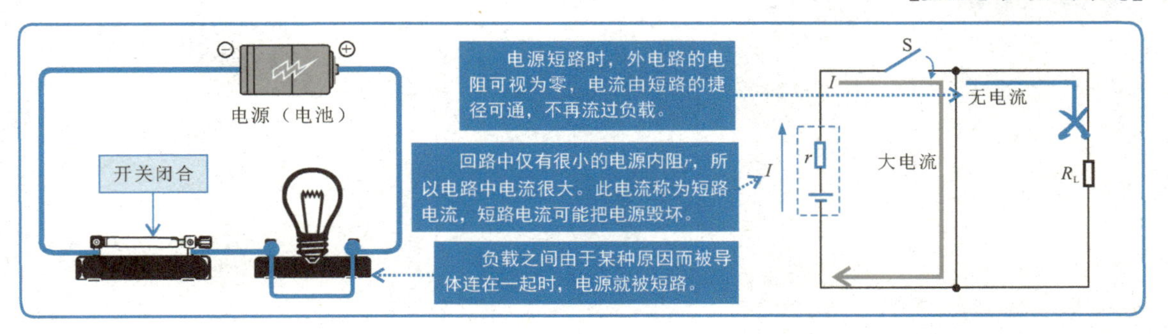

2.3.2 交流电路的特点

交流电路是指电压、电流的大小和方向随时间做周期性变化的电路，它是由交流电源、控制器件和负载（电阻、白炽灯、电动机等）构成的，常见的交流电路主要有单相交流电路和三相交流电路两种。

【交流电路的结构】

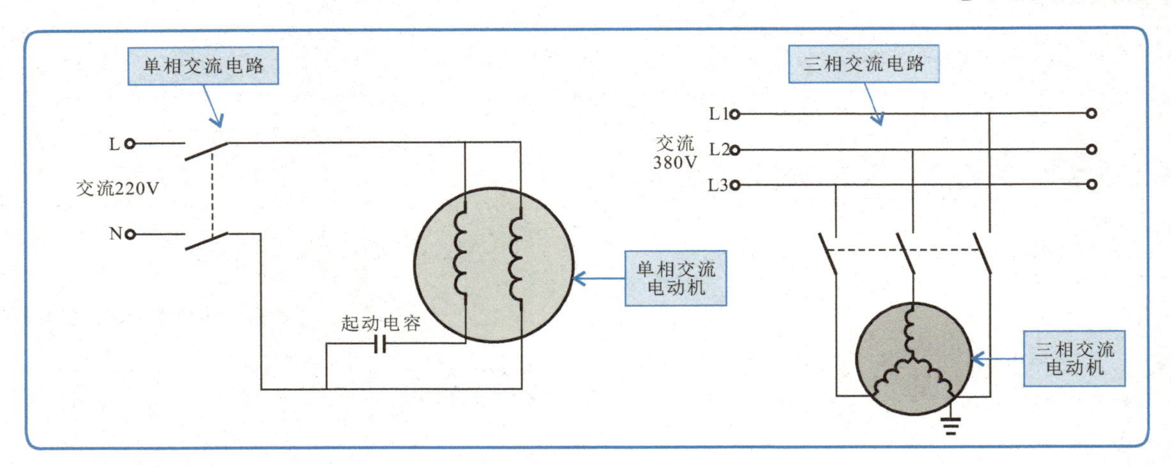

1. 单相交流电路

单相交流电路是指交流220V、50Hz的供电电路，这是我国公共用电的统一标准，交流220V电压是指相线（俗称火线）对零线的电压，多用于照明用电和家庭用电。

【典型单相交流电路的实物连接】

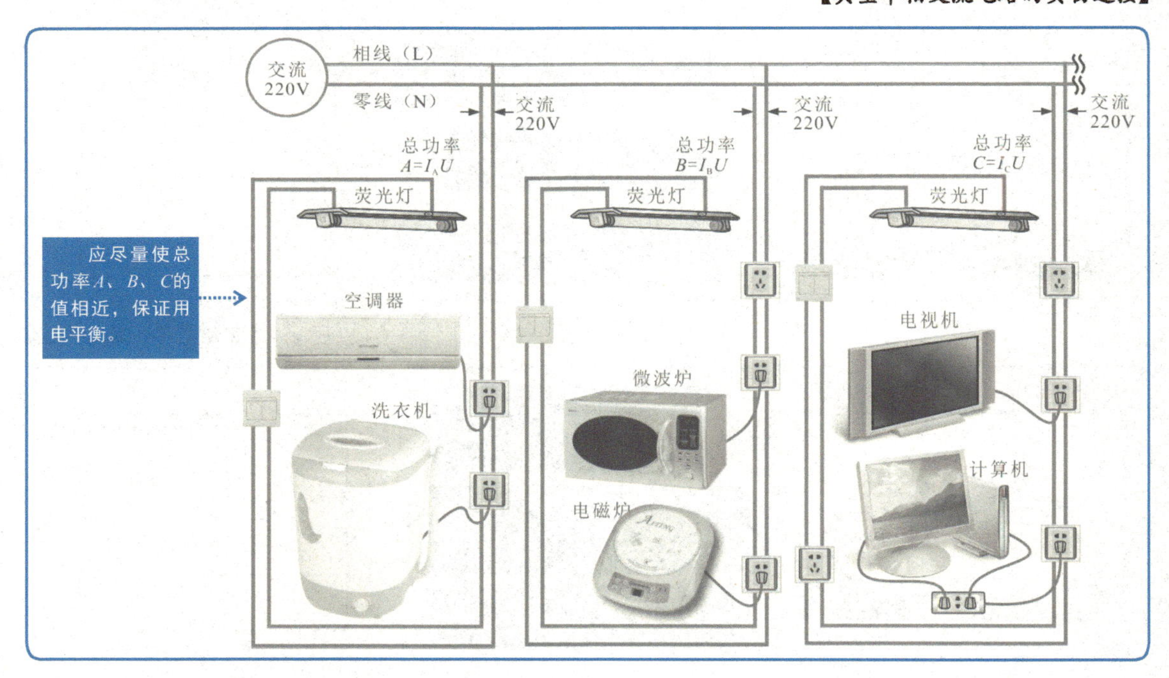

单相交流电是以一个交变电动势作为电源的电力系统，在单相交流电路中，只具有单一的交流电压，其电流和电压都是按一定的频率随时间变化。

【单相交流电的产生】

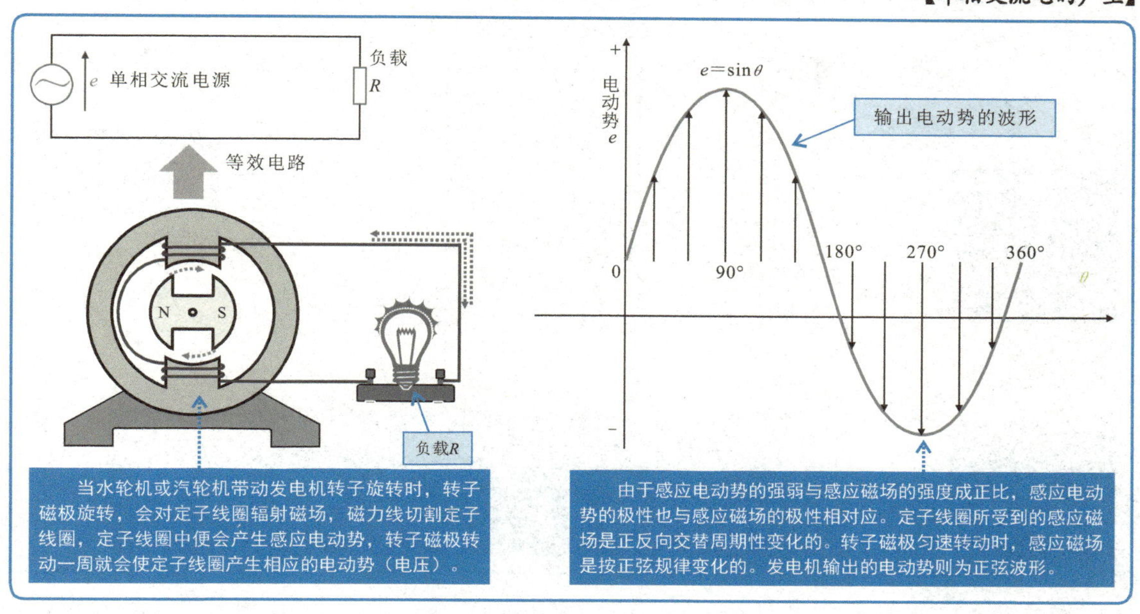

单相交流电源
负载
R
等效电路
N
S
负载R
电动势e
e=sinθ
输出电动势的波形
0
90°
180°
270°
360°
θ
当水轮机或汽轮机带动发电机转子旋转时，转子磁极旋转，会对定子线圈辐射磁场，磁力线切割定子线圈，定子线圈中便会产生感应电动势，转子磁极转动一周就会使定子线圈产生相应的电动势（电压）。
由于感应电动势的强弱与感应磁场的强度成正比，感应电动势的极性也与感应磁场的极性相对应。定子线圈所受到的感应磁场是正反向交替周期性变化的。转子磁极匀速转动时，感应磁场是按正弦规律变化的。发电机输出的电动势则为正弦波形。

特别提醒

单相交流电路往往是三相电源分配过来的。供配电系统送来的电源多为交流380V电源。三根相线之间的电压为380V，而每根相线与零线之间的电压为220V。这样，三相交流380V电源就可以分成三组单相220V电源使用。

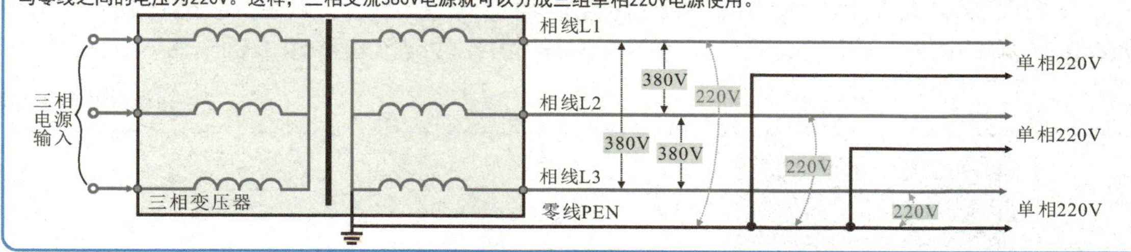

三相电源输入
三相变压器
相线L1
相线L2
相线L3
零线PEN
380V
380V
380V
220V
220V
220V
单相220V
单相220V
单相220V

单相交流电路主要有单相两线式和单相三线式两种供电方式。单相两线式交流电路是指由一根相线和一根零线组成的交流电路。

【单相两线式交流电路的结构】

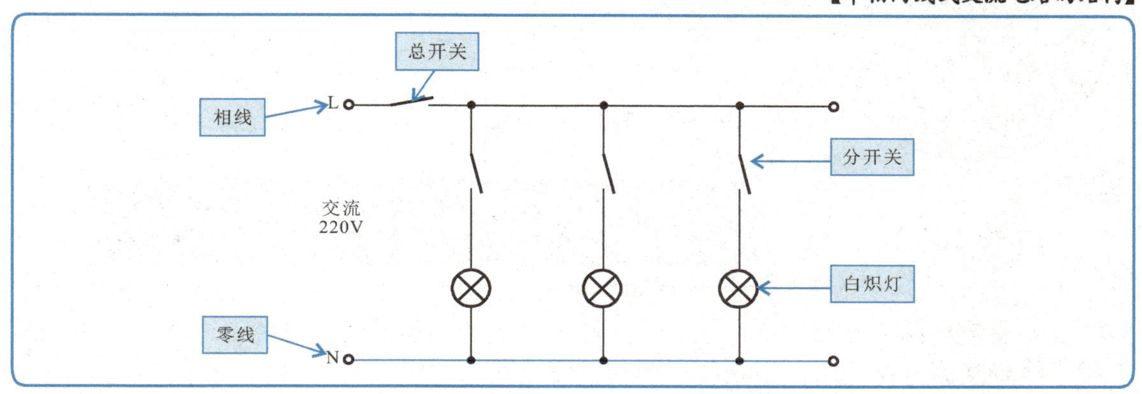

总开关
相线
L
分开关
交流
220V
白炽灯
零线
N

单相三线式交流电路是指由一根相线、一根零线和一根接地线组成的交流电路。

【单相三线式交流电路的结构】

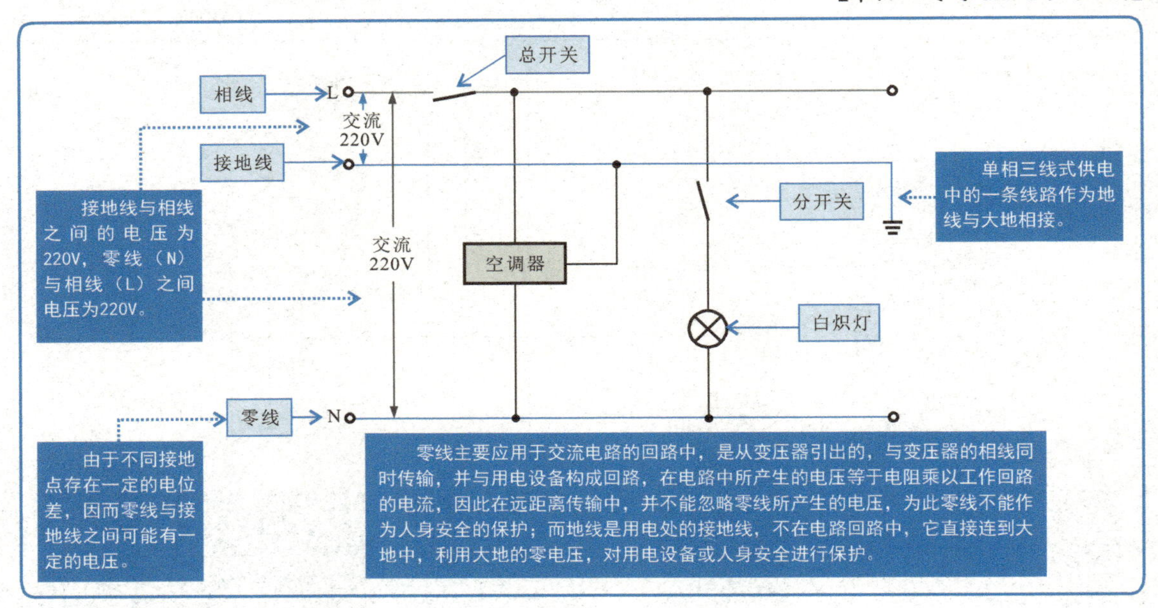

2. 三相交流电路

三相交流电路是指电源由三条相线来传输，三相线之间的电压大小相等（都为380V）、频率相同（都为50Hz），相位差互差120° 的交流电源组成的一种电力系统。

【三相交流电的产生】

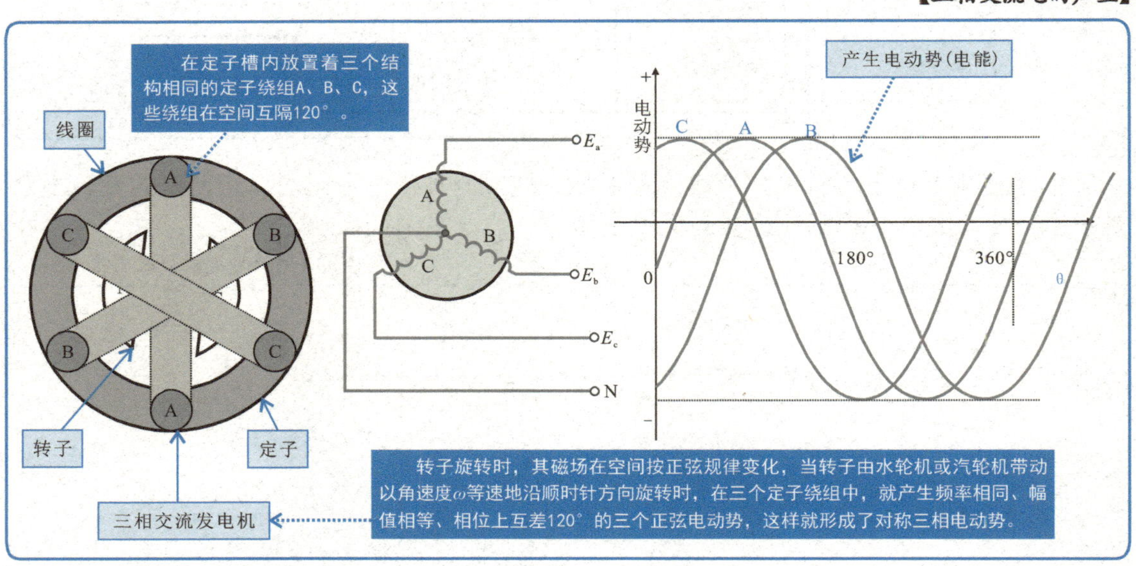

三相交流电路主要有三相三线式、三相四线式和三相五线式三种供电方式。其中，三相三线式交流电路是由三根相线组成的交流电路。

【三相三线式交流电路的结构】

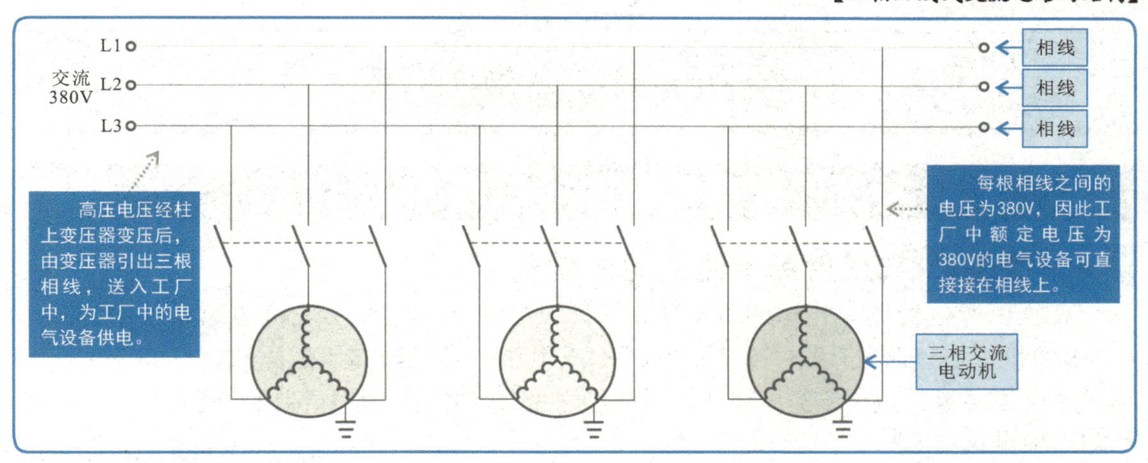

三相四线式交流电路是由三根相线和一根零线组成的交流电路；三相五线式交流电路是由三根相线、一根零线和一根地线组成的交流电路。

【三相四线式交流电路的结构】

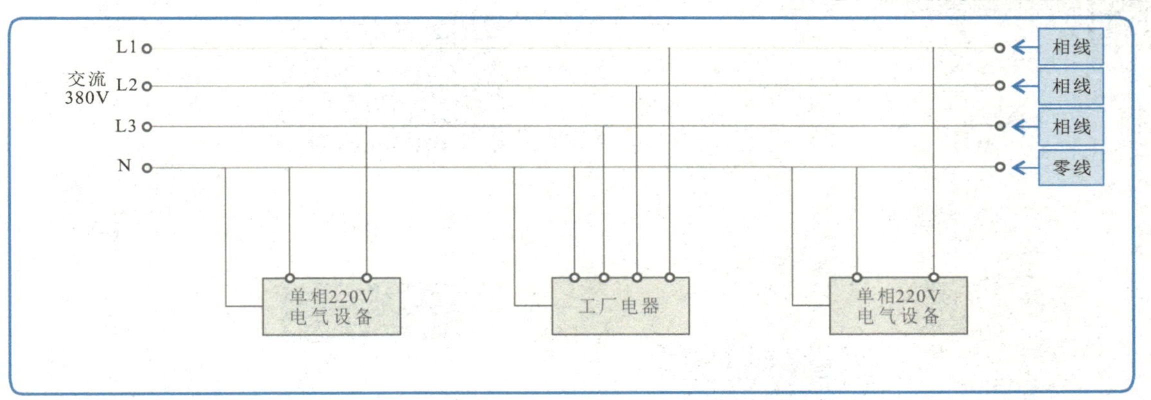

【三相五线式交流电路的结构】

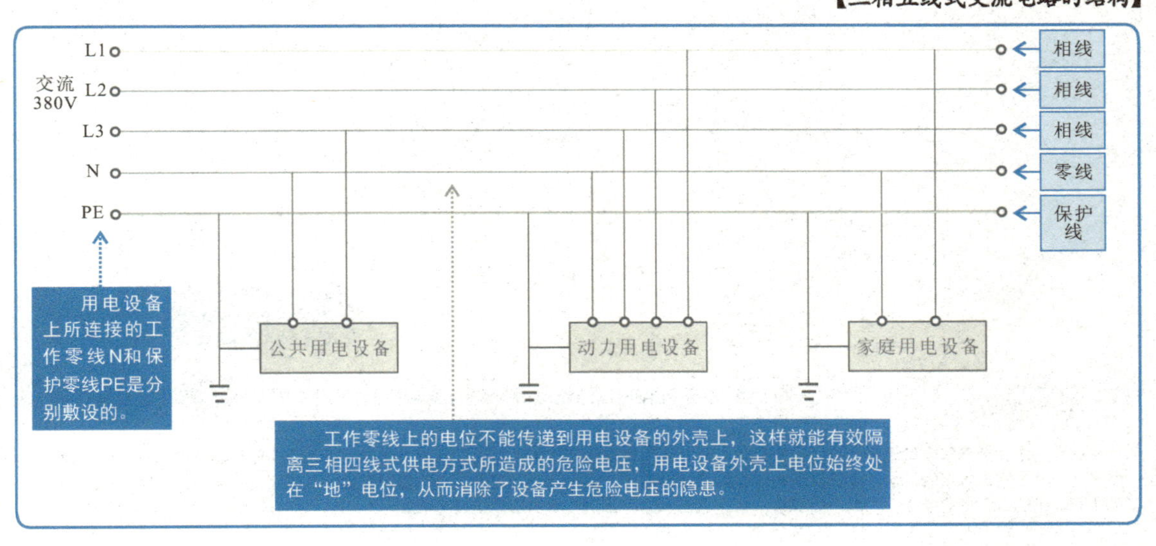

第3章 供配电线路的识读

3.1 高压供配电线路图的识读方法

3.1.1 高压供配电线路图的结构

高压供配电线路是指6～10kV的供电和配电线路，主要实现将电力系统中的35～110kV的供电电压降低为6～10kV的高压配电电压，并供给高压配电所、车间变电所和高压用电设备等。识读该类线路图，首先要了解线路图中的符号标识，根据标识了解线路的结构以及功能特点。

【典型高压供配电线路图的结构】

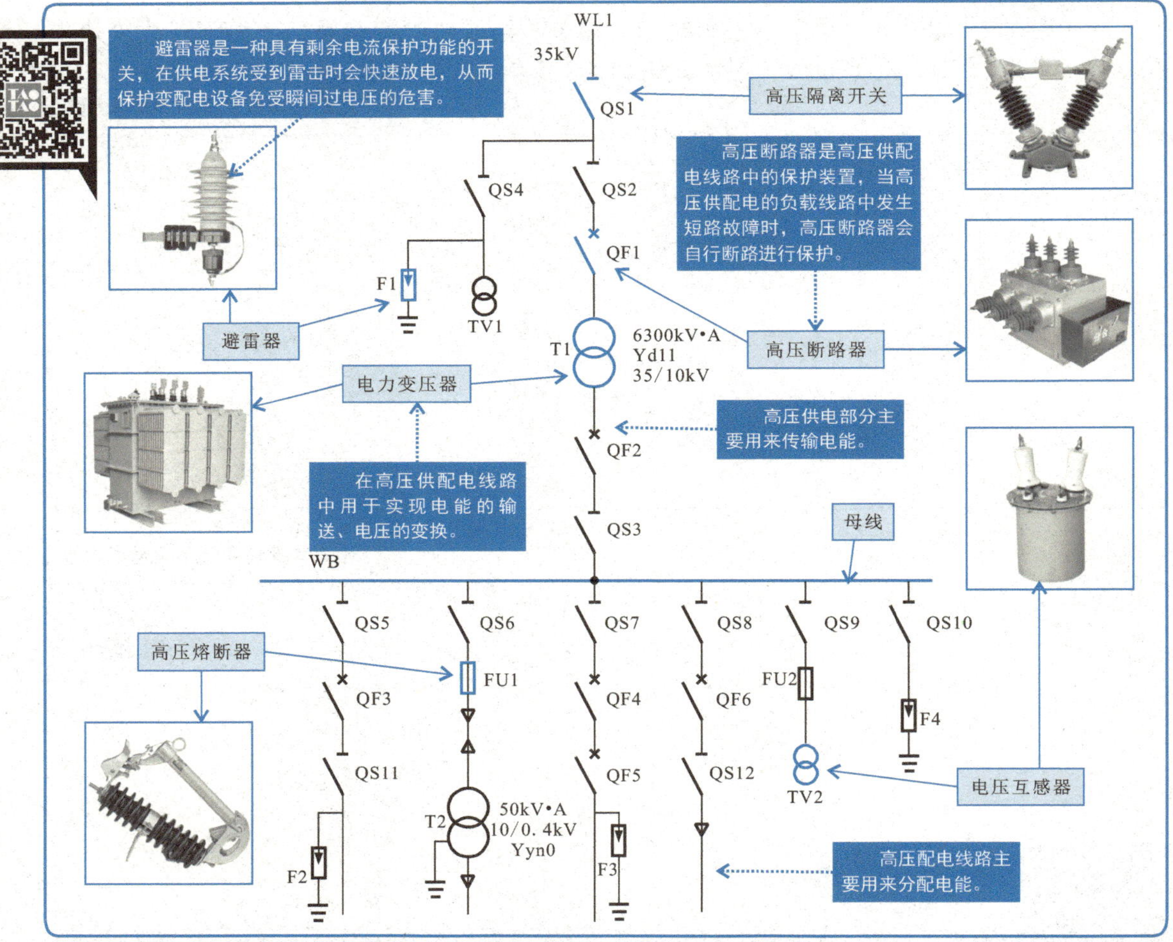

特别提醒

单线连接表示高压电气设备的一相连接方式，而另外两相则被省略，这是因为三相高压电气设备中三相接线方式相同，即其他两相接线与这一相接线相同。这种高压供配电线路的单线电路图，主要用于供配电线路的规划与设计、有关电气数据的计算、选用、日常维护、切换回路等的参考，了解一相线路，就等同于知道了三相线路的结构组成等信息。

3.1.2 高压供配电线路图的识读

对高压供配电线路图进行识读时，应从线路图中各主要元器件的功能特点和连接关系入手，对整个线路的工作流程进行细致地解析，搞清供配电线路的供电和配电过程，完成高压供配电线路图的识读。

【典型高压供配电线路图的识读】

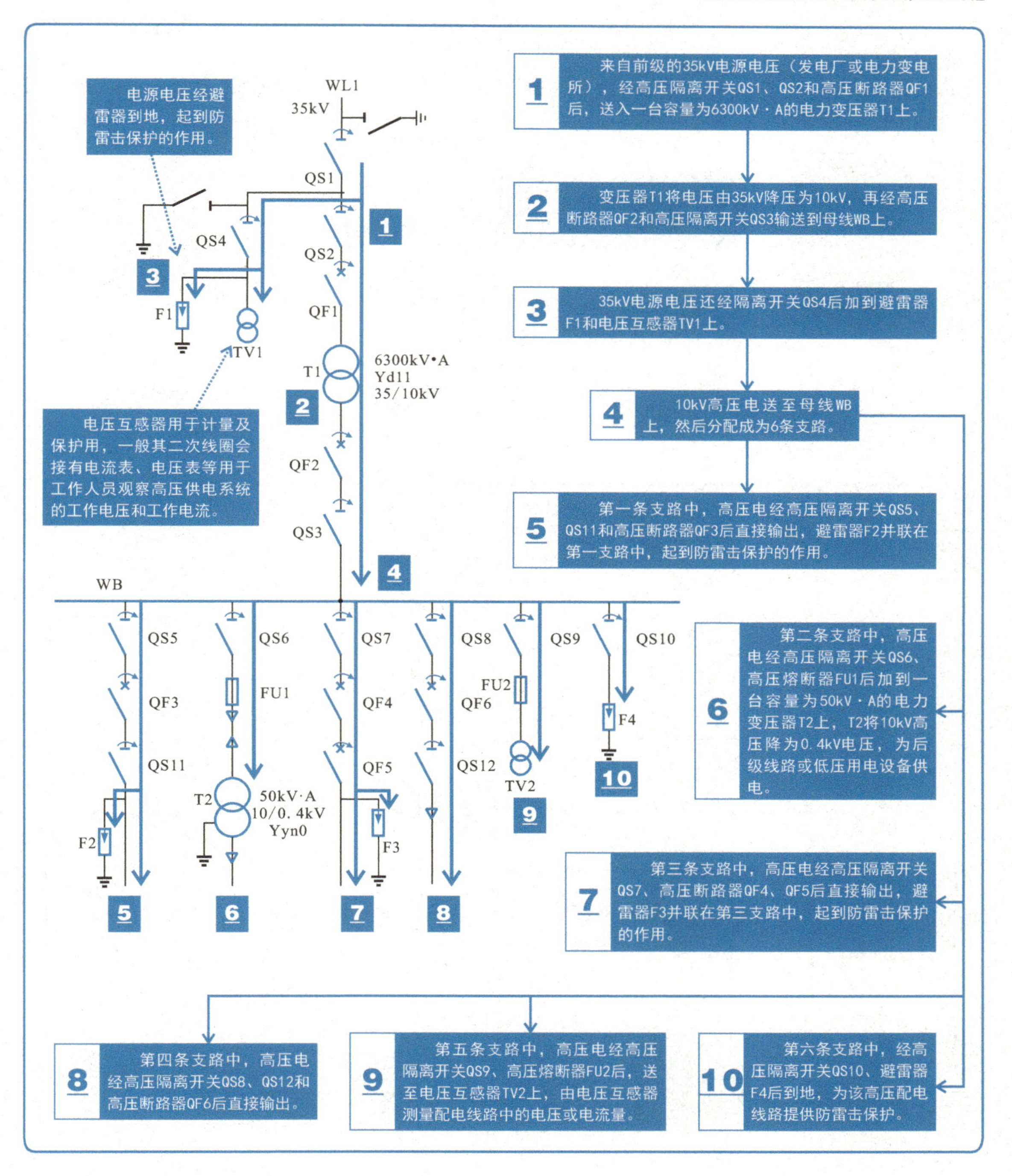

3.2 低压供配电线路图的识读方法

3.2.1 低压供配电线路图的结构

低压供配电线路是指380/220V的供电和配电线路，主要实现对交流低压的传输和分配。识读该类线路图，首先要了解线路图中的符号标识，根据标识了解线路的结构以及功能特点。

【多层住宅低压供配电线路图的结构】

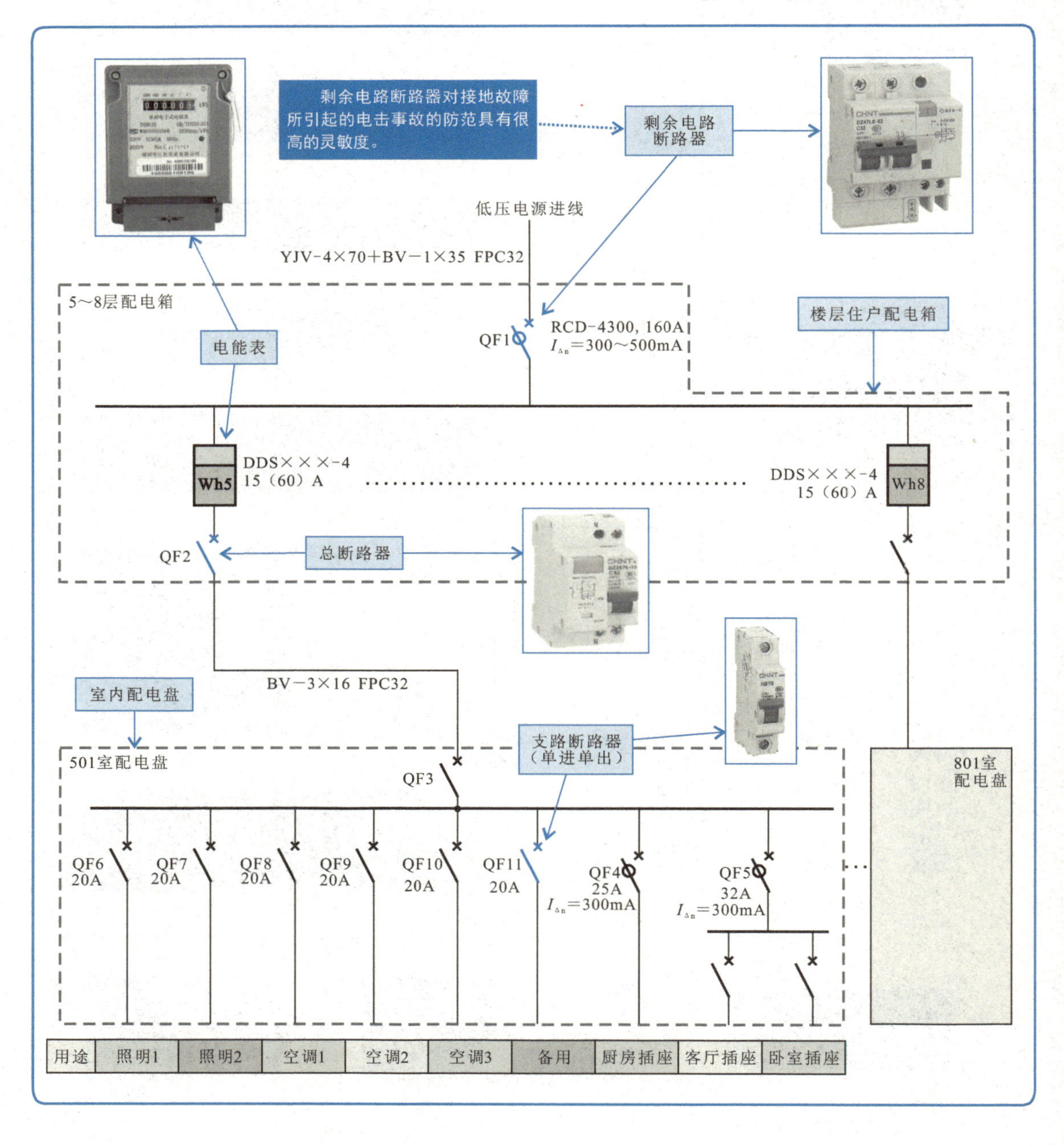

3.2.2 低压供配电线路图的识读

对低压供配电线路进行识读时，应从线路图中各主要元器件的功能特点和连接关系入手，对整个线路的工作流程进行细致地解析，搞清供配电线路的供电和配电过程，完成低压供配电线路图的识读。

【多层住宅低压供配电线路图的识读】

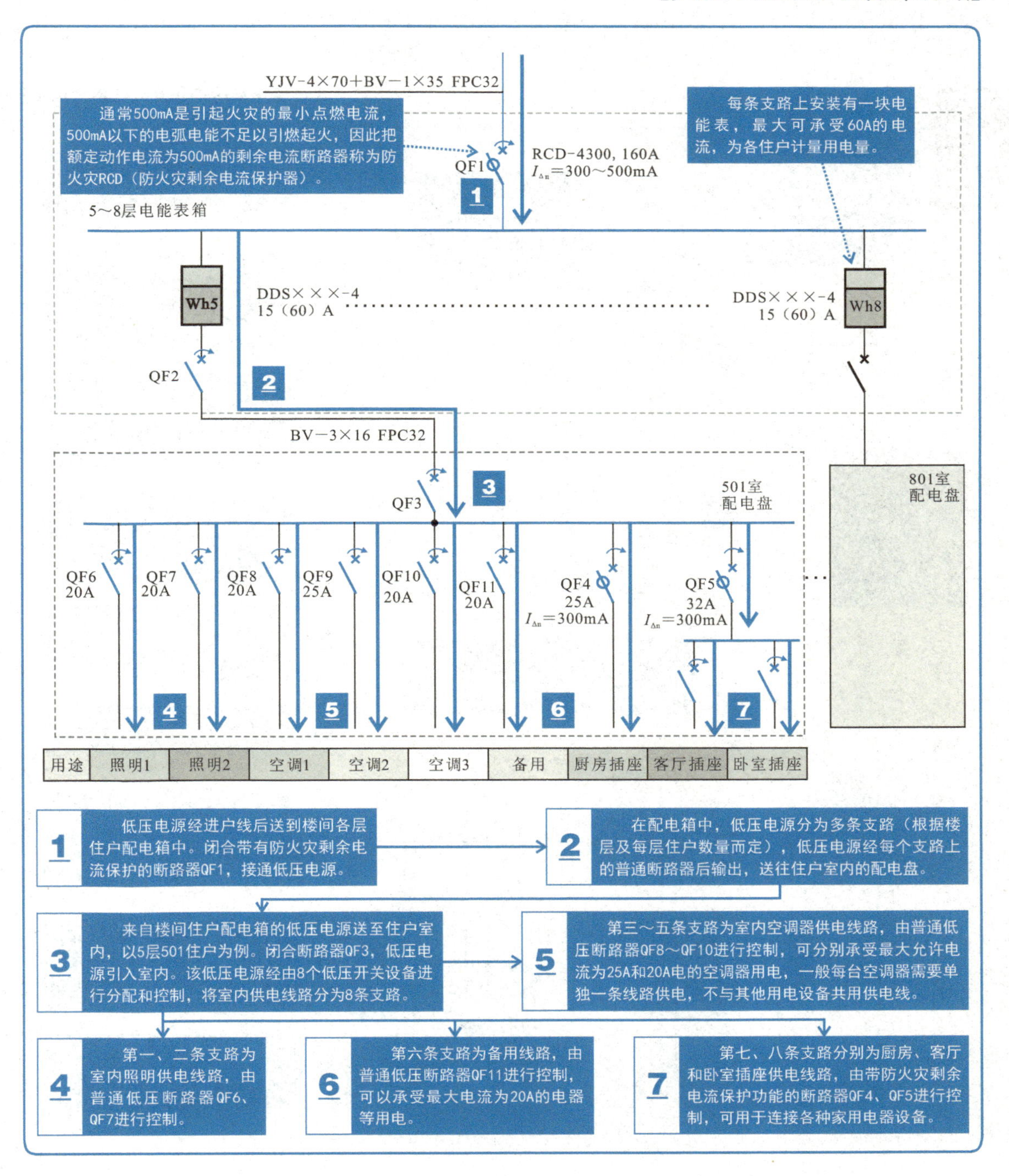

3.3 供配电线路图的识读综合训练

3.3.1 高压变电所供配电线路图的识读

该高压变电所供配电线路是对35kV供电电压进行传输并将其转换为10kV高压，再进行分配与传输的线路，在传输和分配高压电的场合十分常见，如高压变电站、高压配电柜等与该线路十分相近。识读过程可参看下面的图解演示。

【高压变电所供配电线路图的识读】

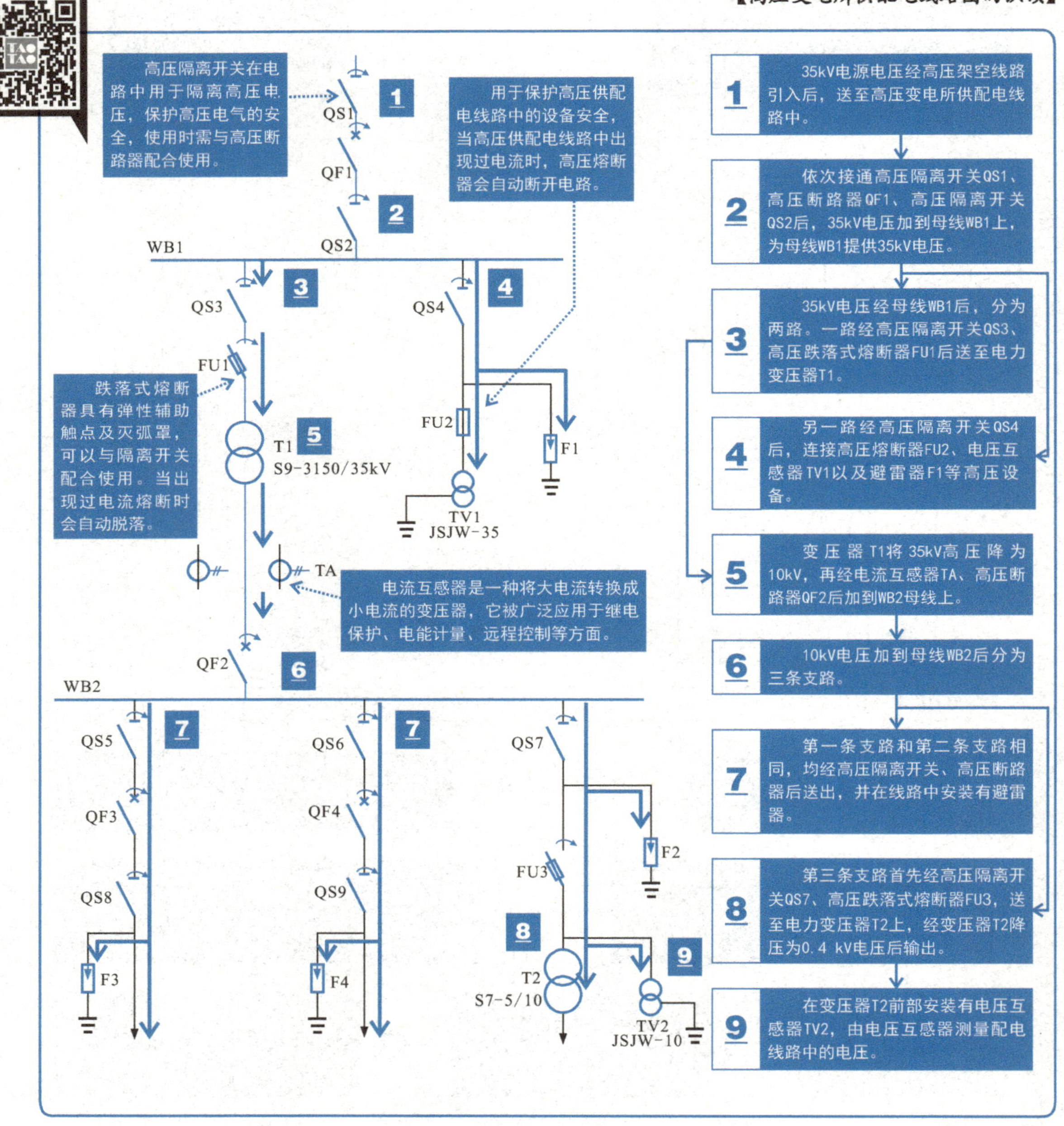

3.3.2 一次变压供配电线路图的识读

一次变压供配电线路是指电源电压只经过一次电压变换后，就直接为工厂、企业或居民区提供电能的线路。

【简单的一次变压供配电线路图】

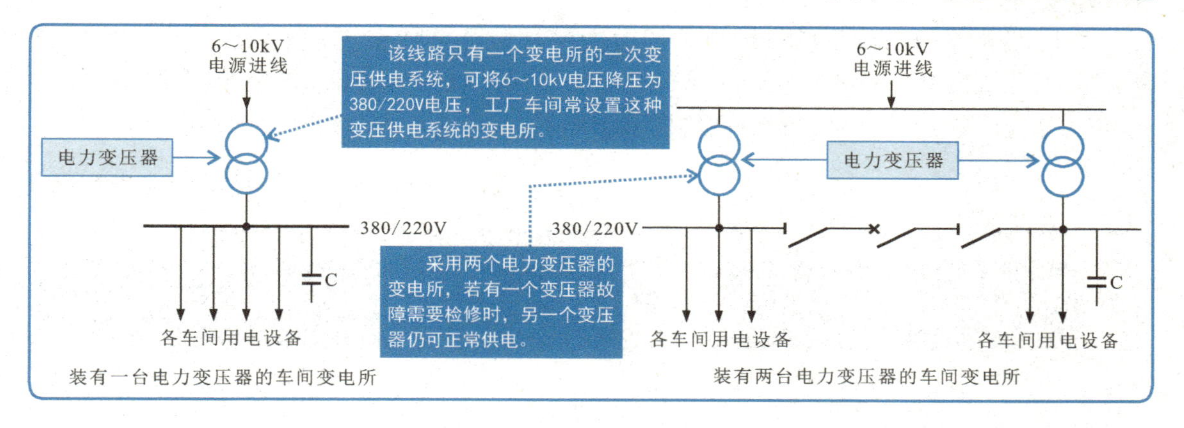

高压配电所的一次变压供电线路有两路独立的供电线路，且采用单母线分段接线形式，当一路有故障时，可由另一路为设备供电。识读过程请参看下面的图解演示。

【高压配电所的一次变压供配电线路图的识读】

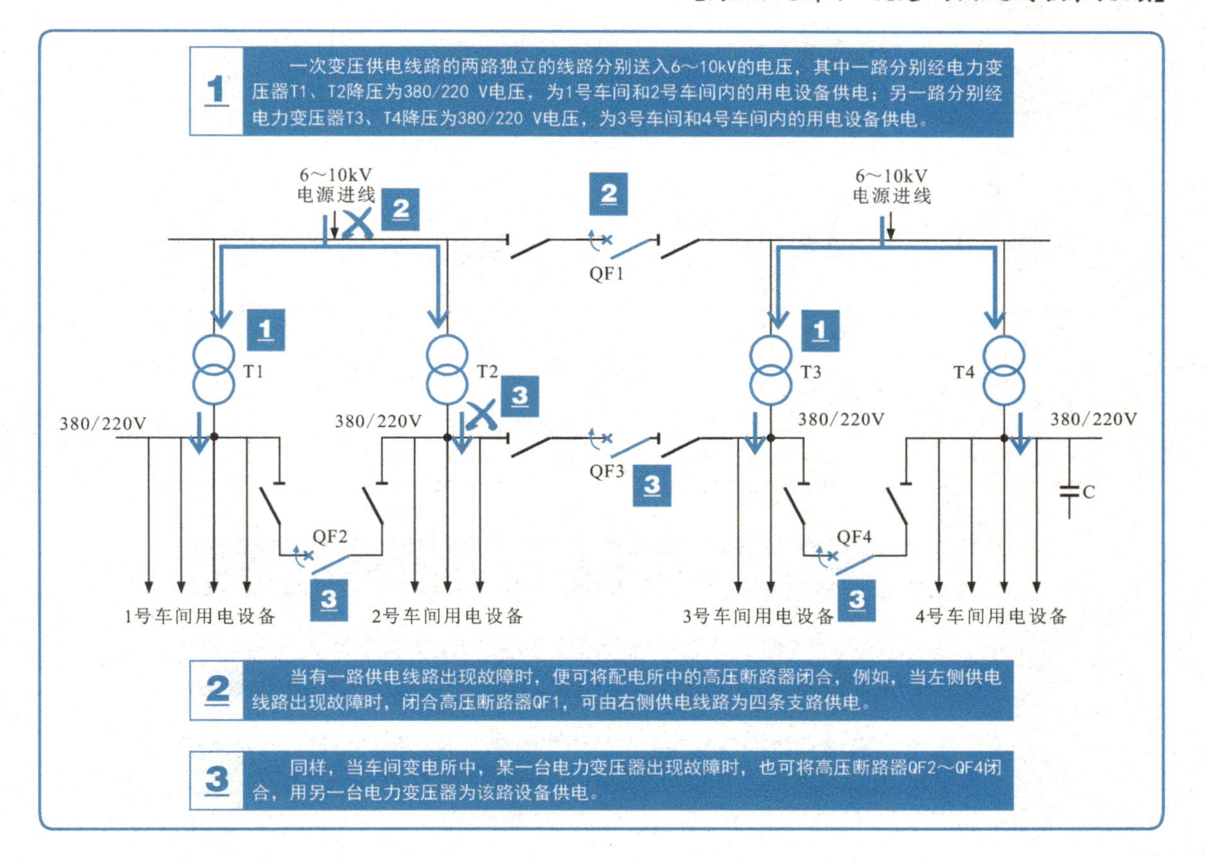

3.3.3 二次变压供配电线路图的识读

二次变压供配电线路是指电压经过两次电压变换后，再为后级电路提供电能的电路，大型工厂和某些电力负荷较大的中型工厂，一般都采用具有总降压变电所的二次变压供电系统。

高压配电所的二次变压供配电线路至少拥有一个总降压变电所和若干个车间变电所，电源进线为35～110kV，经总降压变电所输出6～10kV高压，再由车间变电所降压为380/220V。识读过程可参看下面的图解演示。

【高压配电所的二次变压供配电线路图的识读】

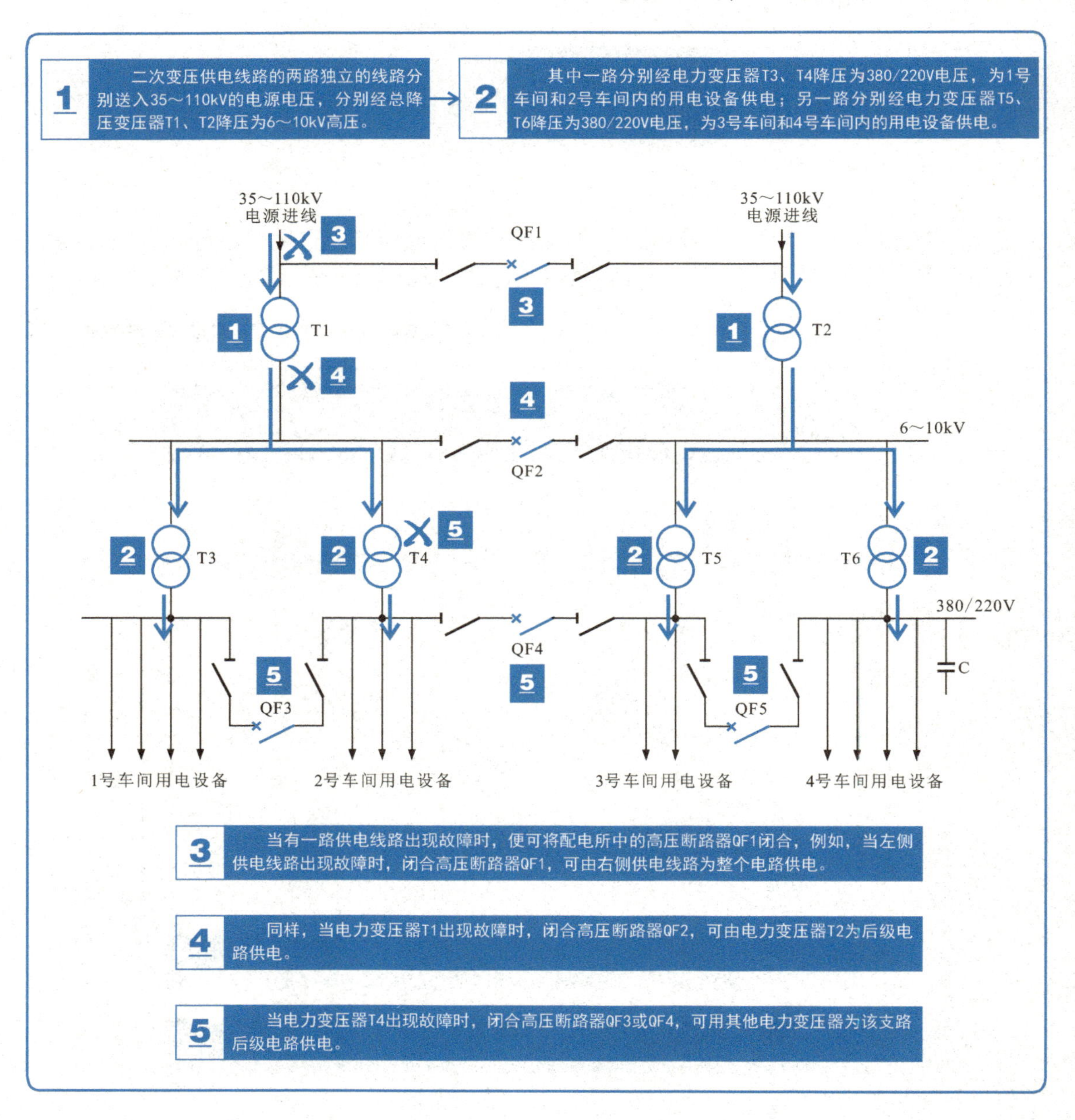

3.3.4 低压配电柜供配电线路图的识读 

低压配电柜供配电线路主要用来对低电压进行传输和分配，为低压用电设备供电。该线路中，一路作为常用电源，另一路则作为备用电源，当两路电源均正常时，黄色指示灯HL1、HL2均点亮，若指示灯HL1不能正常点亮，则说明常用电源出现故障或停电，此时需要使用备用电源进行供电，使该低压配电柜能够维持正常工作。识读过程可参看下面的图解演示。

【低压配电柜供配电线路图的识读】

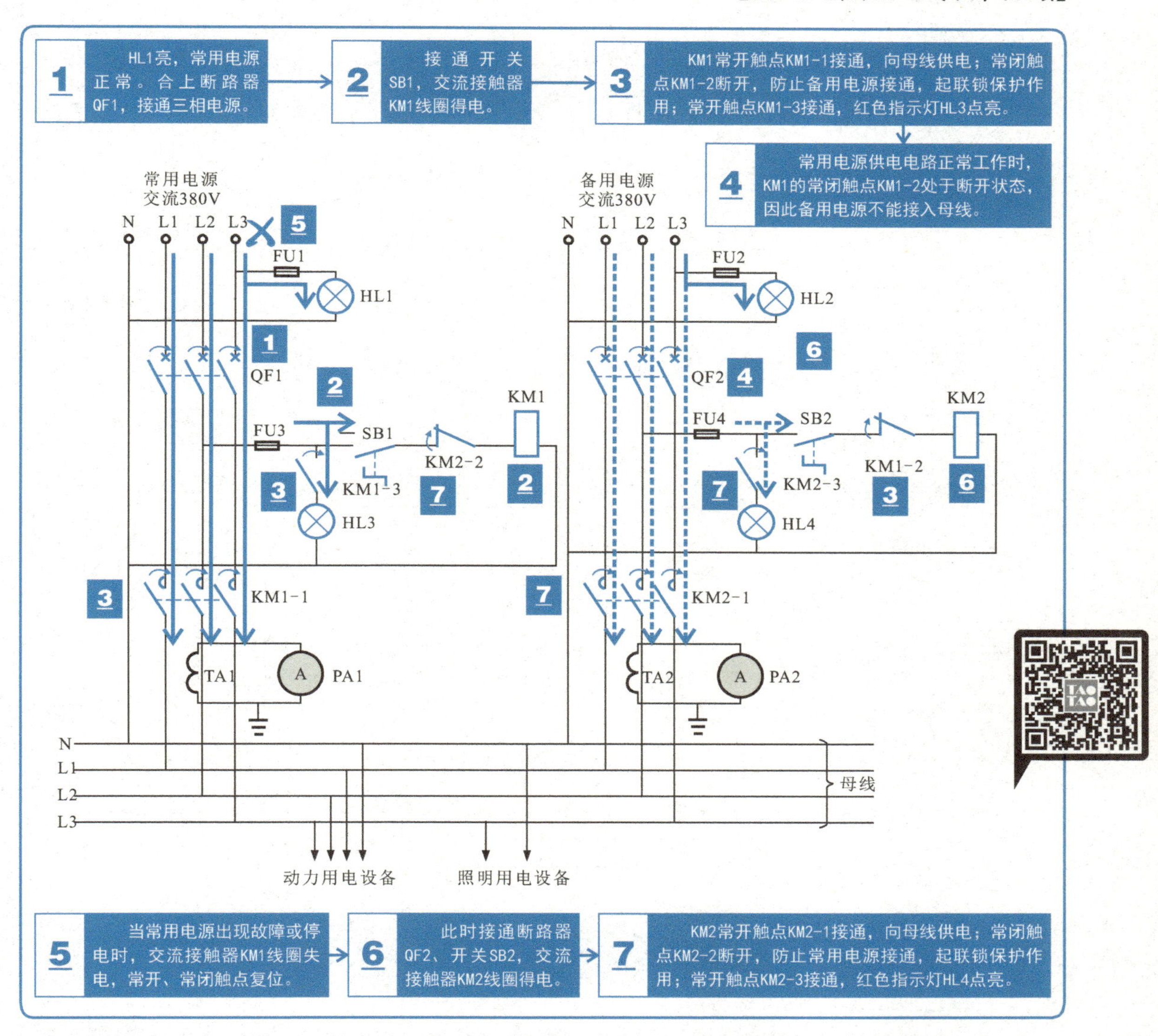

特别提醒

当常用电源恢复正常后，由于交流接触器KM2的常闭触点KM2-2处于断开状态，因此交流接触器KM1不能得电，常开触点KM1-1不能自动接通，此时需要断开开关SB2使交流接触器KM2线圈失电，常开、常闭触点复位，为交流接触器KM1线圈再次工作提供条件，此时再操作SB1才起作用。

3.3.5 工厂35kV中心变电所供配电线路图的识读

工厂35kV中心变电所供配电线路适用于高压电力的传输，可将35kV的高压电经变压器后变为10kV电压，再送往各个车间的10kV变电室中，为车间动力、照明及电气设备供电；再将10kV电压降到380/220V，送往办公室、食堂、宿舍等公共用电场所。

【工厂35kV中心变电所供配电线路图的结构】

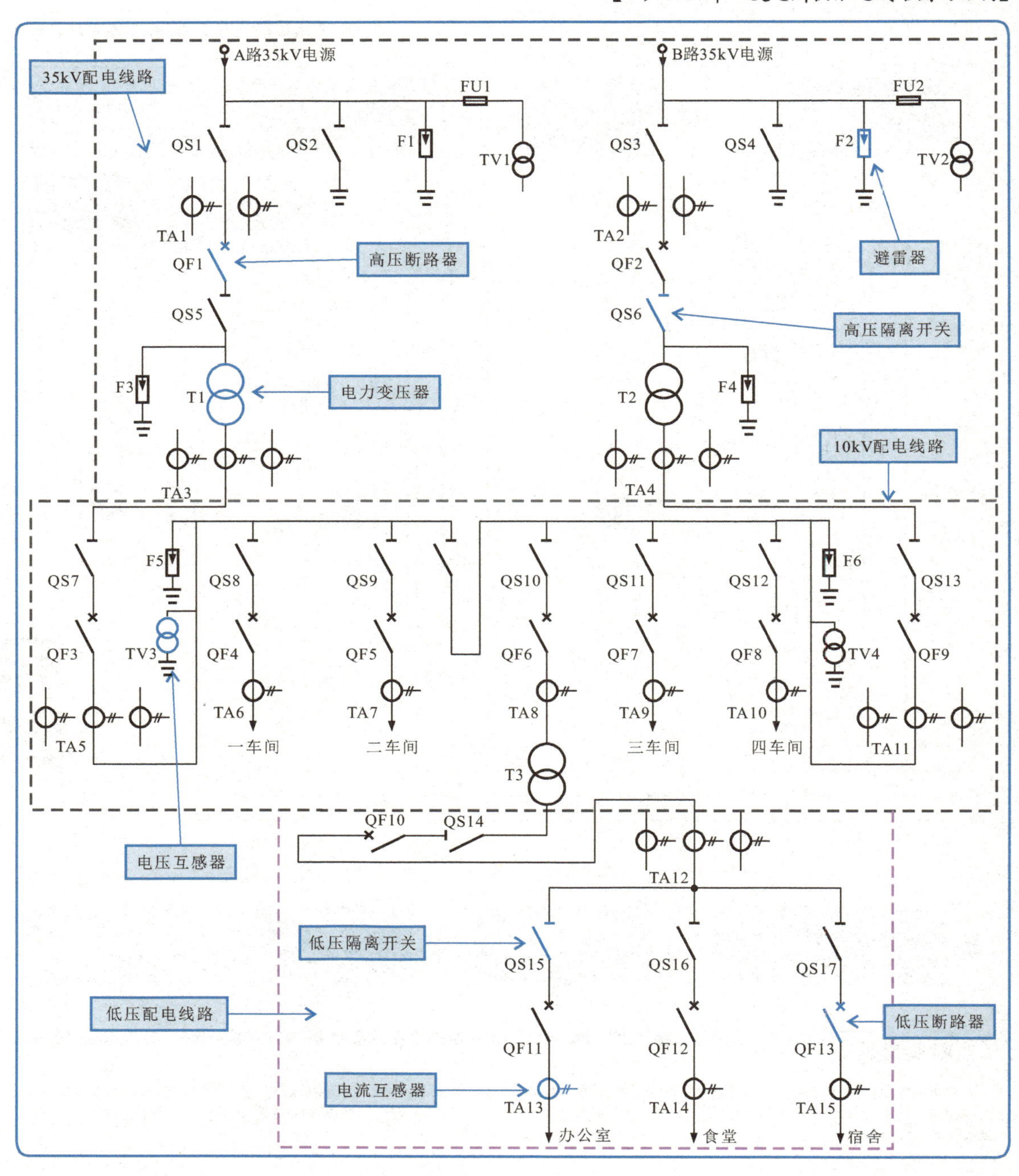

根据电路中主要电气部件的功能，我们可以对35kV变配电和10kV变配电的工作流程以及低压变配电线路进行识读。识读过程可参看下面的图解演示。

【工厂35kV中心变电所供配电线路图中35kV供配电工作流程的识读】

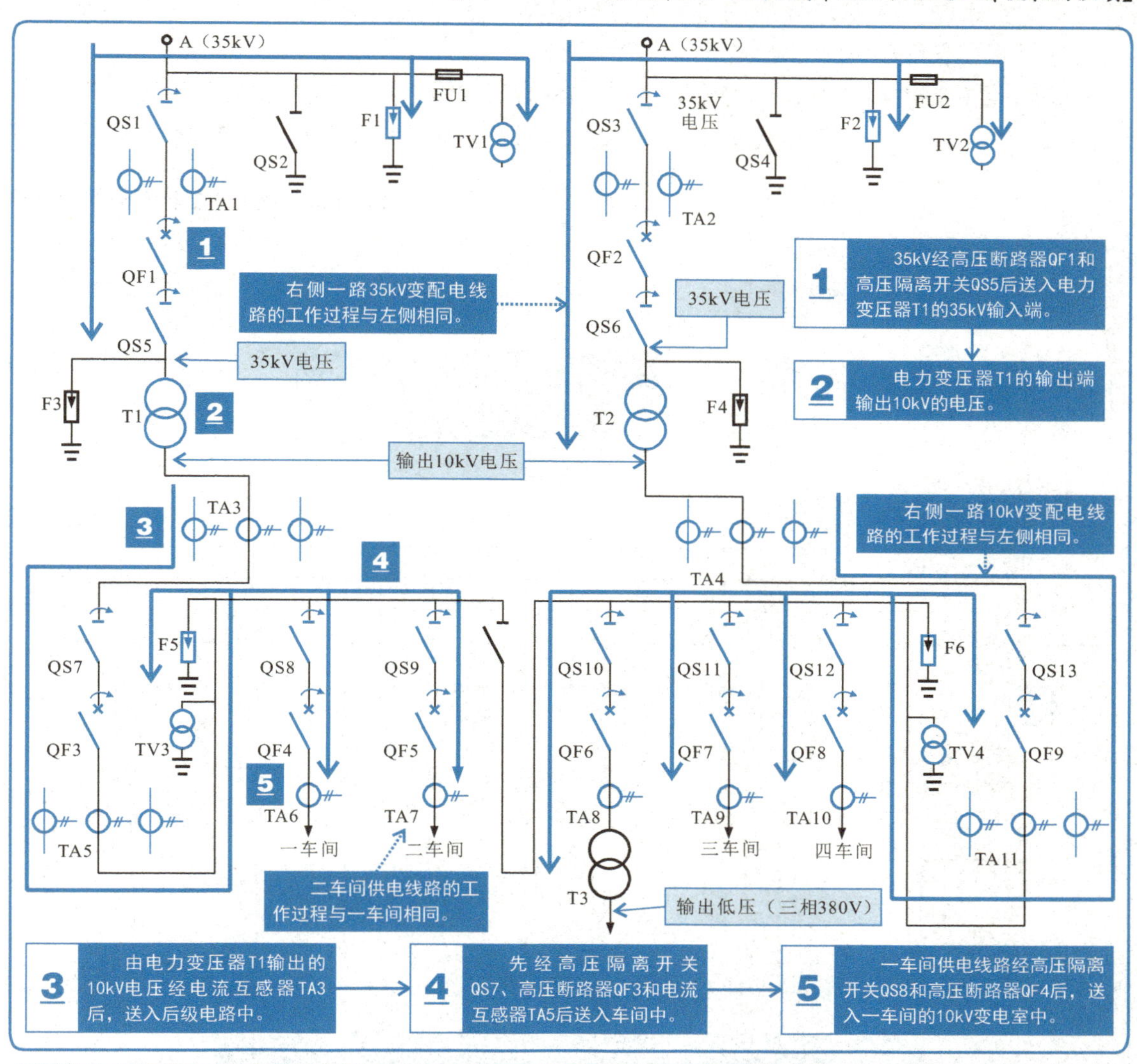

特别提醒

低压变配电工作过程识读分析：10kV电压经电力变压器T3后，将输入电压变为380V的低压。再经低压隔离开关QS14、低压断路器QF10和电流互感器TA11后，分为三路：一路经低压隔离开关QS15、低压断路器QF11和电流互感器TA12为办公室供电；另一路经低压隔离开关QS16、低压断路器QF12和电流互感器TA13为食堂供电；最后一路经低压隔离开关QS17、低压断路器QF13和电流互感器TA14为宿舍供电。

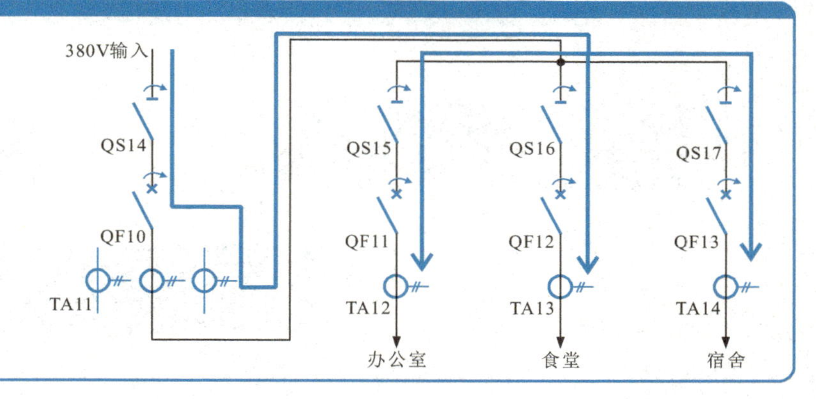

3.3.6 建筑工地低压供配电线路图的识读

建筑工地低压配电线路是一种短期使用的低压配电线路，通过电源传输线、总电源开关、支路电源开关等，为电动机及其控制电路、搅拌机、电焊机、卷扬机、小型配电盘以及照明设备等供电。

该电路主要由电源总开关QS1、支路电源开关QS2～QS7等构成。三相交流电源采用三相四线式，设有一条零线N和三条相线。识读过程可参看下面的图解演示。

【建筑工地低压供配电线路图的识读】

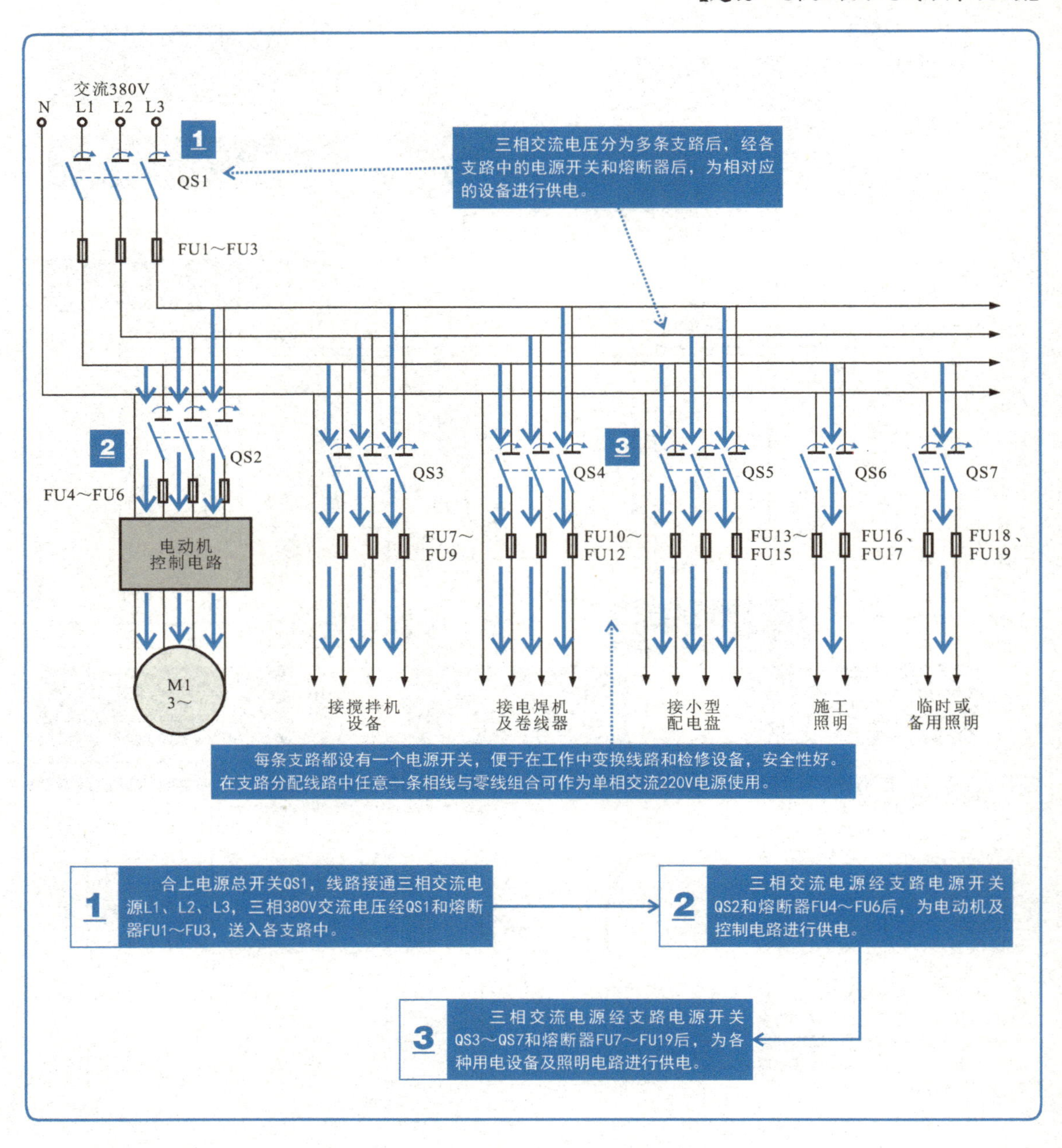

3.3.7 楼宇变电所高压供配电线路图的识读

楼宇变电所高压供配电线路是一种应用在高层住宅小区或办公楼中的变电所，其内部采用多个高压开关设备对线路的通、断进行控制，从而为高层的各个楼层进行供电。识读过程可参看下面的图解演示。

【楼宇变电所高压供配电线路图的识读】

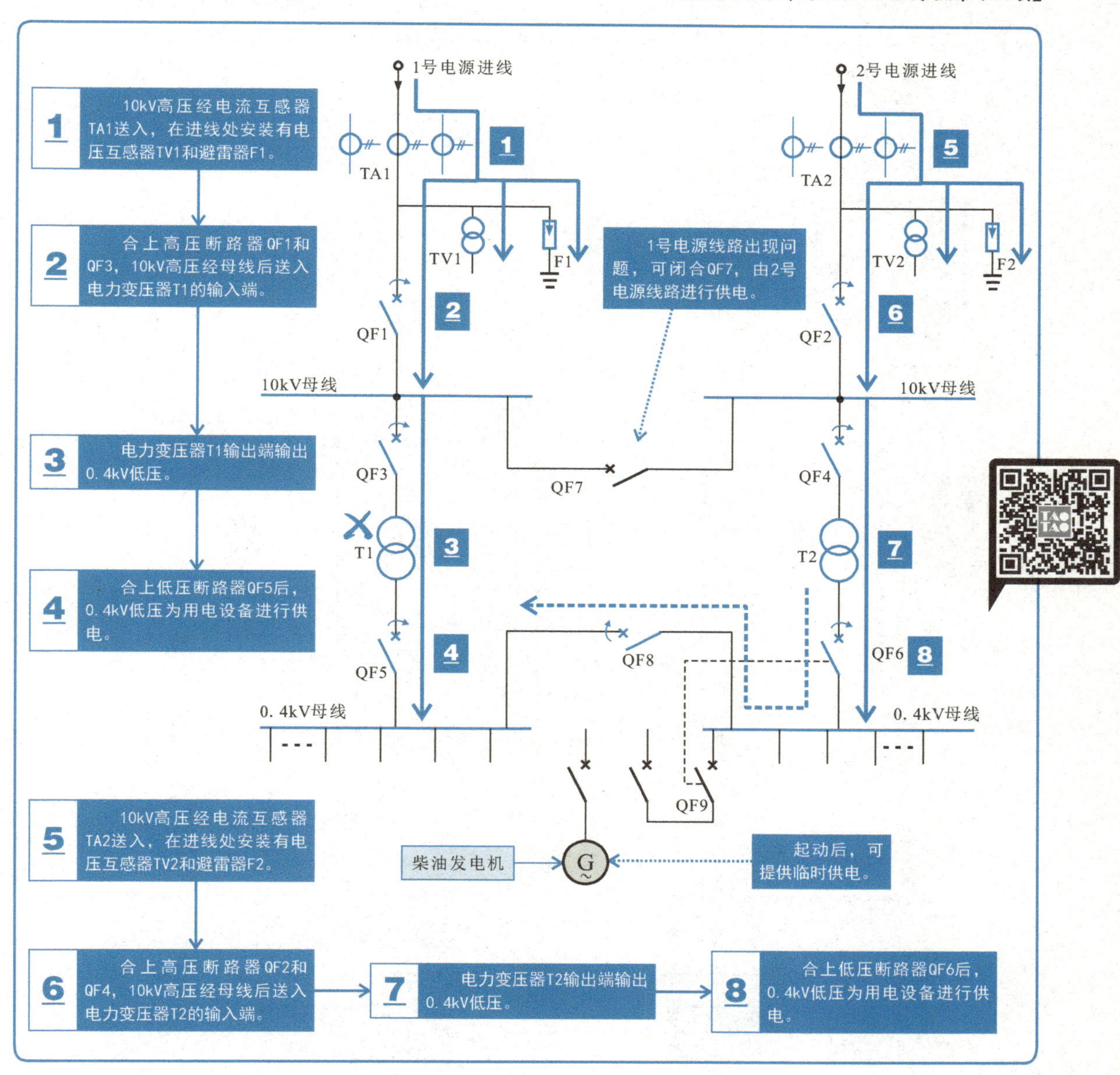

特别提醒

当1号电源线路中的电力变压器T1出现故障后，1号电源线路停止工作。合上低压断路器QF8，由2号电源线路输出的0.4kV电压便会经QF8为1号电源线路中的负载设备供电，以维持其正常工作。此外，在该线路中还设有柴油发电机G，在两路电源均出现故障后，则可起动柴油发电机，进行临时供电。

▶ 3.3.8 企业10kV高压配电柜供配电线路图的识读

企业10kV高压配电柜供配电线路是一种企业中比较常见的配电线路，可将10kV的高压通过配电线路为各个设备进行供电，在线路中还接有电流互感器等设备。识读过程可参看下面的图解演示。

【企业10kV高压配电柜供配电线路图的识读】

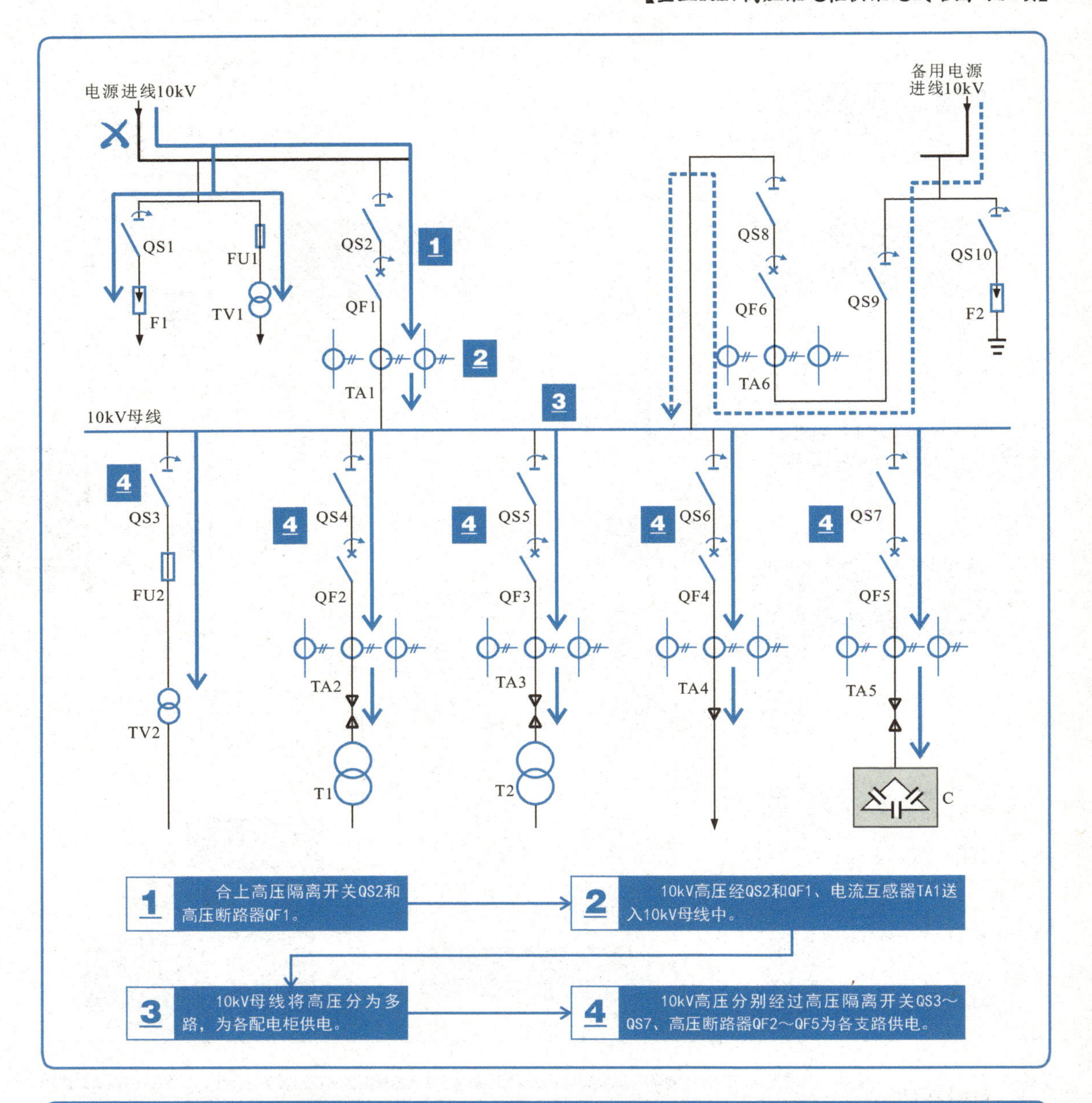

特别提醒

当主电源线路出现故障后，可合上高压隔离开关QS8和QS9，以及高压断路器QF6。备用电源的10kV高压经TA6为母线继续供电，确保高压配电柜能够继续工作。

3.3.9 工厂高压供配电线路图的识读

工厂高压供配电线路是一种为工厂车间进行供电的配线系统。识读过程可参看下面的图解演示。

【企业10kV高压配电柜供配电线路图中高压供配电工作流程的识读】

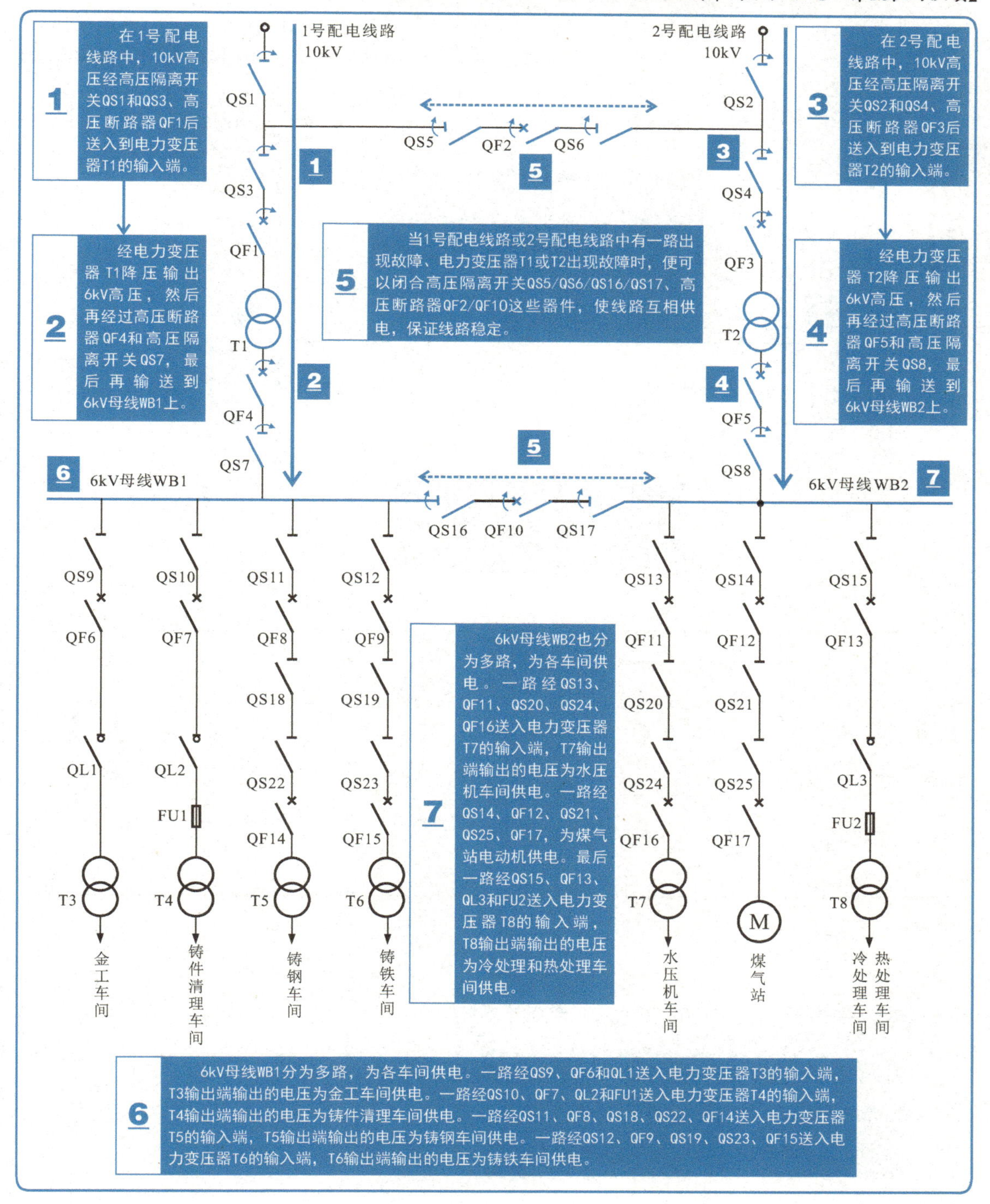

3.3.10 深井高压供配电线路图的识读

深井高压开关设备控制电路是一种应用在矿井、深井等工作环境下的高压供配电线路，在线路中使用高压隔离开关、高压断路器等对线路的通断进行控制，母线可以将电源分为多路，为各设备提供工作电压。识读过程可参看下面的图解演示。

【深井高压供配电线路图中35～110kV供配电工作流程的识读】

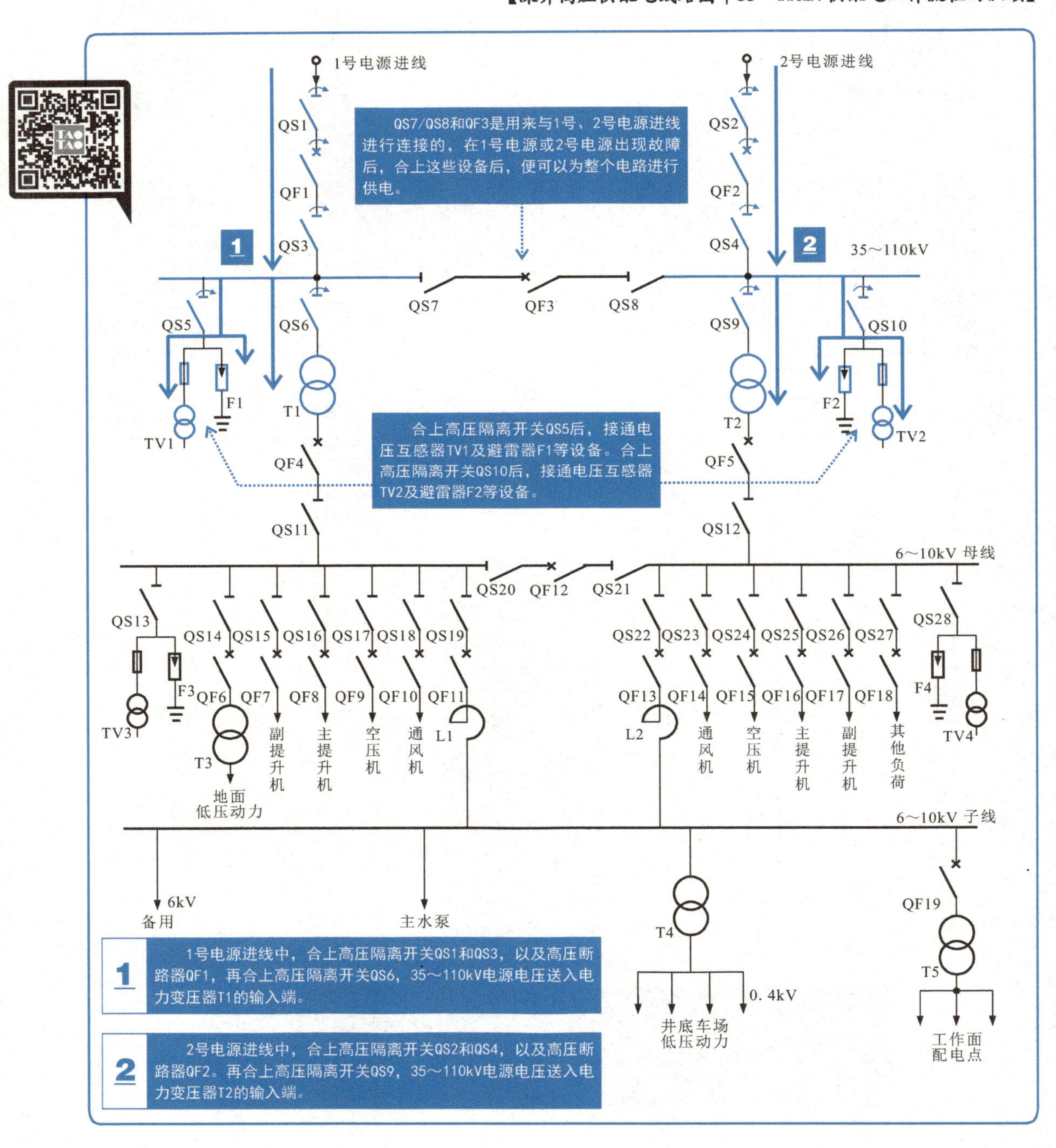

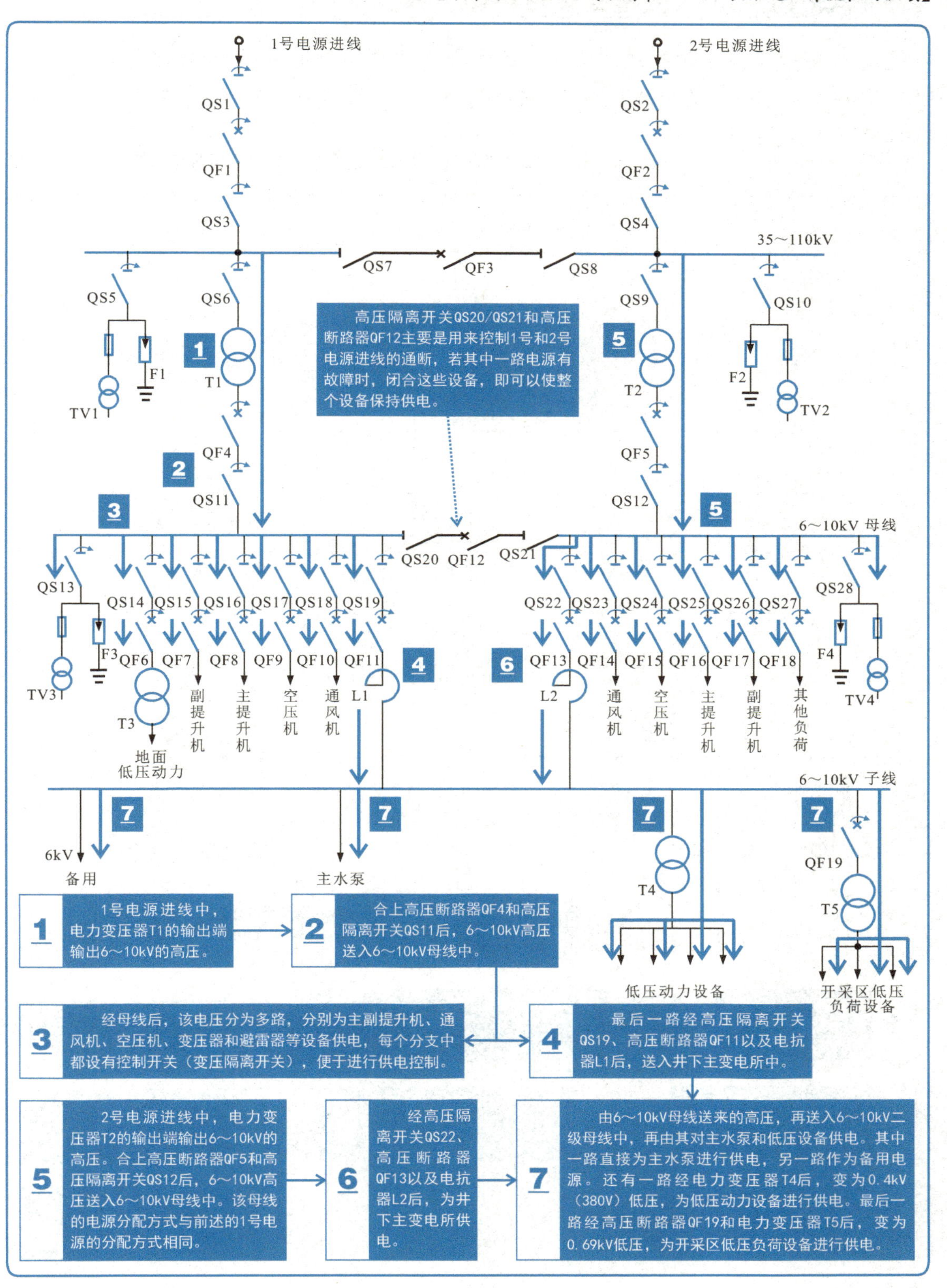
1号电源进线
2号电源进线
QS1
QF1
QS3
QS2
QF2
QS4
35～110kV
QS7
QF3
QS8
QS5
QS6
QS9
QS10
F1
TV1
T1
T2
F2
TV2
高压隔离开关QS20/QS21和高压断路器QF12主要是用来控制1号和2号电源进线的通断，若其中一路电源有故障时，闭合这些设备，即可以使整个设备保持供电。
QF4
QS11
QF5
QS12
6～10kV 母线
QS20
QF12
QS21
QS13
QS14
QS15
QS16
QS17
QS18
QS19
QS22
QS23
QS24
QS25
QS26
QS27
QS28
F3
QF6
QF7
QF8
QF9
QF10
QF11
QF13
QF14
QF15
QF16
QF17
QF18
F4
TV3
T3
副提升机
主提升机
空压机
通风机
L1
L2
通风机
空压机
主提升机
副提升机
其他负荷
TV4
地面低压动力
6～10kV 子线
6kV
备用
主水泵
T4
QF19
T5
低压动力设备
开采区低压负荷设备
1 1号电源进线中，电力变压器T1的输出端输出6～10kV的高压。
2 合上高压断路器QF4和高压隔离开关QS11后，6～10kV高压送入6～10kV母线中。
3 经母线后，该电压分为多路，分别为主副提升机、通风机、空压机、变压器和避雷器等设备供电，每个分支中都设有控制开关（变压隔离开关），便于进行供电控制。
4 最后一路经高压隔离开关QS19、高压断路器QF11以及电抗器L1后，送入井下主变电所中。
5 2号电源进线中，电力变压器T2的输出端输出6～10kV的高压。合上高压断路器QF5和高压隔离开关QS12后，6～10kV高压送入6～10kV母线中。该母线的电源分配方式与前述的1号电源的分配方式相同。
6 经高压隔离开关QS22、高压断路器QF13以及电抗器L2后，为井下主变电所供电。
7 由6～10kV母线送来的高压，再送入6～10kV二级母线中，再由其对主水泵和低压设备供电。其中一路直接为主水泵进行供电，另一路作为备用电源。还有一路经电力变压器T4后，变为0.4kV（380V）低压，为低压动力设备进行供电。最后一路经高压断路器QF19和电力变压器T5后，变为0.69kV低压，为开采区低压负荷设备进行供电。

3.3.11 35kV变电站高压供配电线路图的识读

35kV变电站高压供配电线路是指采用适当的高压供配电设备组成一定的电路结构，并对变电站引入的35kV电压进行传输、转换、分配的线路。识读过程可参看下面的图解演示。

【35kV变电高压供配电线路图中35kV供电及双路降压工作流程的识读】

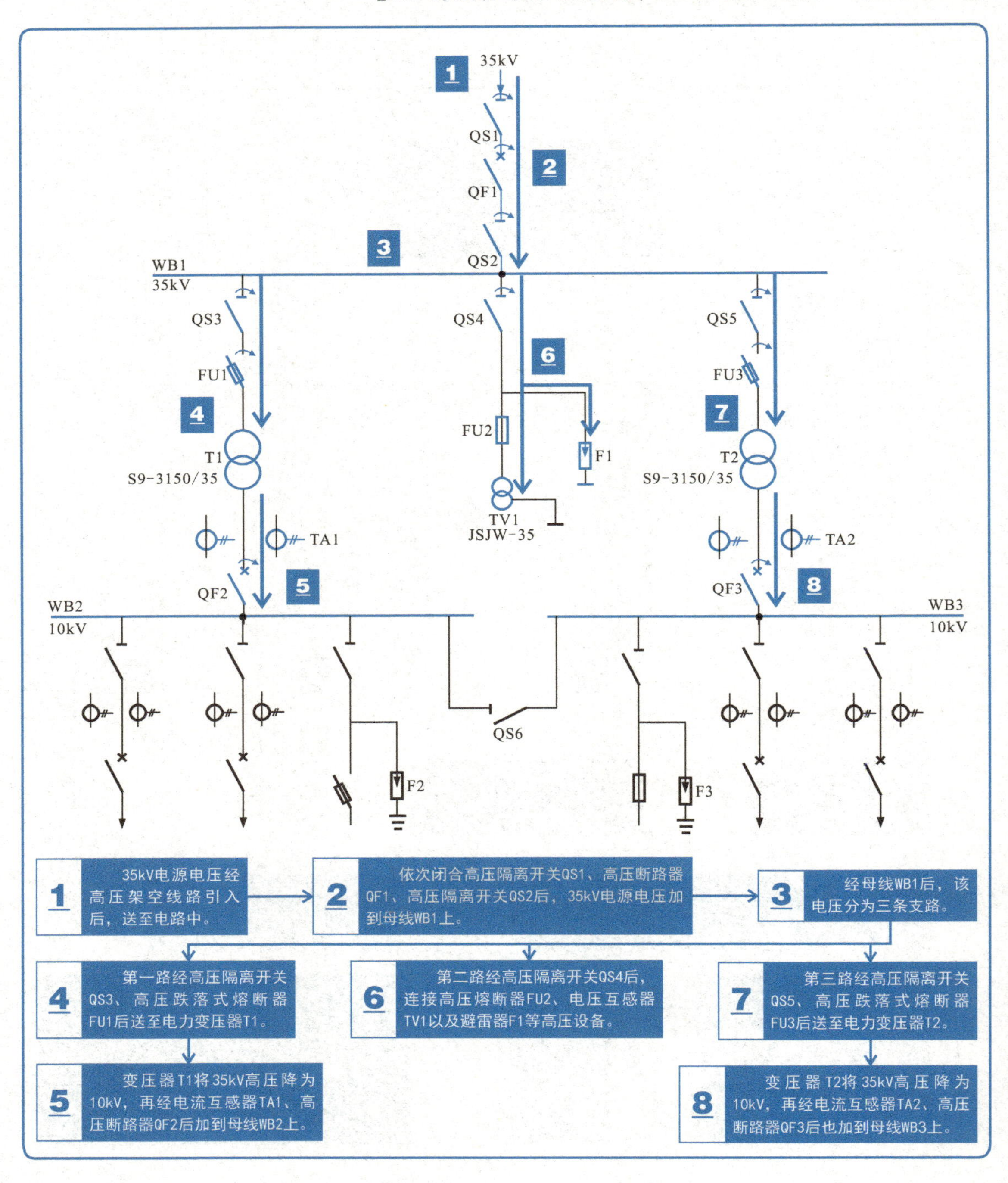

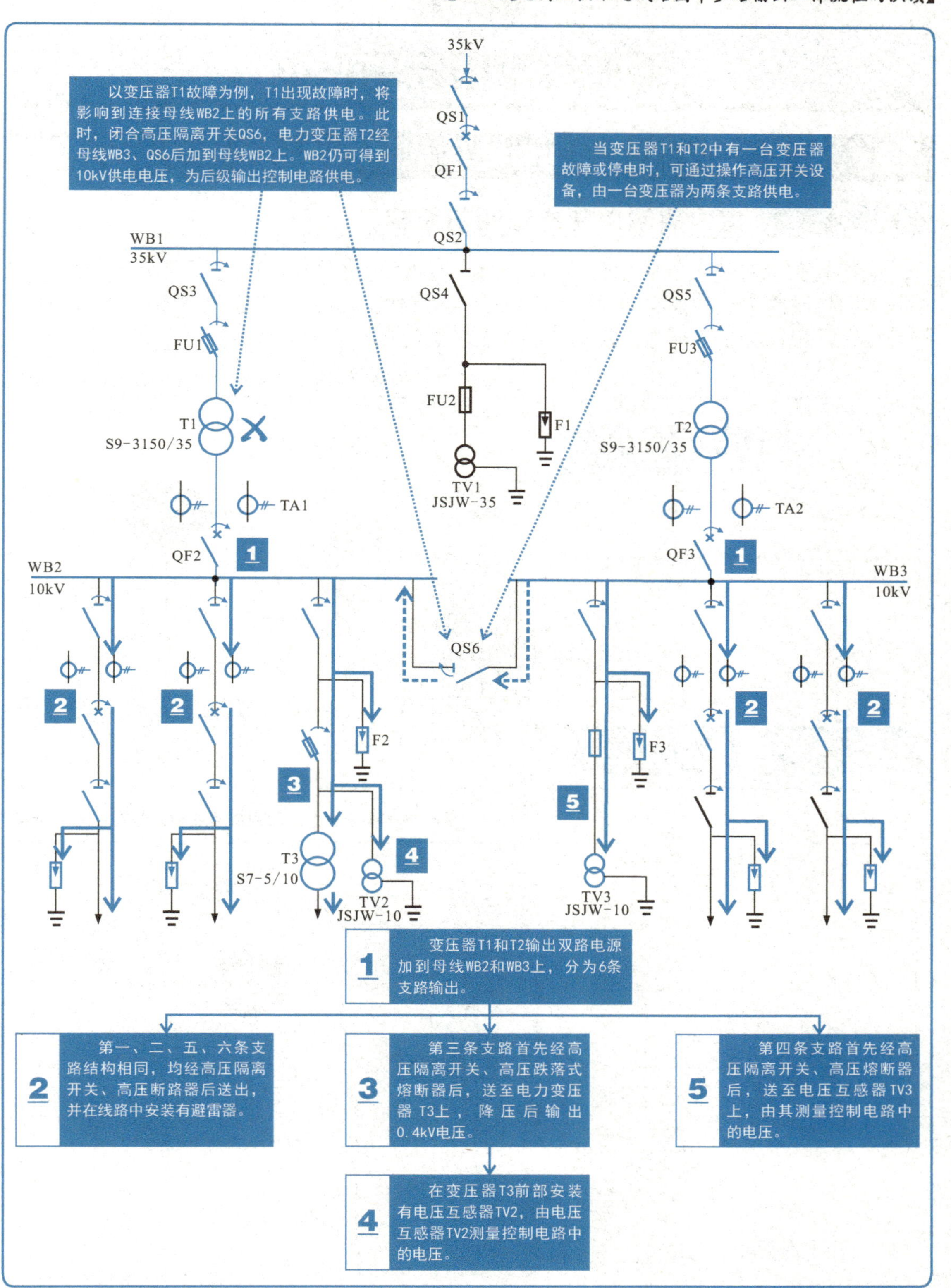
35kV
QS1
QF1
QS2
WB1
35kV
QS3
FU1
T1
S9-3150/35
TA1
QF2
WB2
10kV
QS4
FU2
F1
TV1
JSJW-35
QS5
FU3
T2
S9-3150/35
TA2
QF3
WB3
10kV
QS6
F2
T3
S7-5/10
TV2
JSJW-10
F3
TV3
JSJW-10
以变压器T1故障为例，T1出现故障时，将影响到连接母线WB2上的所有支路供电。此时，闭合高压隔离开关QS6，电力变压器T2经母线WB3、QS6后加到母线WB2上。WB2仍可得到10kV供电电压，为后级输出控制电路供电。
当变压器T1和T2中有一台变压器故障或停电时，可通过操作高压开关设备，由一台变压器为两条支路供电。
1 变压器T1和T2输出双路电源加到母线WB2和WB3上，分为6条支路输出。
2 第一、二、五、六条支路结构相同，均经高压隔离开关、高压断路器后送出，并在线路中安装有避雷器。
3 第三条支路首先经高压隔离开关、高压跌落式熔断器后，送至电力变压器T3上，降压后输出0.4kV电压。
5 第四条支路首先经高压隔离开关、高压熔断器后，送至电压互感器TV3上，由其测量控制电路中的电压。
4 在变压器T3前部安装有电压互感器TV2，由电压互感器TV2测量控制电路中的电压。

第4章

照明控制电路的识读

4.1 室内照明控制电路图的识读方法

4.1.1 室内照明控制电路图的结构

照明控制电路是控制照明灯供电的电路，室内照明控制电路一般采用单控开关、双控开关来控制照明灯的点亮和熄灭。识读该类电路图，首先要识别电路图中主要部件的符号标识，根据标识了解电路图的结构以及功能特点。

【一个单控开关控制一盏照明灯控制电路的结构】

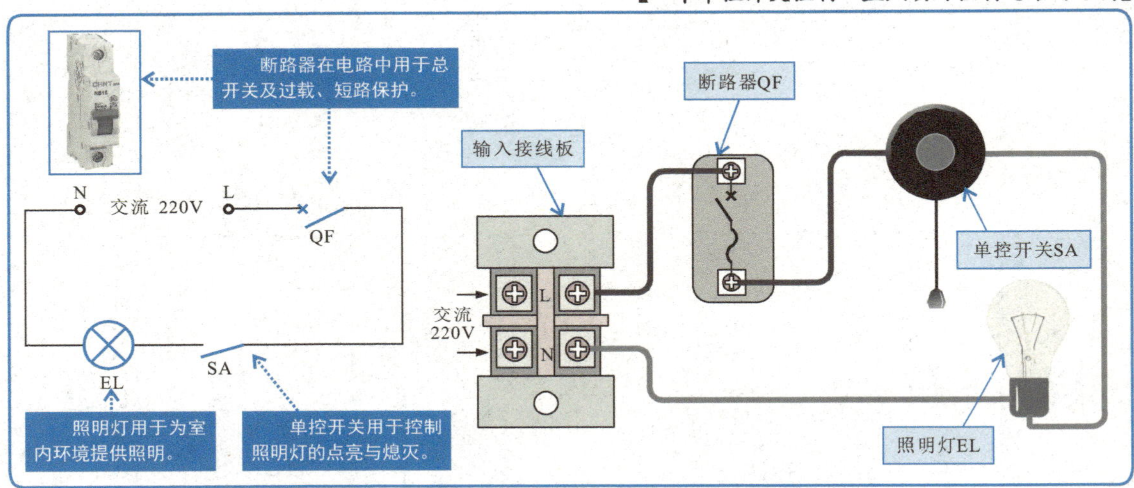

【两个单控开关分别控制两盏照明灯控制电路的结构】

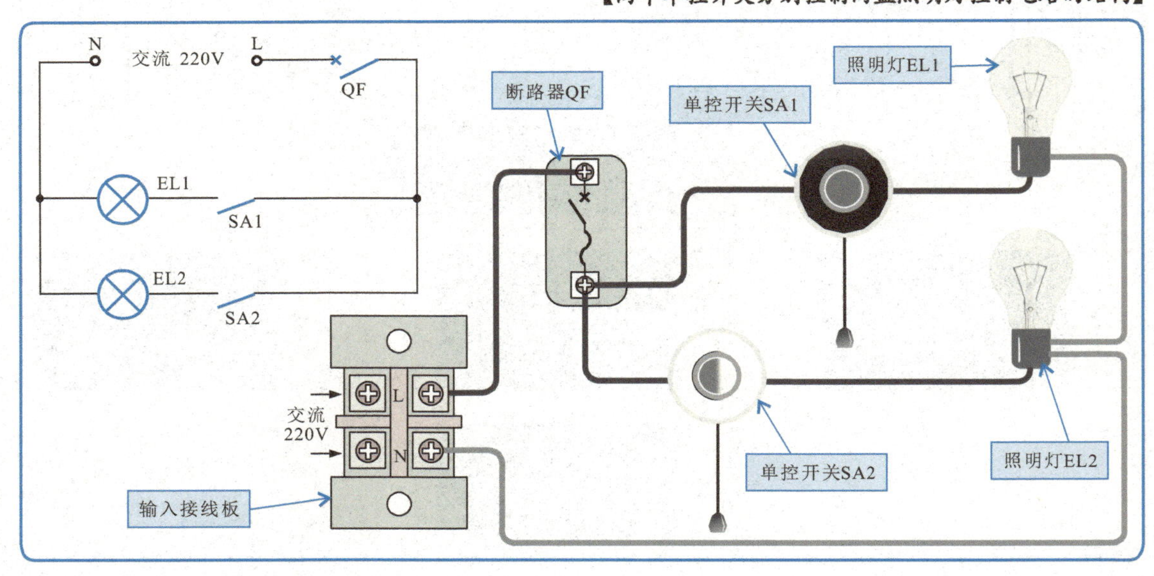

【两个双控开关共同控制一盏照明灯控制电路的结构】

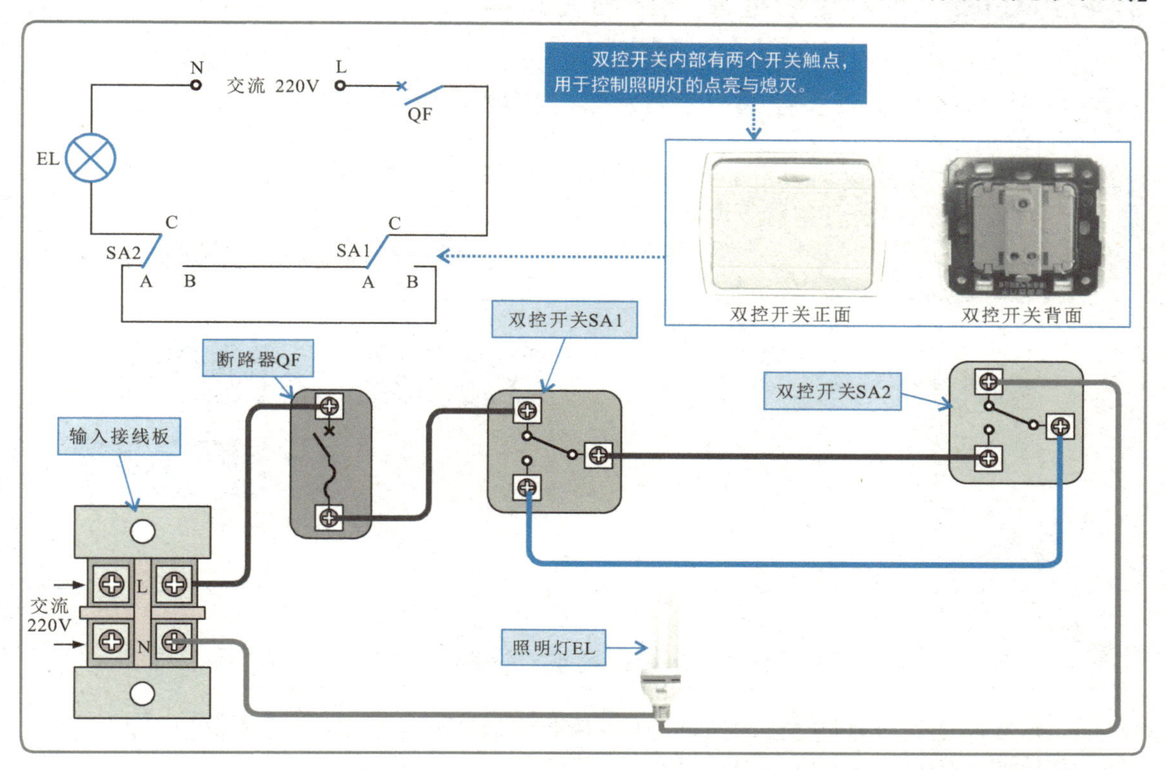

【双控开关三方共同控制一盏照明灯控制电路的结构】

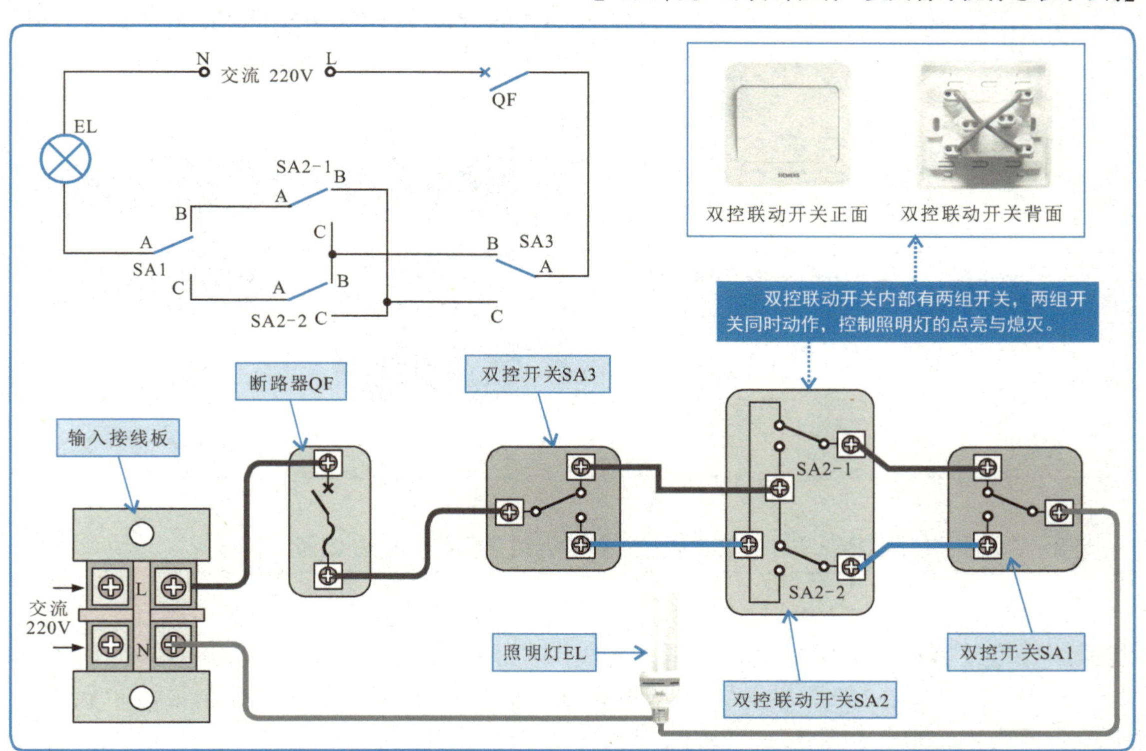

4.1.2 室内照明控制电路图的识读

1. 一个单控开关控制一盏照明灯控制电路的识读

一个单控开关控制一盏照明灯的控制电路在室内照明系统中最为常用，其控制过程也十分简单。识读过程可参看下面的图解演示。

【一个单控开关控制一盏照明灯控制电路的识读】

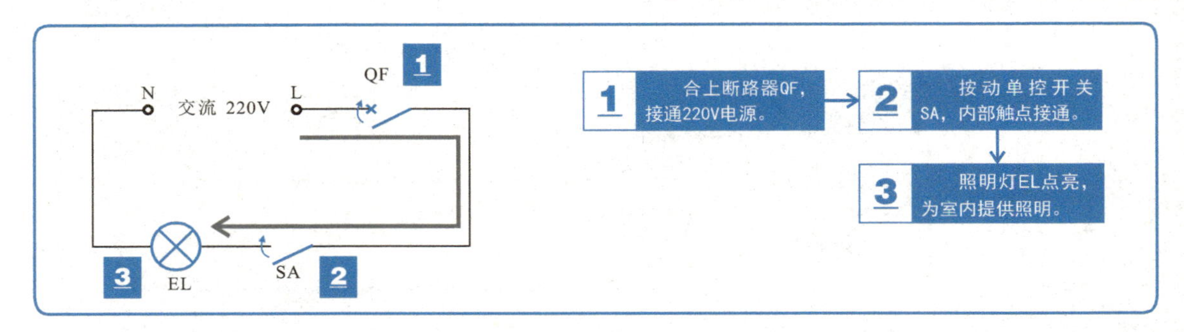

2. 两个单控开关分别控制两盏照明灯控制电路的识读

两个单控开关分别控制两盏照明灯的控制电路也是室内照明系统中最为常用的一种，其控制过程也十分简单。识读过程可参看下面的图解演示。

【两个单控开关分别控制两盏照明灯控制电路的识读】

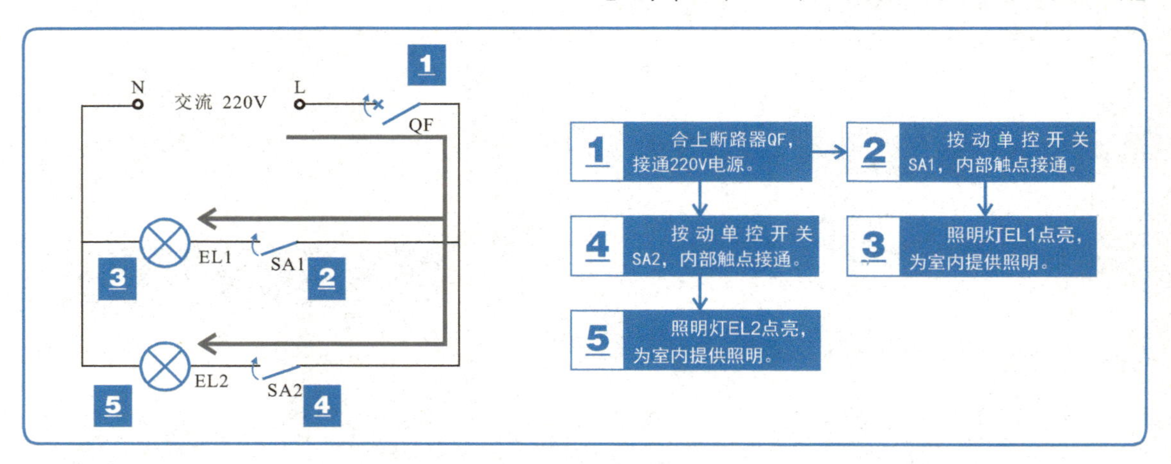

3. 两个双控开关共同控制一盏照明灯控制电路的识读

两个双控开关共同控制一盏照明灯的控制电路可实现两地控制一盏照明灯，常用于对家居卧室或客厅中照明灯进行控制，一般可在床头安装一只开关，在进入房间门处安装一只开关，实现两处都可对卧室照明灯进行点亮和熄灭控制，其控制过程也较为简单，具体的识读过程可参看下面的图解演示。

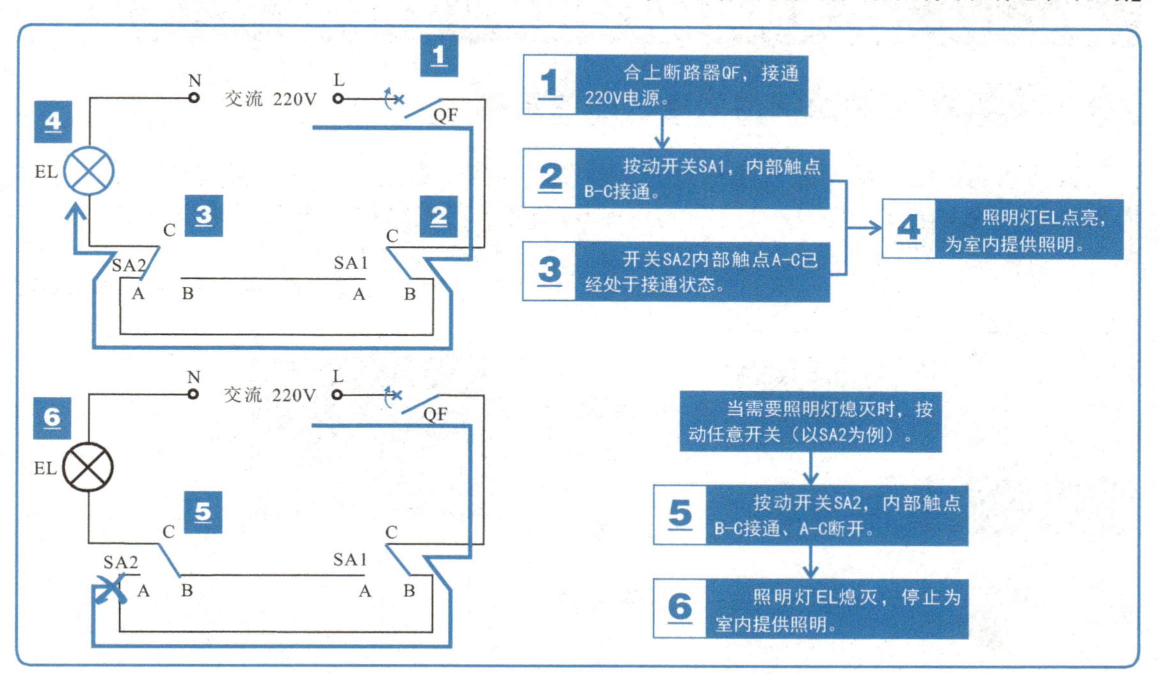

4. 三方共同控制一盏照明灯控制电路的识读

三方共同控制一盏照明灯的控制电路可实现三地控制一盏照明灯，三个开关分别安装在家庭的不同位置，不管按动哪个开关，都可以控制照明灯的点亮与熄灭，具体的识读分析过程可参看下面的图解演示。

【三方共同控制一盏照明灯控制电路的识读】

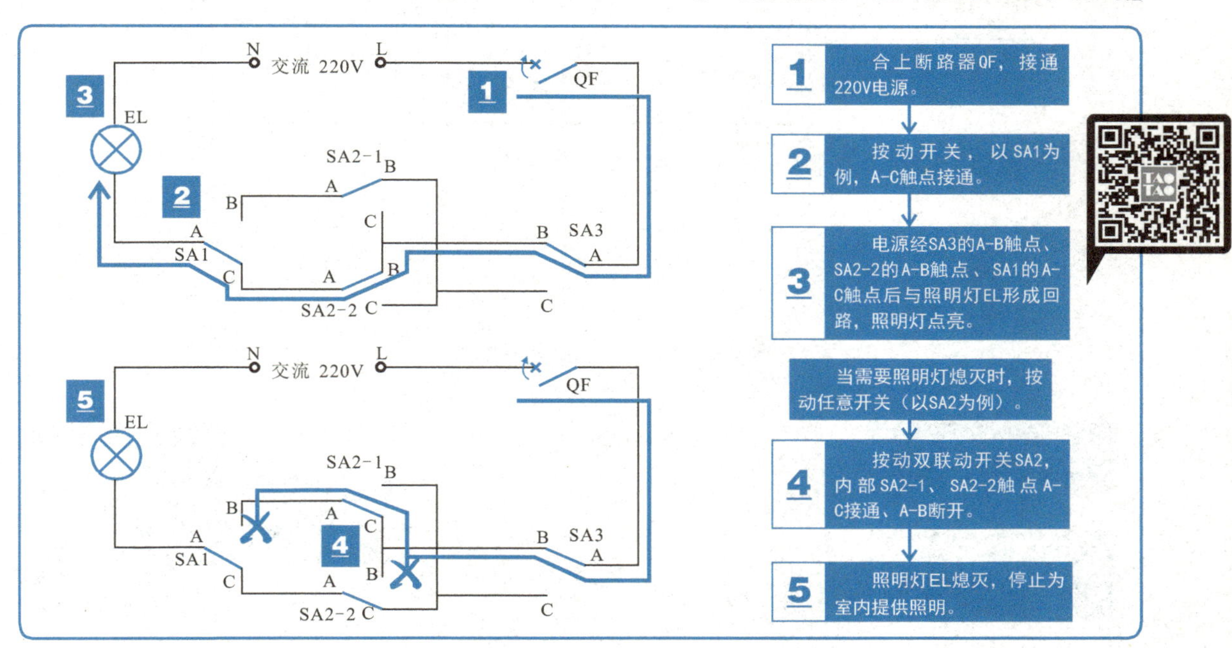

4.2 公共照明控制电路图的识读方法

4.2.1 公共照明控制电路图的结构

公共照明控制电路一般应用在公共环境下，如室外景观、路灯、楼道照明等。这类照明控制线路的结构组成较室内照明控制电路复杂，通常由小型集成电路负责电路控制，具备一定的智能化。

【典型公共照明控制电路的结构】

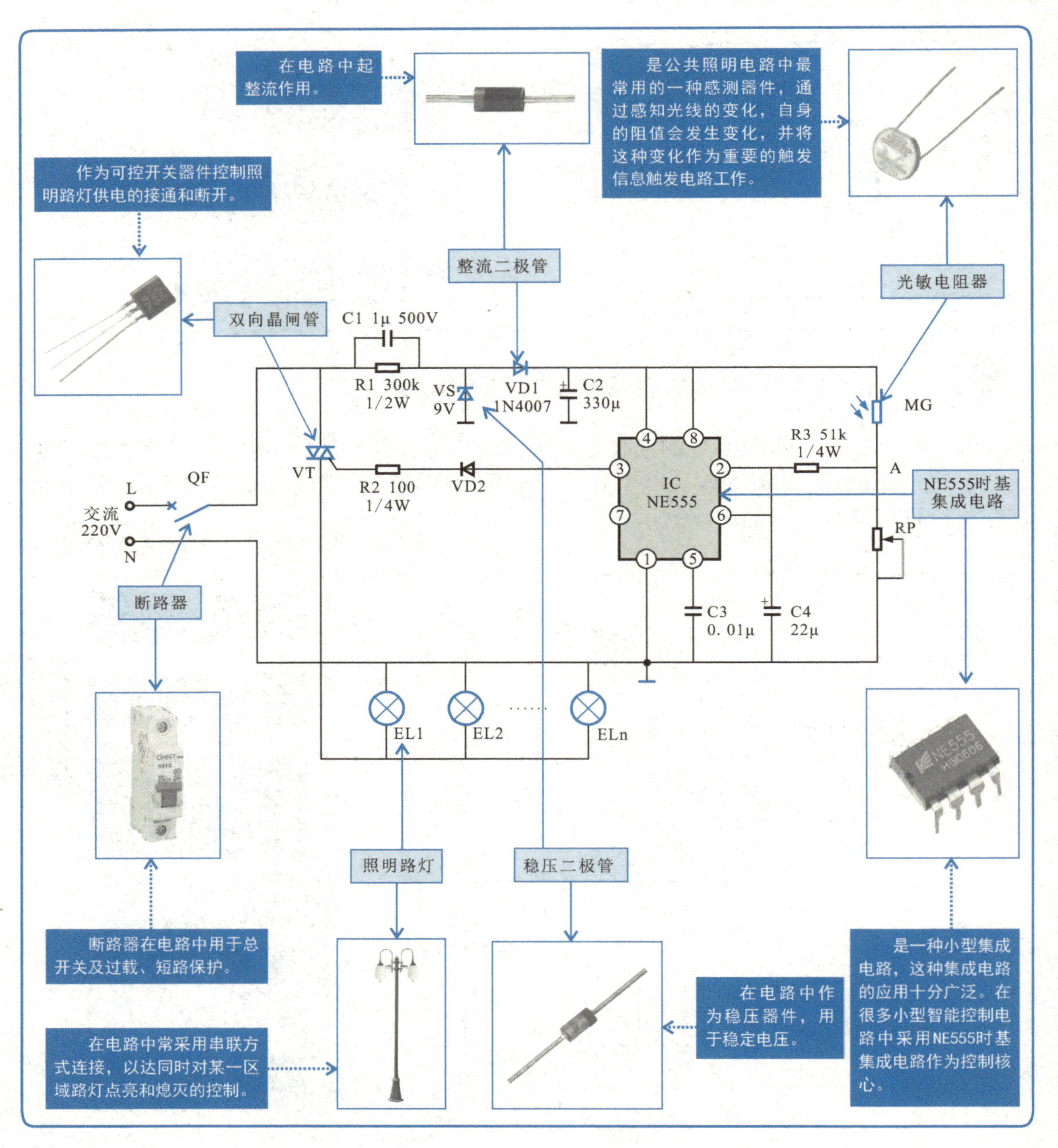

▶ 4.2.2 公共照明控制电路图的识读

公共照明电路多是依靠自动感应元件、触发控制器件等组成的触发控制电路来对照明灯具进行控制的，对这种控制电路进行识读时，应结合电路图中各主要部件的功能特点和连接关系，对整个公共照明控制电路的工作流程进行细致的识读。

【典型公共照明控制电路的识读】

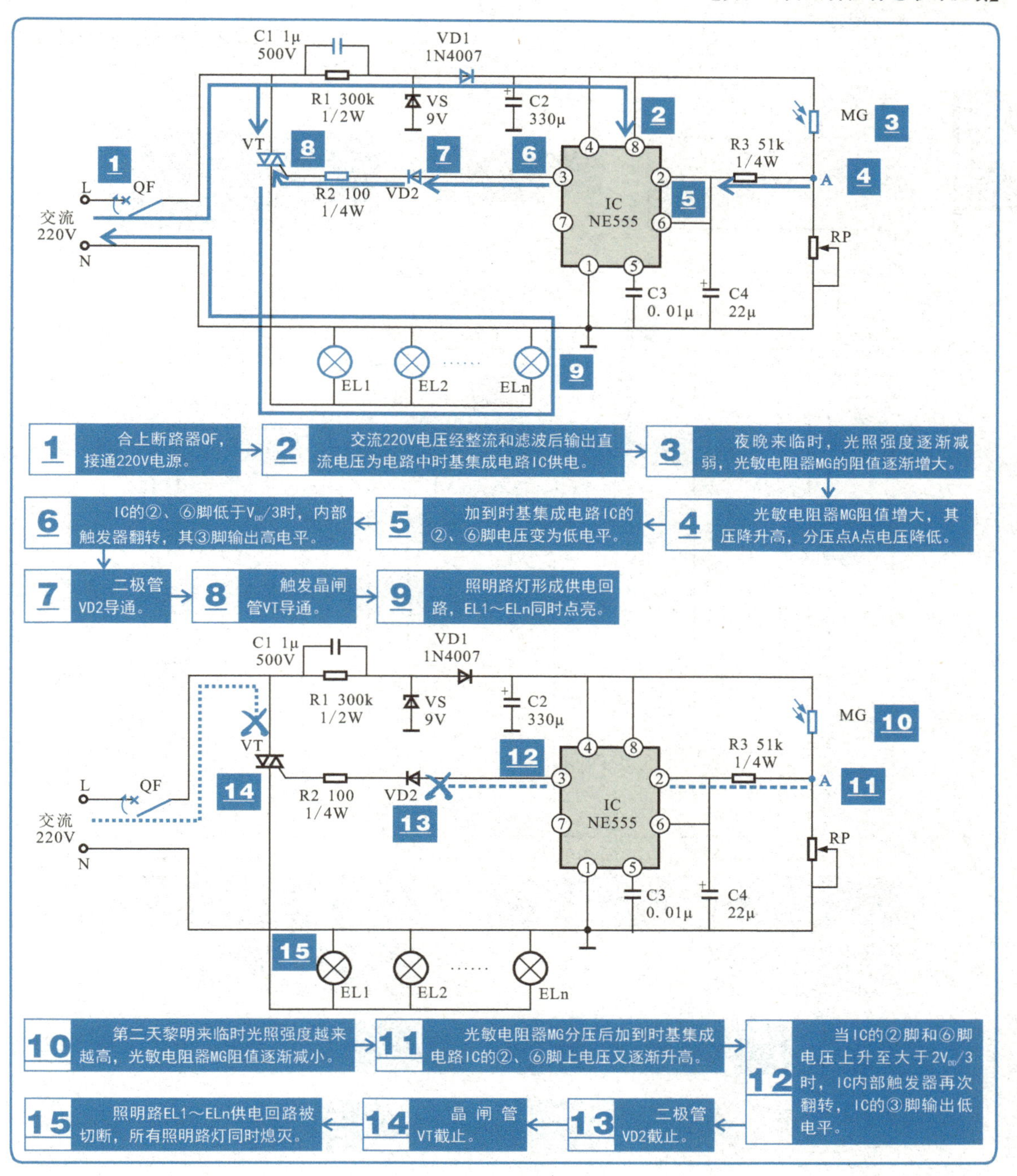

4.3 照明控制电路图的识读综合训练

4.3.1 卫生间门控照明灯控制电路图的识读

卫生间门控照明灯控制电路是一种自动控制照明灯工作的电路，在有人开门进入卫生间时，照明灯自动点亮，当人走出卫生间时，照明灯自动熄灭。识读分析过程可参看下面的图解演示。

【卫生间门控照明灯控制电路的识读】

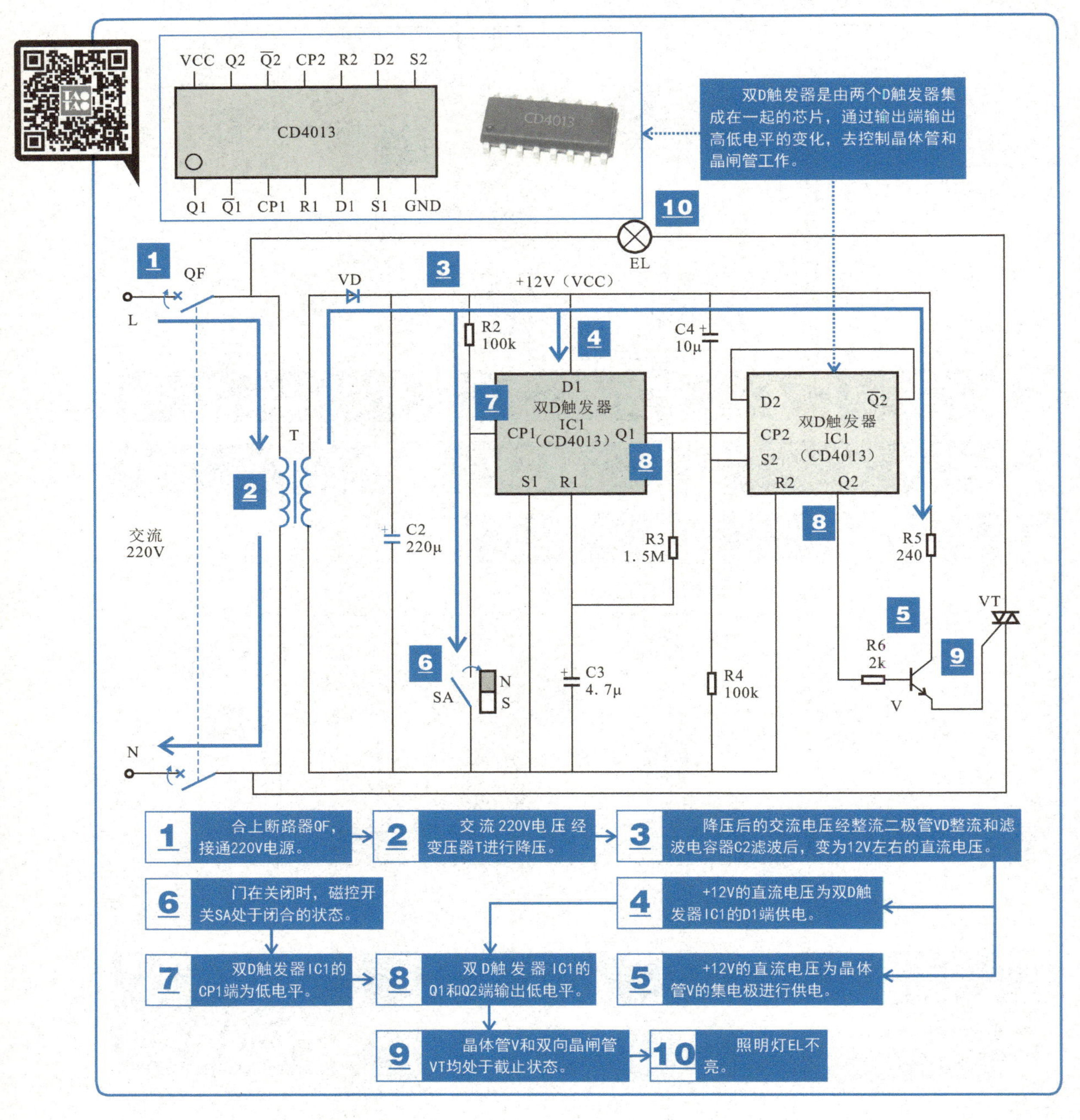

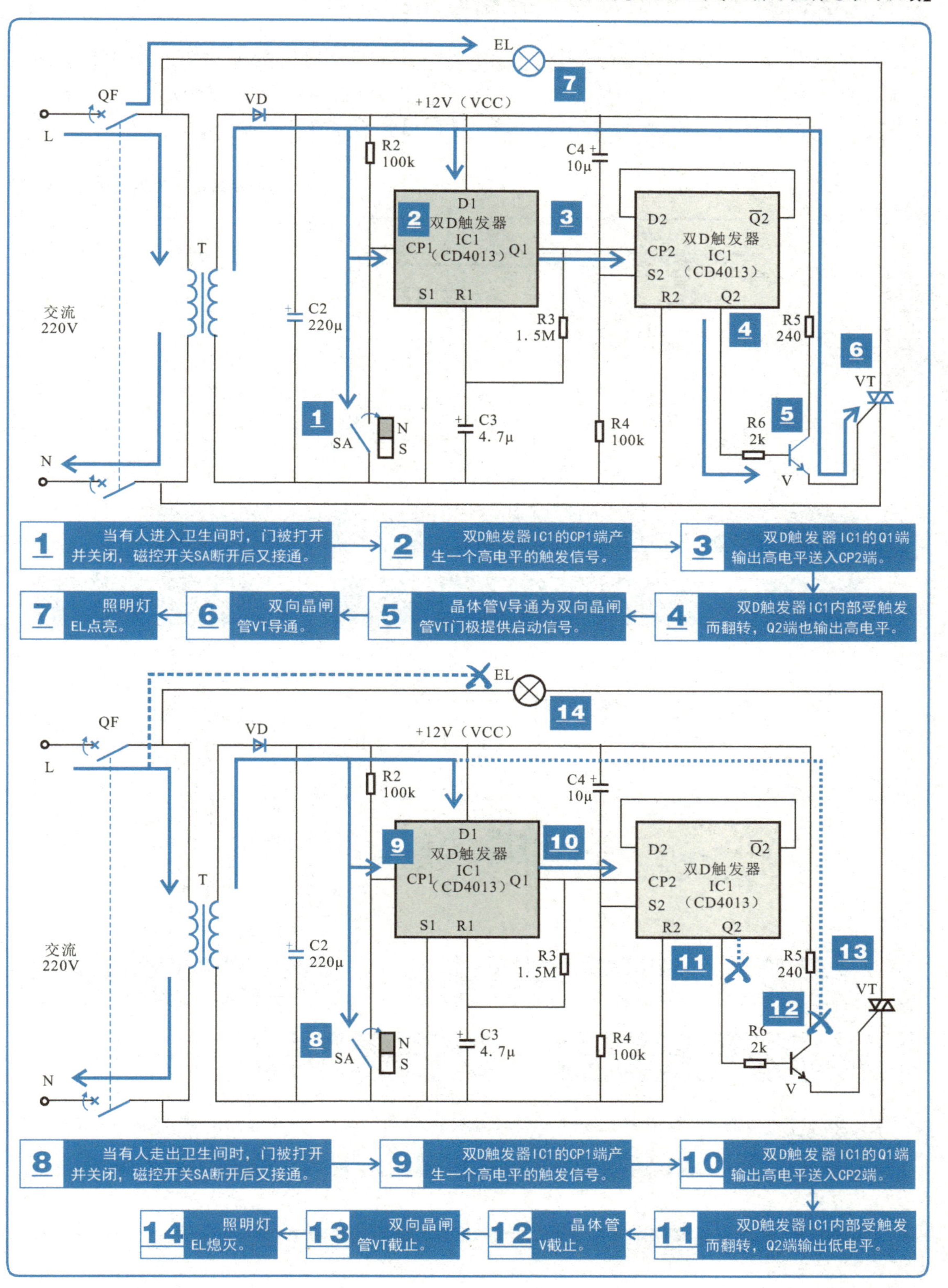
EL
QF
VD
+12V（VCC）
L
R2
100k
C4
10μ
D1
双D触发器
IC1
CP1
（CD4013）
Q1
S1
R1
D2
Q2
CP2
S2
R2
T
交流
220V
C2
220μ
R3
1.5M
R5
240
VT
C3
4.7μ
R4
100k
R6
2k
SA
N
S
V
1 当有人进入卫生间时，门被打开并关闭，磁控开关SA断开后又接通。
2 双D触发器IC1的CP1端产生一个高电平的触发信号。
3 双D触发器IC1的Q1端输出高电平送入CP2端。
4 双D触发器IC1内部受触发而翻转，Q2端也输出高电平。
5 晶体管V导通为双向晶闸管VT门极提供启动信号。
6 双向晶闸管VT导通。
7 照明灯EL点亮。
8 当有人走出卫生间时，门被打开并关闭，磁控开关SA断开后又接通。
9 双D触发器IC1的CP1端产生一个高电平的触发信号。
10 双D触发器IC1的Q1端输出高电平送入CP2端。
11 双D触发器IC1内部受触发而翻转，Q2端输出低电平。
12 晶体管V截止。
13 双向晶闸管VT截止。
14 照明灯EL熄灭。

4.3.2 触摸延时照明灯控制电路图的识读

触摸延时照明灯控制电路是利用触摸开关控制照明灯迅速起动而延迟断开的电路。当无人碰触触摸开关时，照明灯不工作；当有人碰触触摸开关时，照明灯点亮，并可以实现延时一段时间后自动熄灭的功能。识读过程可参看下面的图解演示。

【触摸延时照明灯控电路的识读】

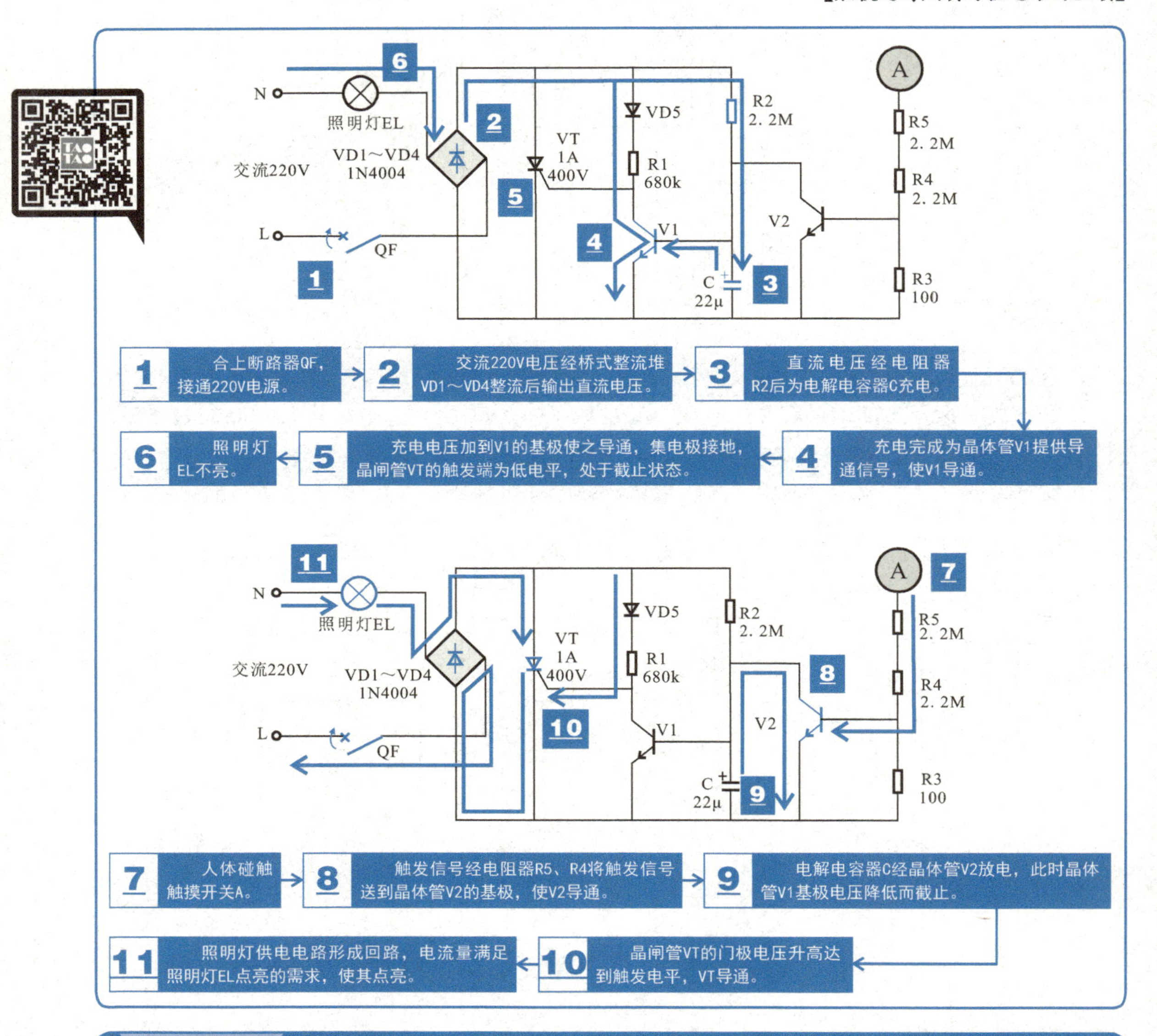

特别提醒

当手指离开触摸开关A后，晶体管V2无触发信号，晶体管V2截止。晶体管V2截止时，电解电容器C再次充电。由于电阻器R2的阻值较大，导致电解电容器C的充电电流较小，其充电时间较长。在电解电容器C充电完成之前，晶体管V1会保持截止状态，晶闸管VT仍处于导通，照明灯EL继续点亮。

当电解电容器C充电完成后，晶体管V1导通，晶闸管VT因触发电压降低而截止，照明灯供电电路中的电流再次减小至等待状态，无法使照明灯EL维持点亮，导致照明灯EL熄灭。

4.3.3 声控照明灯控制电路图的识读

在一些公共场合光线较暗的环境下，通常会设置一种声控照明灯电路，在无声音时，照明灯不亮；当有声音时，照明灯便会点亮，经过一段时间后，自动熄灭。识读过程可参看下面的图解演示。

【声控照明灯控制电路的识读】

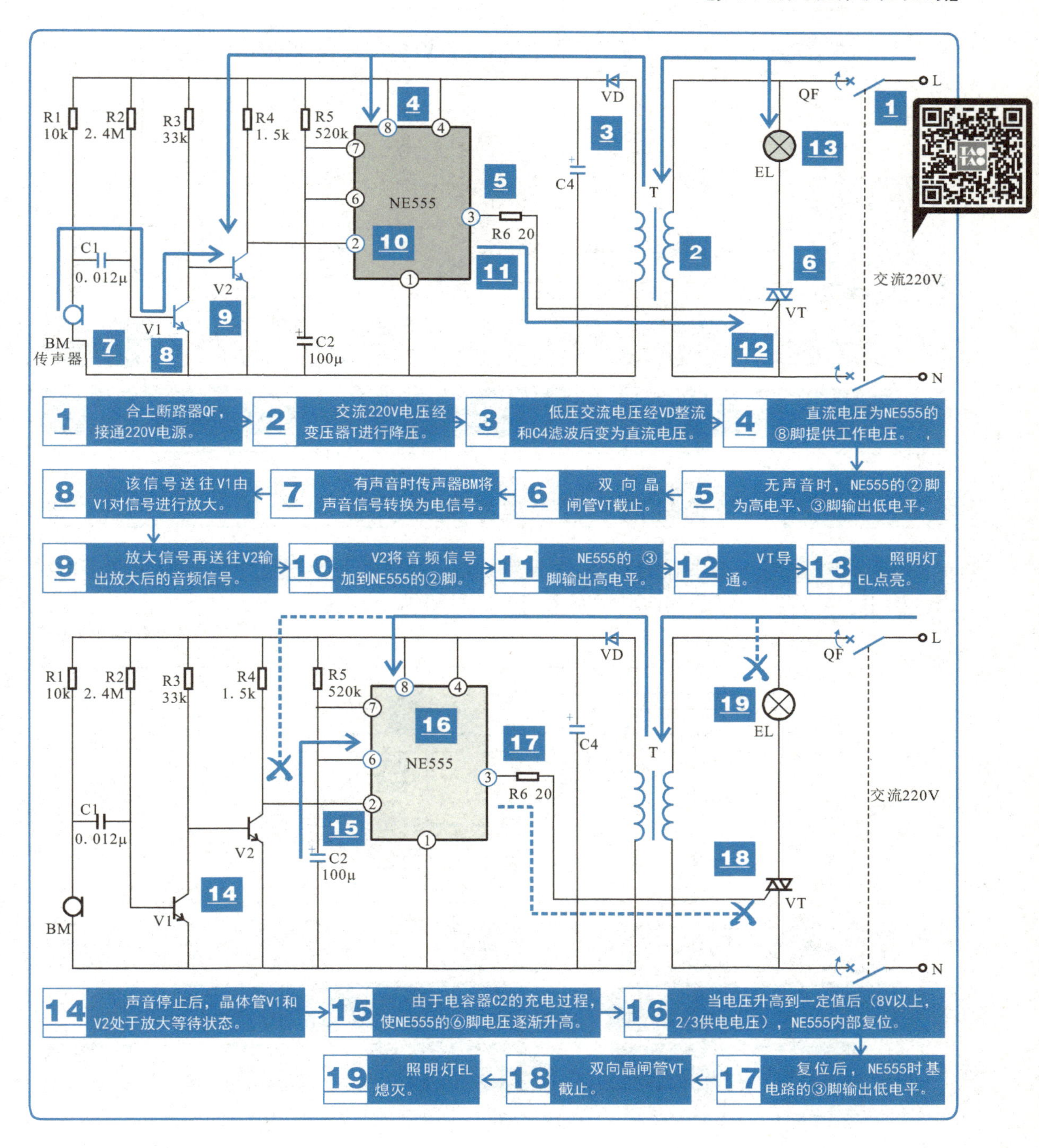

4.3.4 追逐式循环彩灯控制电路图的识读

追逐式循环彩灯控制电路是指彩灯通电后，可控制彩灯按顺序依次循环点亮的线路。识读过程可参看下面的图解演示。

【追逐式循环彩灯控制电路的识读】

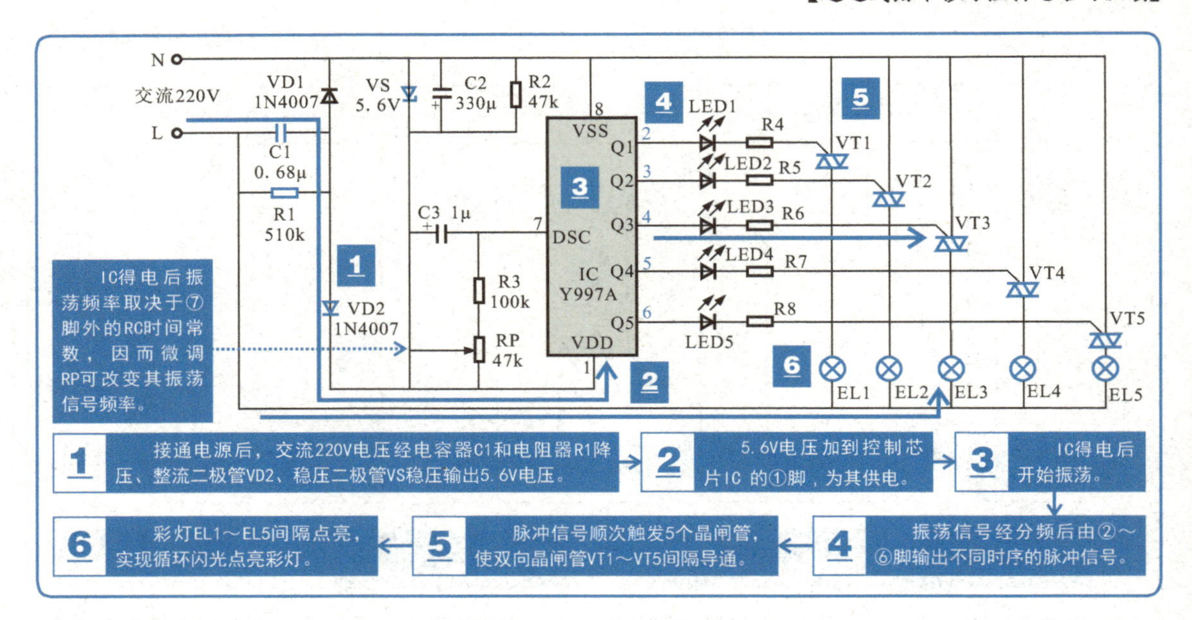

4.3.5 红外遥控照明控制电路图的识读

红外遥控照明电路中设有红外信号接收器，可使用遥控器近距离控制照明灯的亮灭，使用十分方便。识读过程可参看下面的图解演示。

【红外遥控照明控制电路的识读】

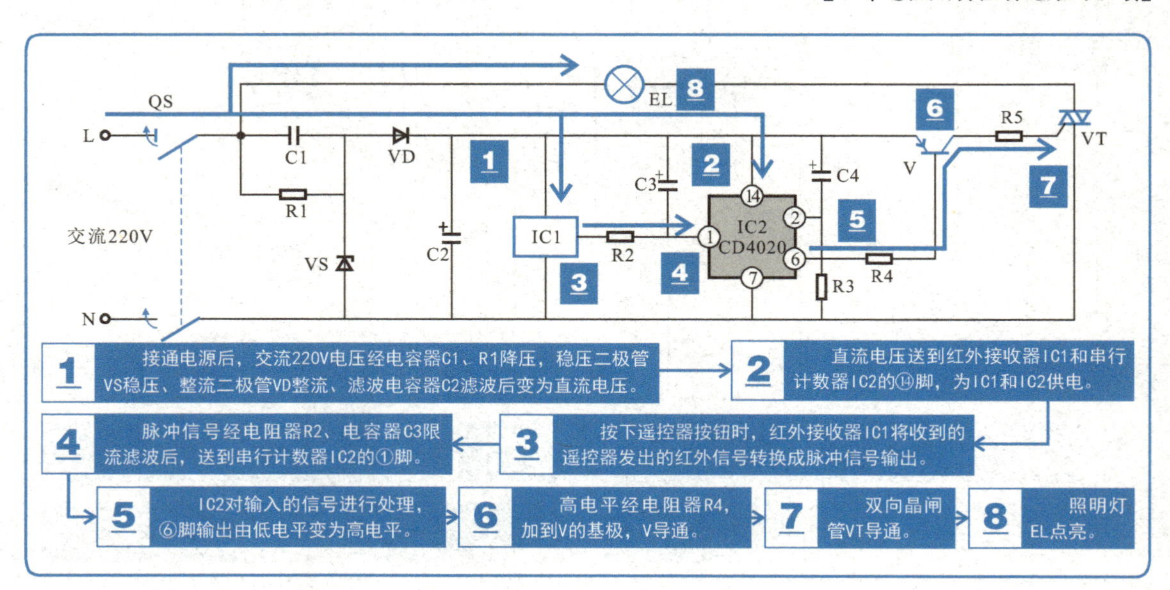

4.3.6 声光双控楼道照明灯控制电路图的识读

声光双控楼道照明灯控制电路是指利用声光感应器件控制照明灯的电路。识读过程可参看下面的图解演示。

【声光双控楼道照明灯控制电路白天工作状态的识读】

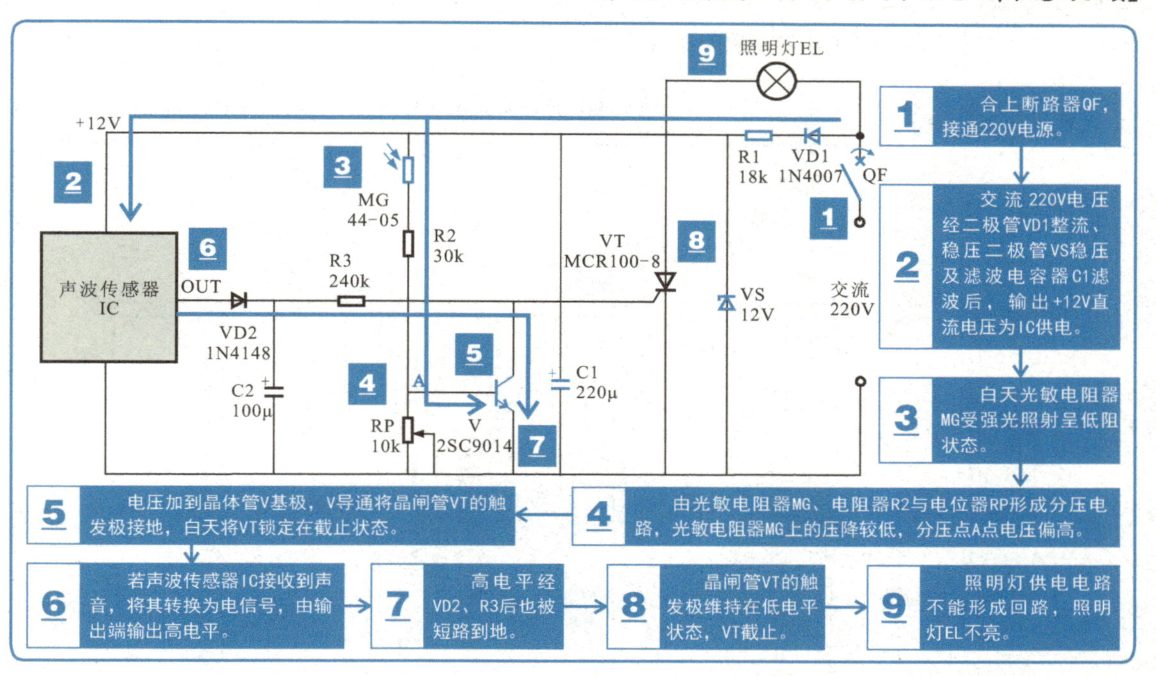

【声光双控楼道照明灯点亮控制过程的识读】

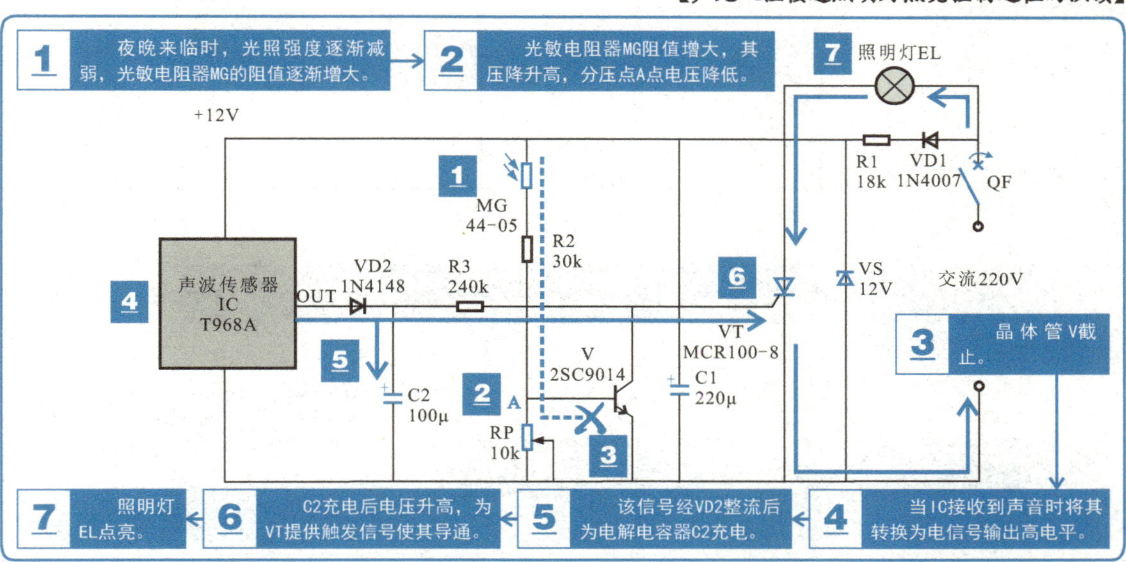

特别提醒

当声音停止后，声波传感器IC停止输出电信号。电解电容器C2放电。维持晶闸管VT导通。照明灯EL继续点亮。电解电容器C2的放电量逐渐减小。无法维持晶闸管VT导通，VT截止。照明灯EL便会熄灭。

4.3.7 触摸、声控双功能延时照明灯控制电路图的识读

触摸、声控双功能延时照明灯控制电路是指利用声音和触摸感应器件控制照明灯工作状态的控制电路。该照明灯控制电路无论是通过接收声音信号还是接收人体触碰信号之后，都会控制照明电路中的照明灯点亮，并可以实现延时一段时间后自动熄灭的功能。识读过程可参看下面的图解演示。

【触摸、声控双功能延时照明灯控制电路等待工作状态的识读】

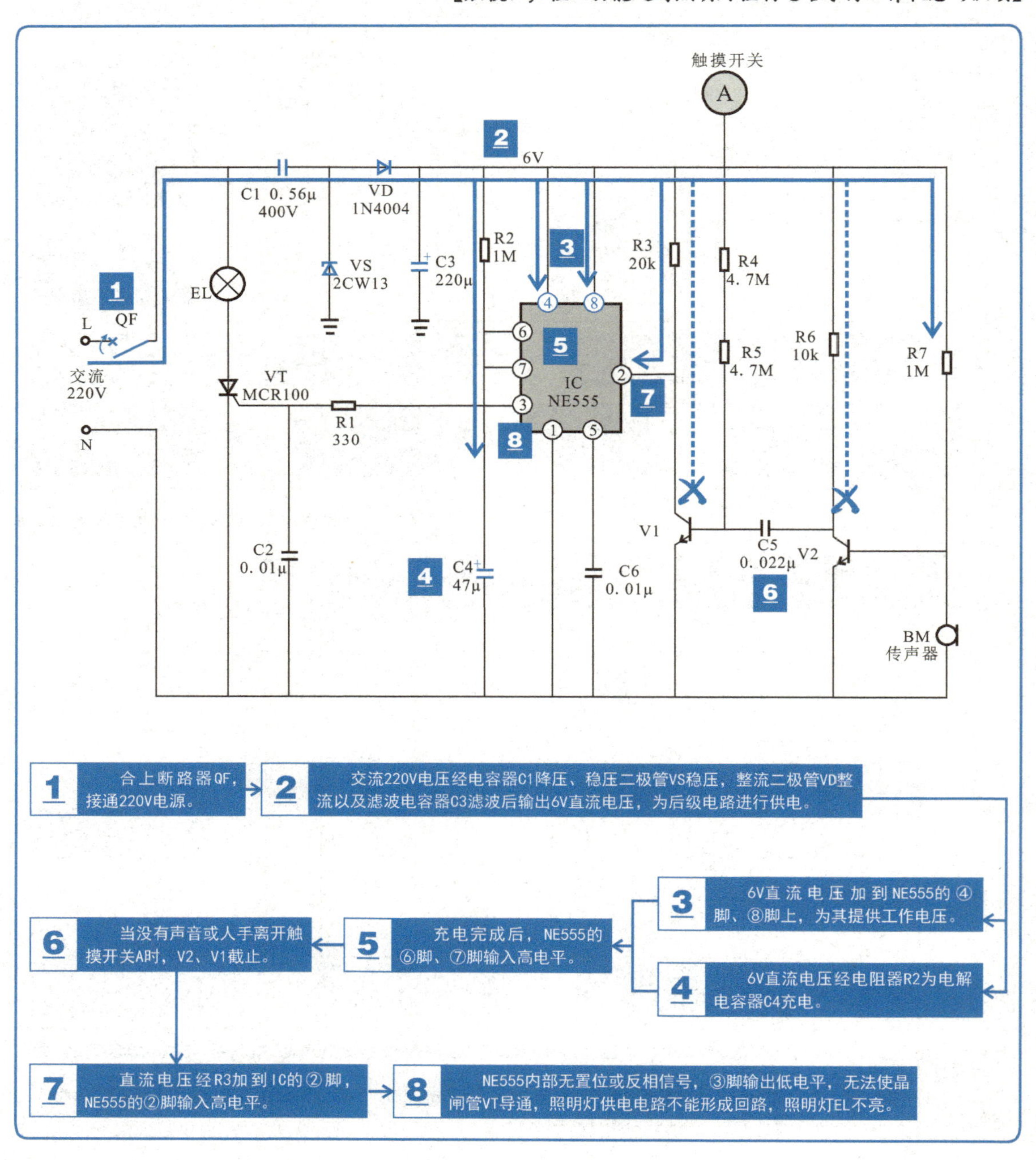

【触摸、声控双功能延时照明灯控制电路由声音控制点亮过程的识读】

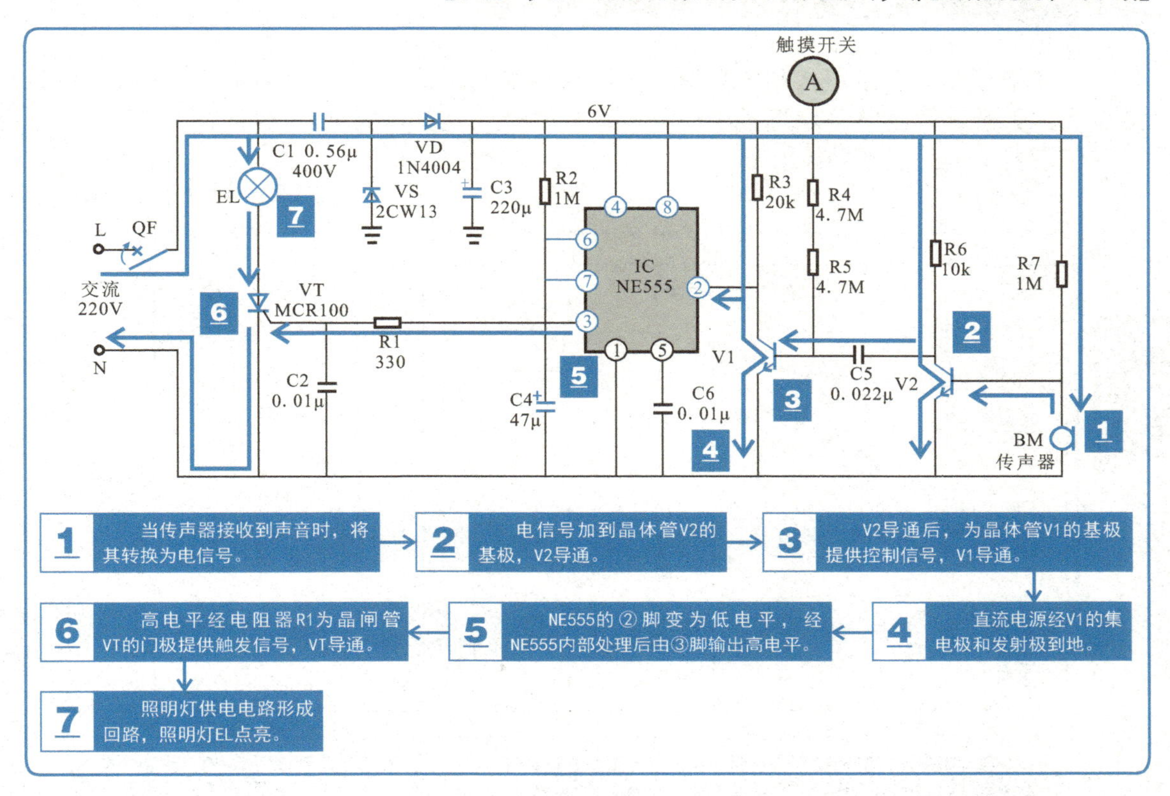

1 当传声器接收到声音时，将其转换为电信号。

2 电信号加到晶体管V2的基极，V2导通。

3 V2导通后，为晶体管V1的基极提供控制信号，V1导通。

4 直流电源经V1的集电极和发射极到地。

5 NE555的②脚变为低电平，经NE555内部处理后由③脚输出高电平。

6 高电平经电阻器R1为晶闸管VT的门极提供触发信号，VT导通。

7 照明灯供电电路形成回路，照明灯EL点亮。

【触摸、声控双功能延时照明灯控制电路由人体触碰控制点亮过程的识读】

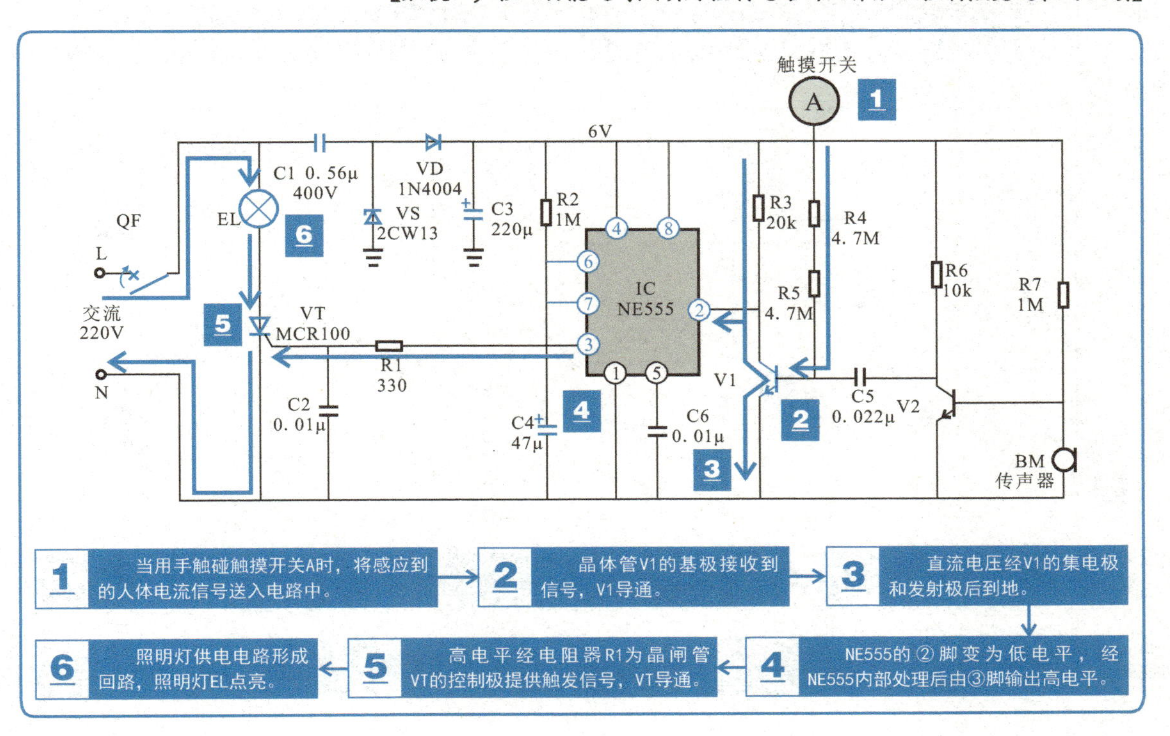

1 当用手触碰触摸开关A时，将感应到的人体电流信号送入电路中。

2 晶体管V1的基极接收到信号，V1导通。

3 直流电压经V1的集电极和发射极后到地。

4 NE555的②脚变为低电平，经NE555内部处理后由③脚输出高电平。

5 高电平经电阻器R1为晶闸管VT的控制极提供触发信号，VT导通。

6 照明灯供电电路形成回路，照明灯EL点亮。

4.3.8 光控路灯控制电路图的识读

光控路灯控制电路是指利用光敏电阻器代替手动开关，自动控制路灯工作状态的线路。当白天光照较强时，路灯不工作；当夜晚降临或光照较弱时，路灯自动点亮。识读过程可参看下面的图解演示。

【光控路灯控制电路的识读】

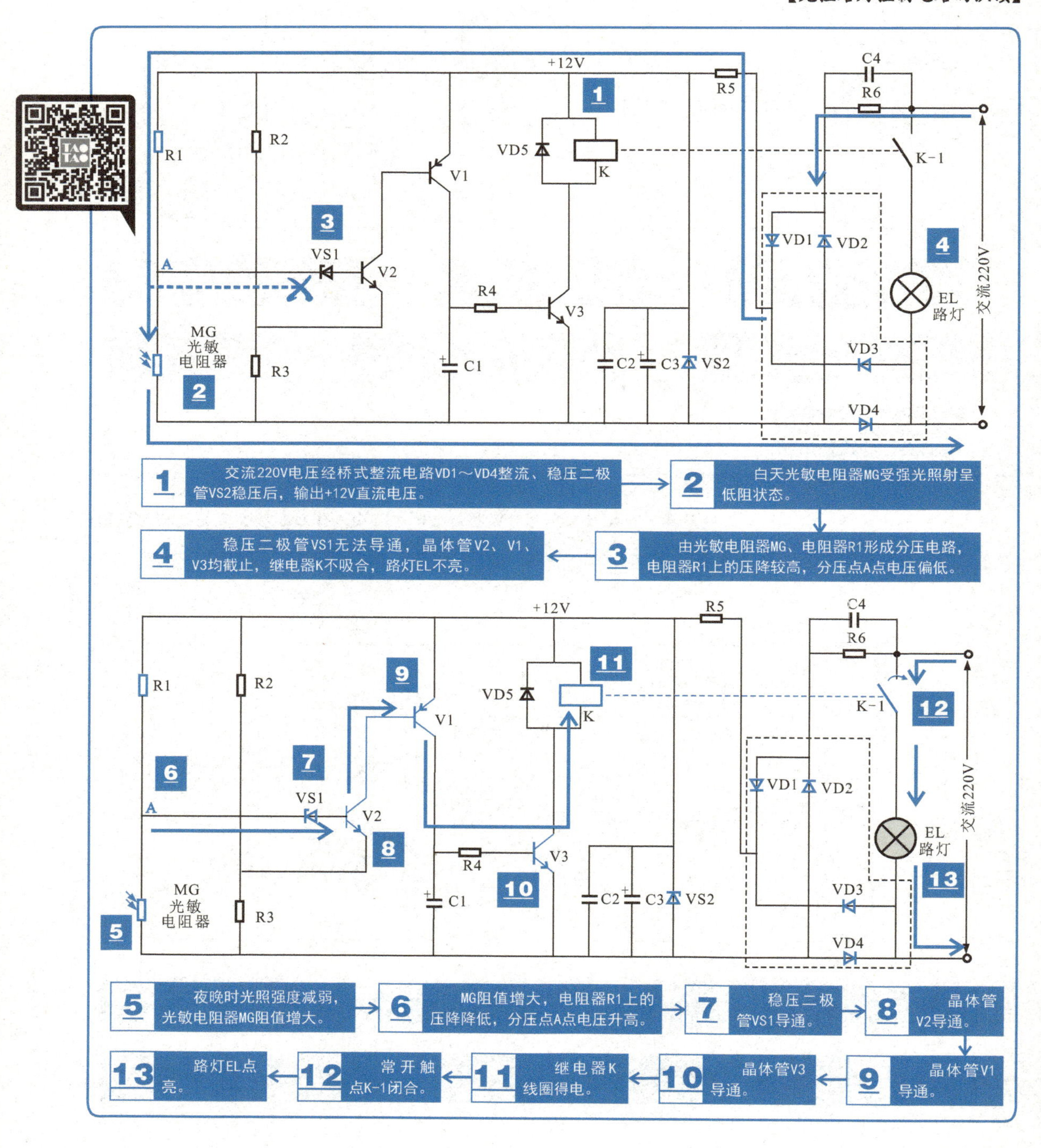

第5章 电动机控制电路的识读

5.1 电动机减压起动控制电路图的识读方法

5.1.1 电动机减压起动控制电路图的结构

电动机减压起动控制电路通过改变电动机的供电电压和电流，使电动机在低压状态下起动，然后再将电动机重新接入到正常电源电压中，使电动机进入全压运行状态。识读该类电路图，首先要了解电路图中符号标识，根据标识了解电路的结构以及功能特点。

【电动机电阻器减压起动控制电路图的结构】

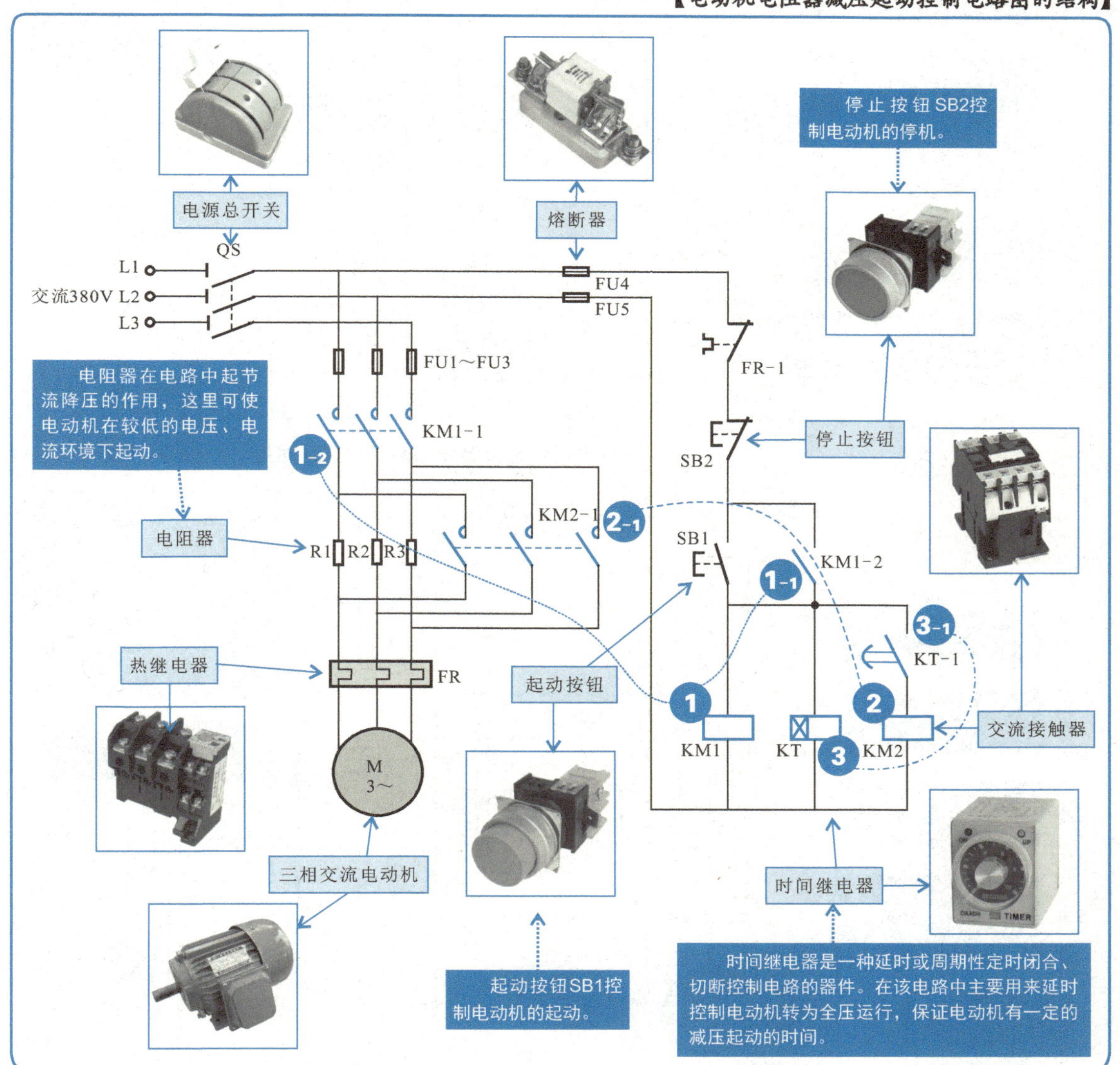

5.1.2 电动机减压起动控制电路图的识读

1. 电动机电阻器减压起动控制电路的识读分析

对电动机电阻器减压起动控制电路进行识读时，应从电路图中各主要部件的功能特点和连接关系入手，搞清控制电路的工作过程和控制细节，完成电路的识读。

【电动机电阻器减压起动控制电路图的减压起动过程的识读】

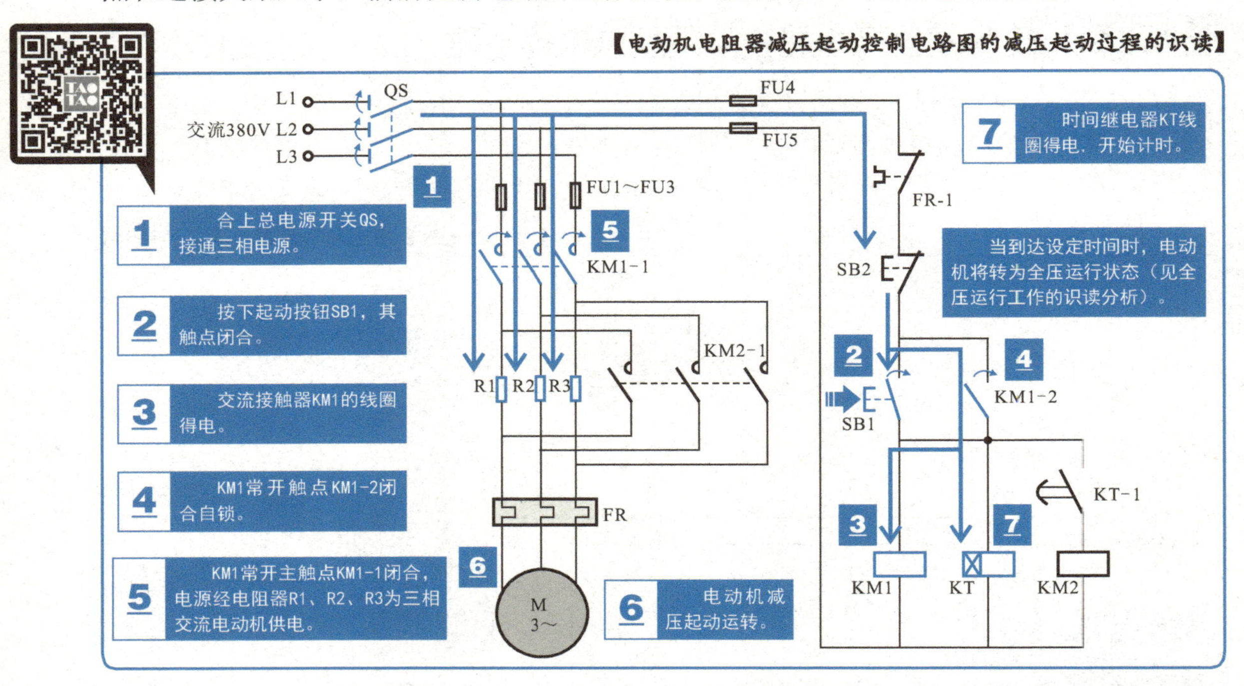

【电动机电阻器减压起动控制电路图中全压运行过程的识读】

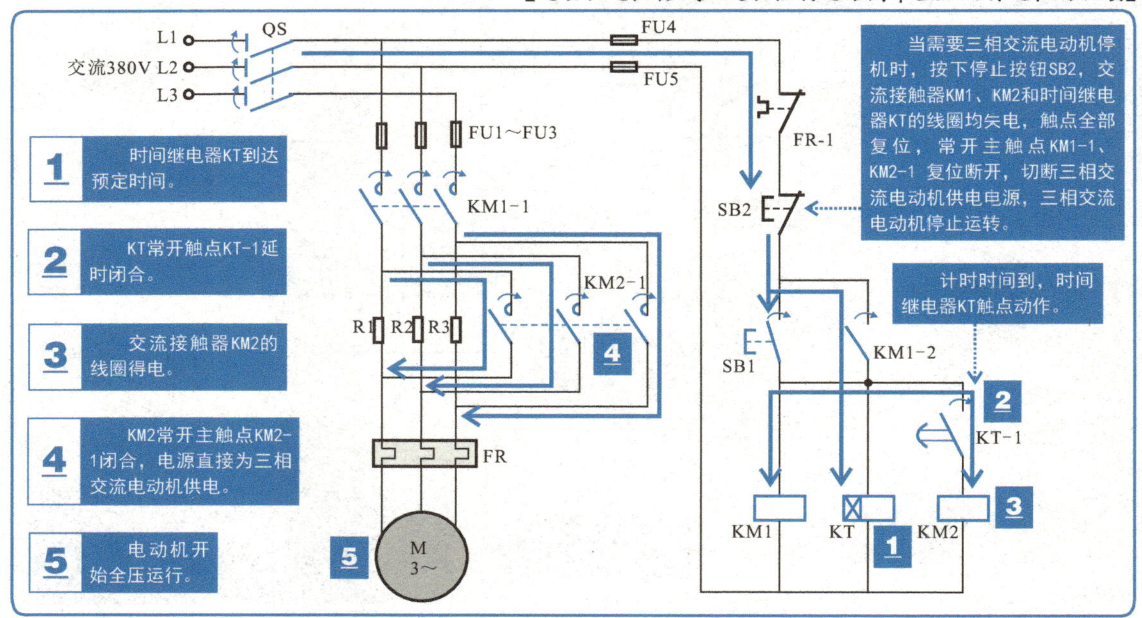

2. 电动机Y—△减压起动控制电路的识读

电动机Y—△减压起动控制电路是指三相交流电动机起动时，先由电路控制三相交流电动机定子绕组连接成Y联结进入减压起动状态，待转速达到一定值后，再由电路控制三相交流电动机定子绕组换接成△联结，进入全压正常运行状态。识读过程可参看下面的图解演示。

【电动机Y—△减压起动控制电路图中减压起动过程的识读】

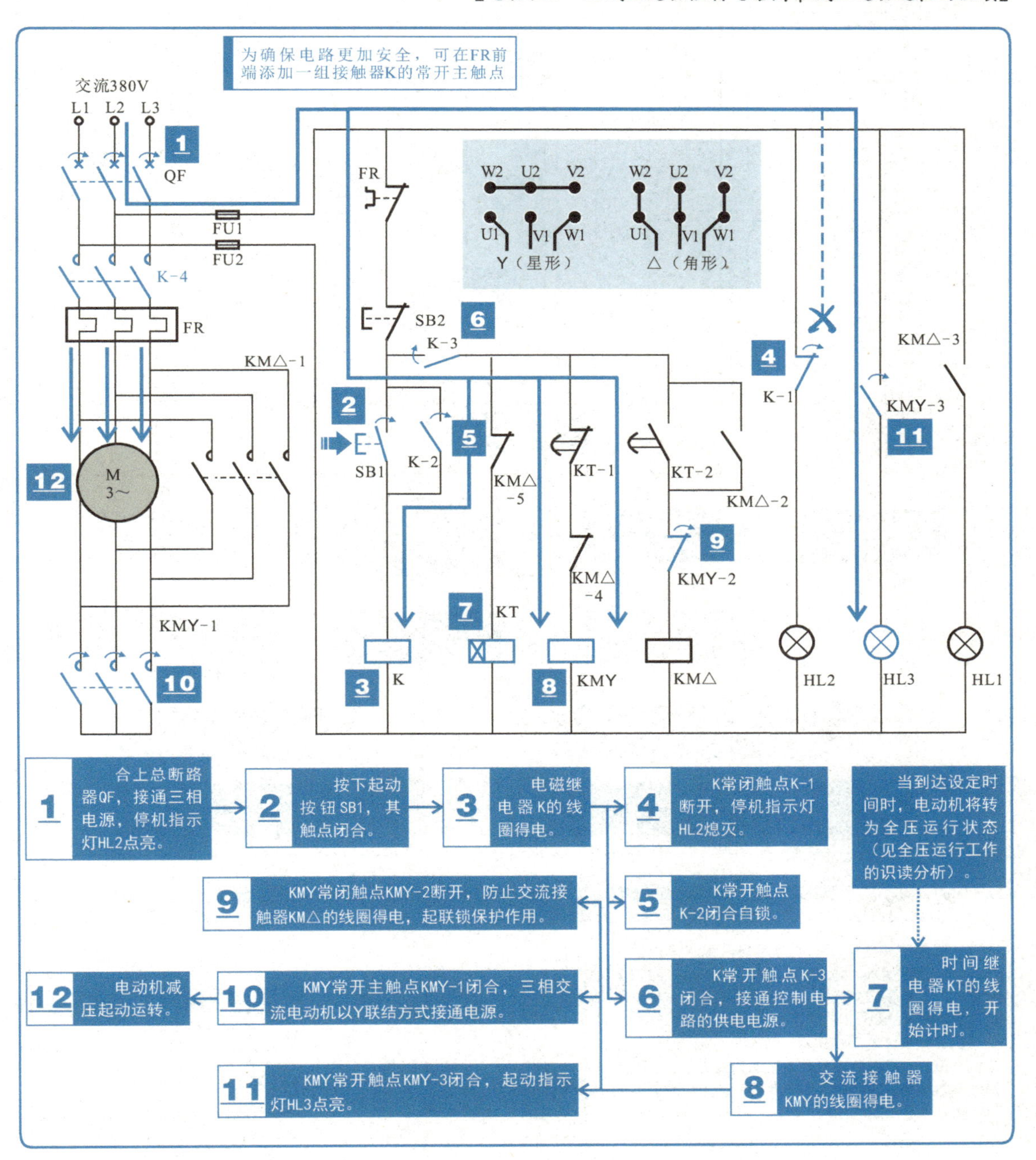

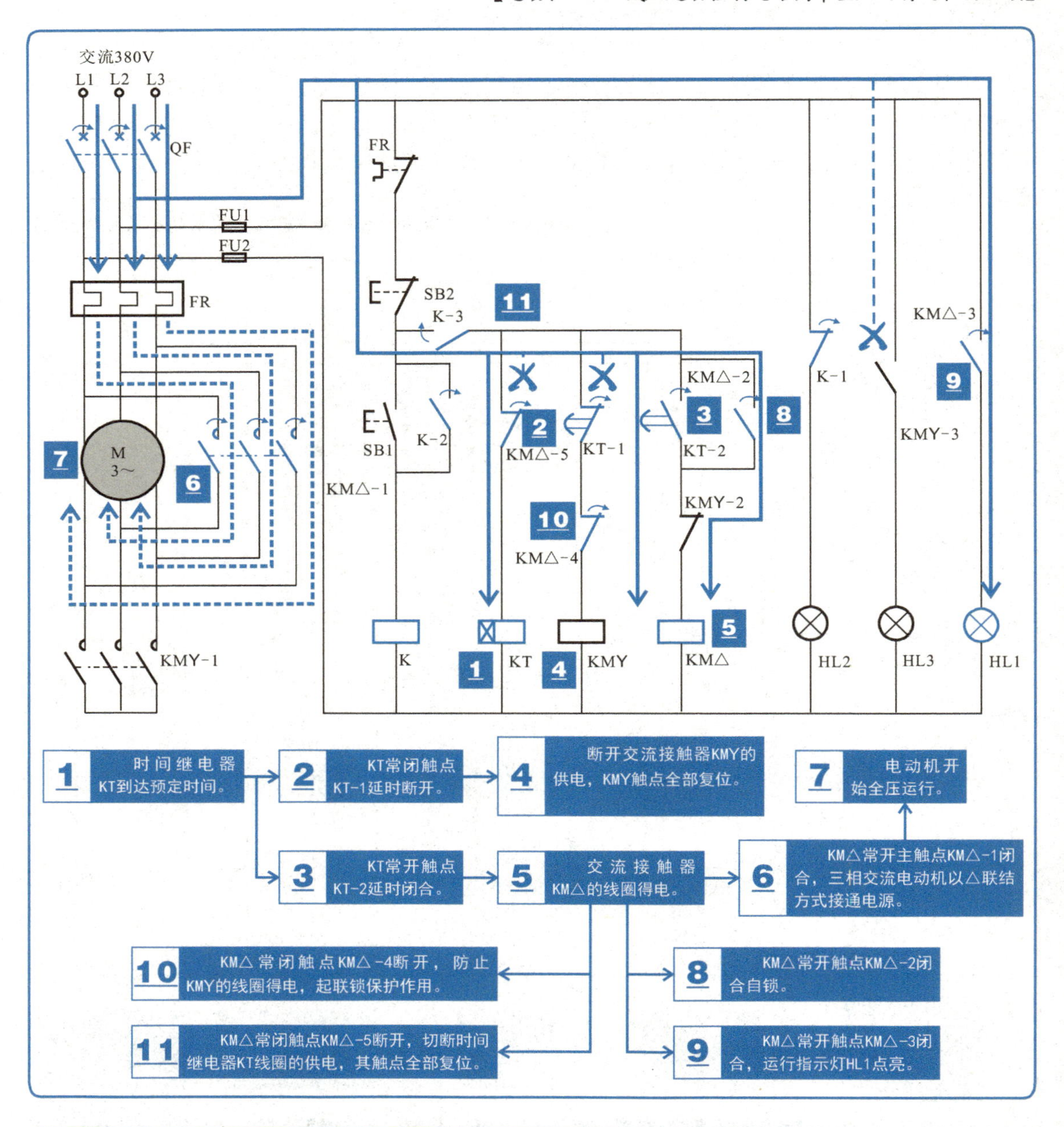

特别提醒

当需要三相交流电动机停机时，按下停止按钮SB2，电磁继电器K、交流接触器KM△等失电，触点全部复位，切断三相交流电动机的供电电源，三相交流电动机便会停止运转。

当三相交流电动机采用Y联结时（减压起动），三相交流电动机每相承受的电压均为220V；当三相交流电动机采用△联结时（全压运行），三相交流电动机每相绕组承受的电压为380V。

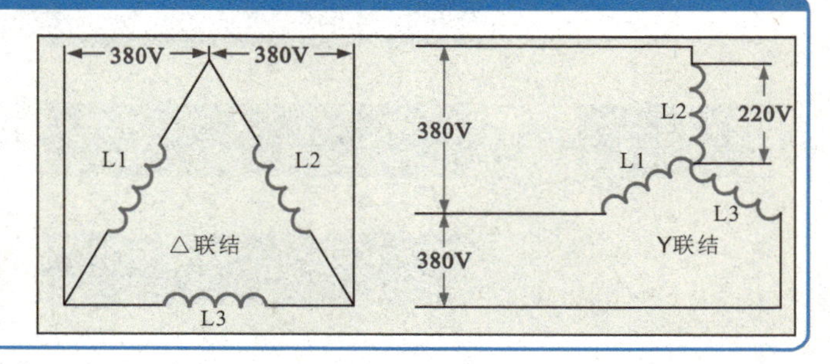

5.2 电动机正反转控制电路图的识读方法

5.2.1 电动机正反转控制电路图的结构

电动机正反转控制电路是通过改变电动机三相供电的相位来使电动机正向或反向旋转的。识读该类电路图，首先要了解电路图中符号标识，根据标识了解电路的结构以及功能特点。

【电动机正反转限位点动控制电路图的结构】

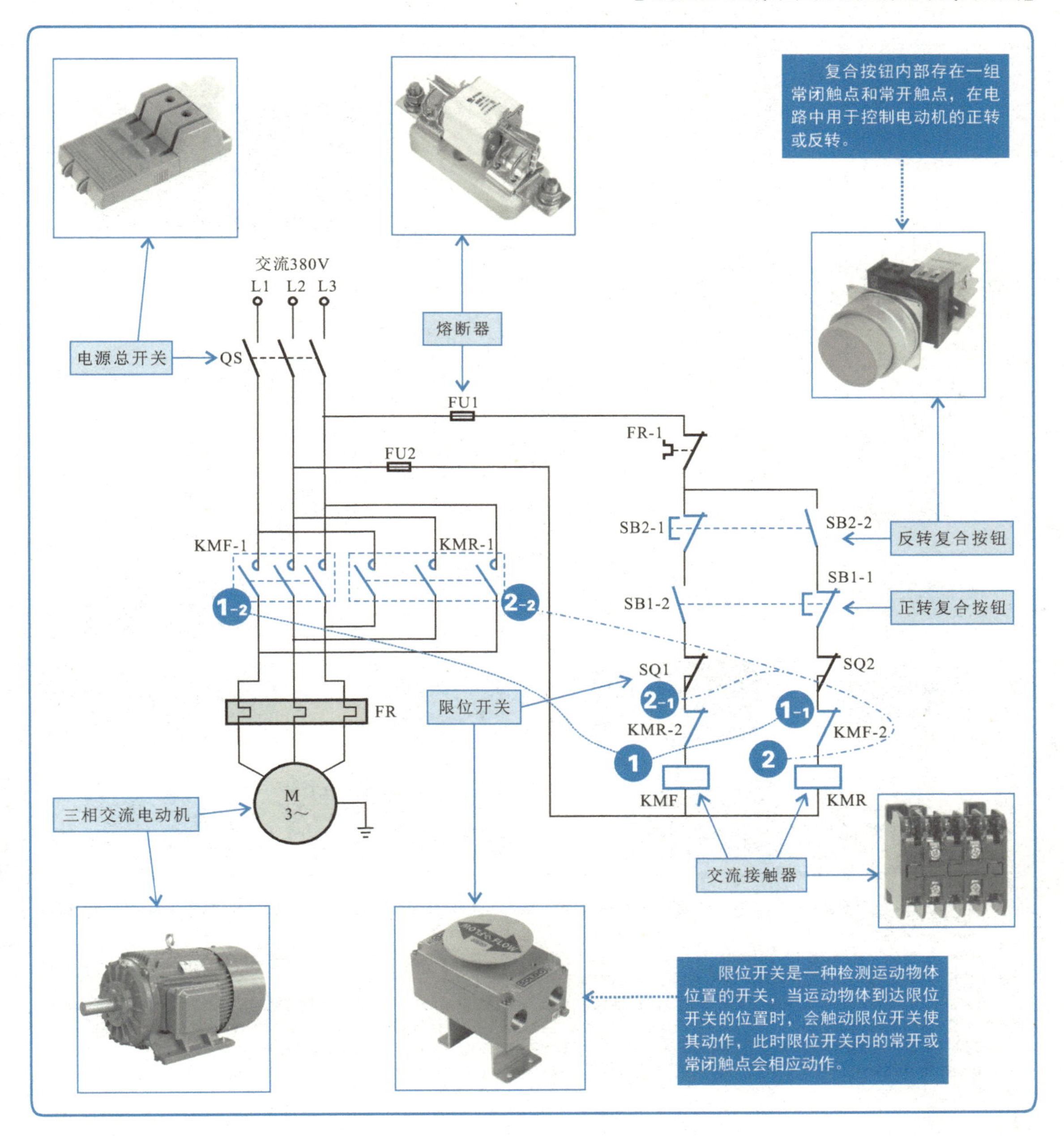

5.2.2 电动机正反转控制电路图的识读

1. 电动机正反转限位点动控制电路的识读

电动机正反转限位点动控制电路是指通过正、反转起动按钮控制电动机正向或反向运转的电路。该电路中还设有限位开关，用以检测三相交流电动机驱动对象的位移，当到达正转或反转限位开关限定的位置时，电动机便会停止工作。识读过程可参看下面的图解演示。

【电动机正反转限位点动控制电路图中正转工作过程的识读】

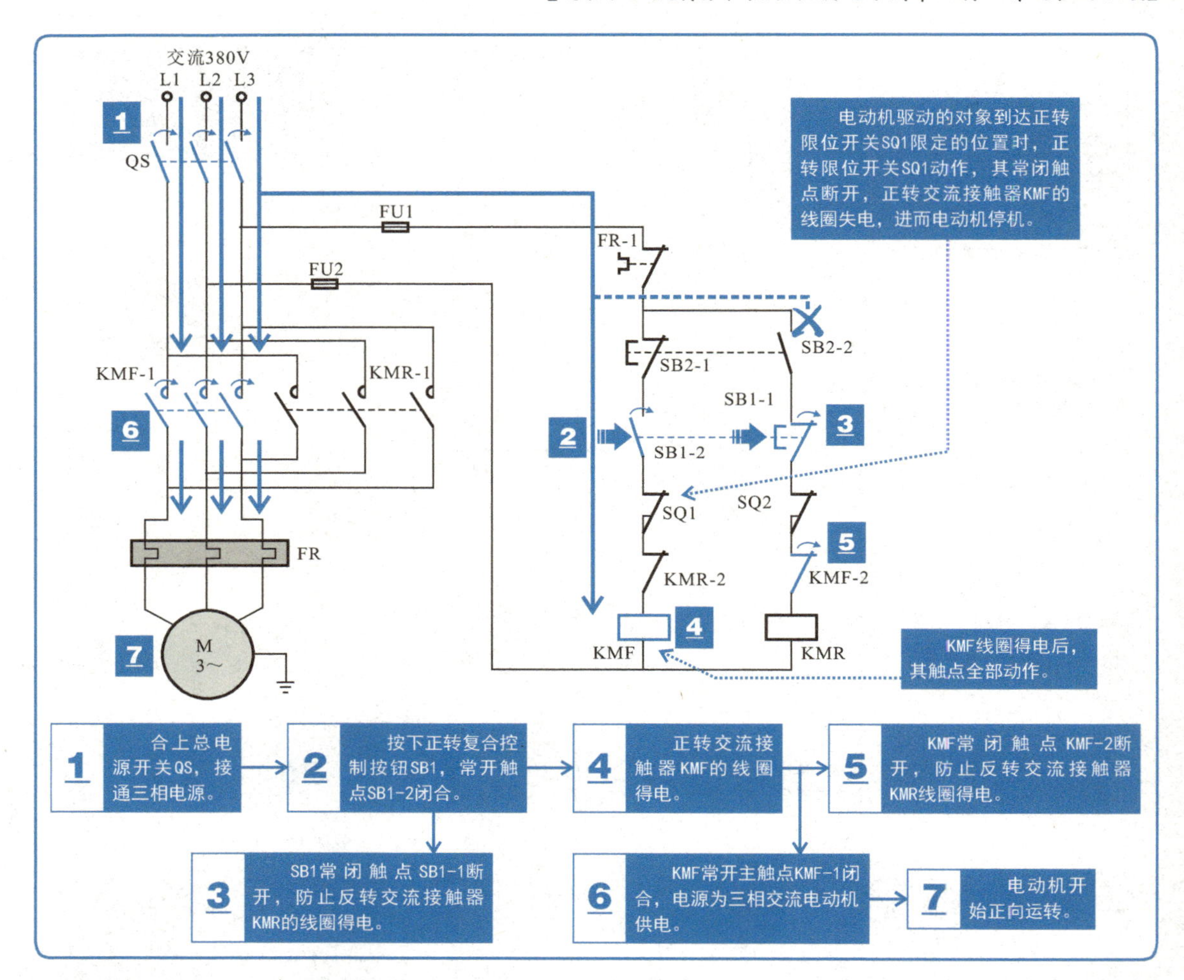

特别提醒

对电动机正反转控制电路进行识读时，应从电路图中各主要部件的功能特点和连接关系入手，对整个控制电路的工作流程进行细致地解析，搞清控制电路的工作过程和控制细节，完成电动机正反转控制电路的识读过程。

电动机反向运转的工作过程与正转比较相似，反向运转的工作过程的识读分析：按下反转复合控制按钮SB2，SB2常开触点SB2-2闭合；SB2常闭触点SB2-1断开，防止正转交流接触器KMF线圈得电。反转交流接触器KMR的线圈得电，KMR常闭触点KMR-2断开，防止正转交流接触器KMF线圈得电；KMR常开主触点KMR-1闭合，电源为三相交流电动机供电，电动机开始反向运转。

电动机驱动的对象到达反转限位开关SQ2限定的位置时，反转限位开关SQ2动作，其常闭触点断开，反转交流接触器KMR线圈失电，进而电动机停机。

2. 直流电动机正反转控制电路的识读

对三相交流电动机正反转控制电路有所了解后，再来了解一下直流电动机的正反转控制电路。直流电动机正反转连续控制电路是通过起动按钮控制直流电动机进行长时间正向或反向运转的。识读过程可参看下面的图解演示。

【直流电动机正反转连续控制电路图中正转工作过程的识读】

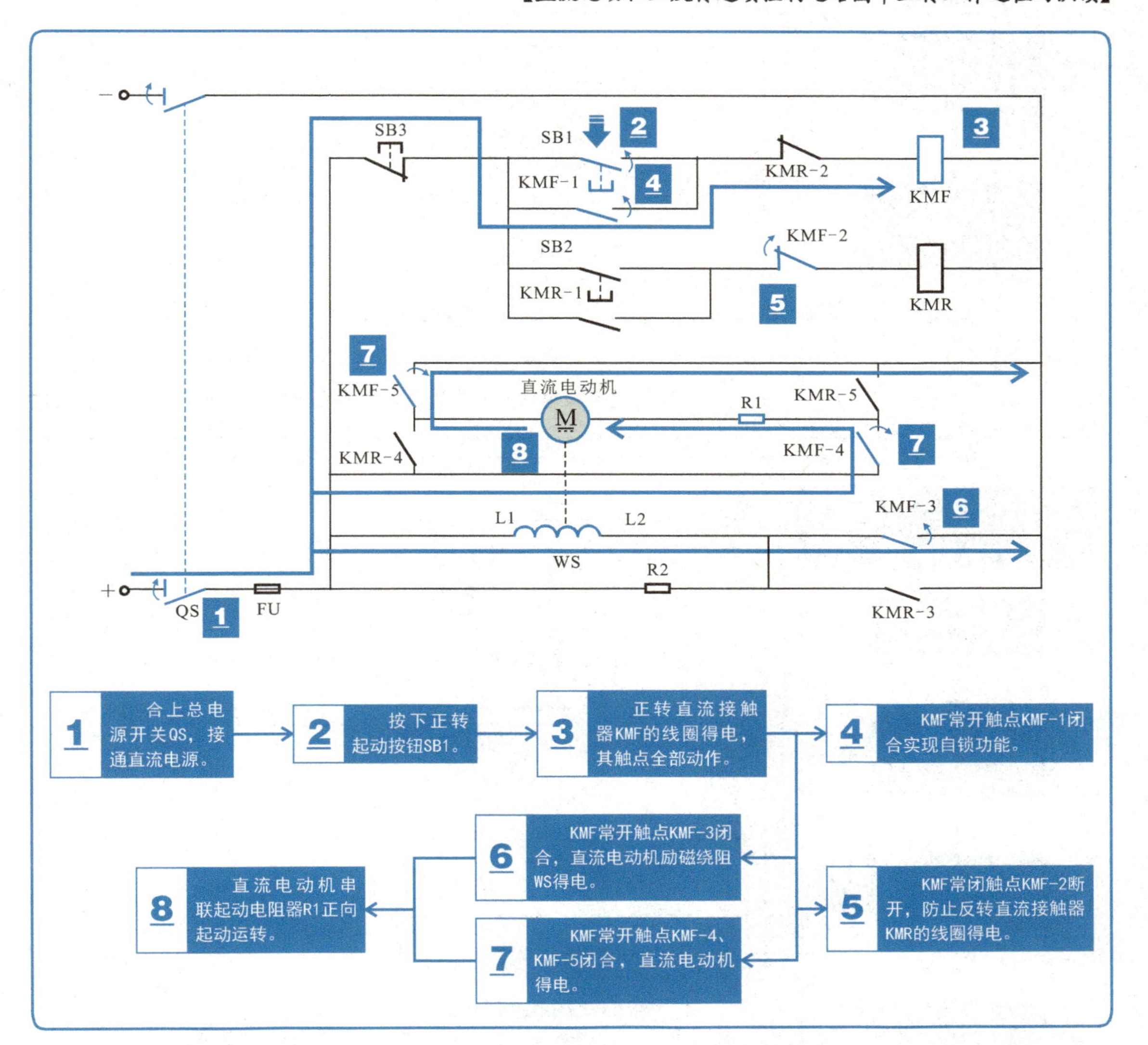

特别提醒

直流电动机是由电枢与励磁绕阻两部分组成，直流电动机的电枢为转子部分，而励磁绕阻相当于定子部分。只有当电枢与励磁绕阻同时得电时，才能保证直流电动机运转。

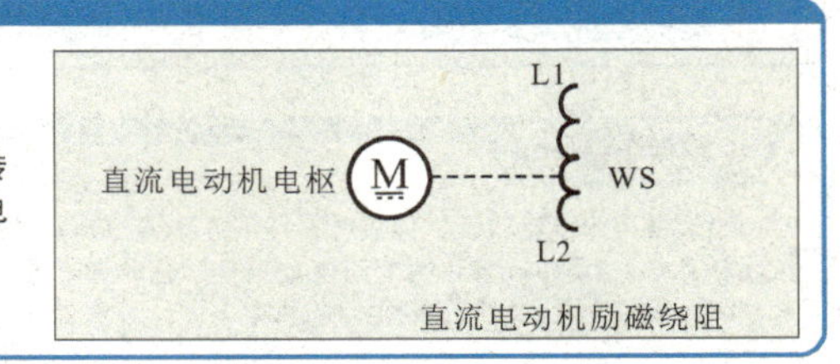

【直流电动机正反转连续控制电路图中正转停机过程的识读】

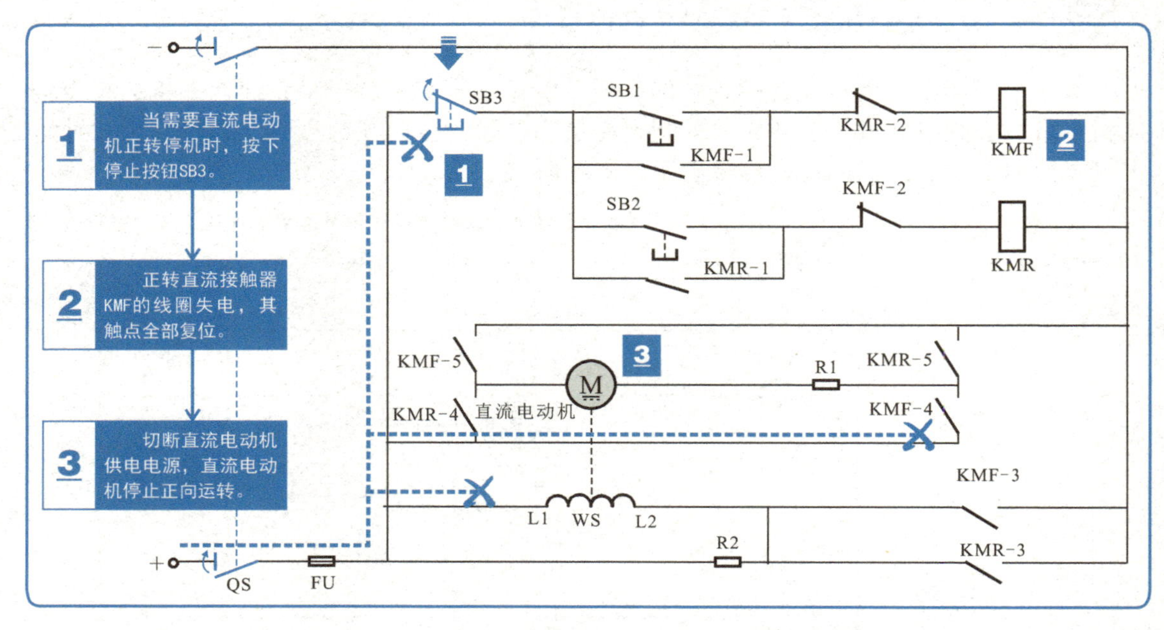

【直流电动机正反转连续控制电路图中反转工作过程的识读】

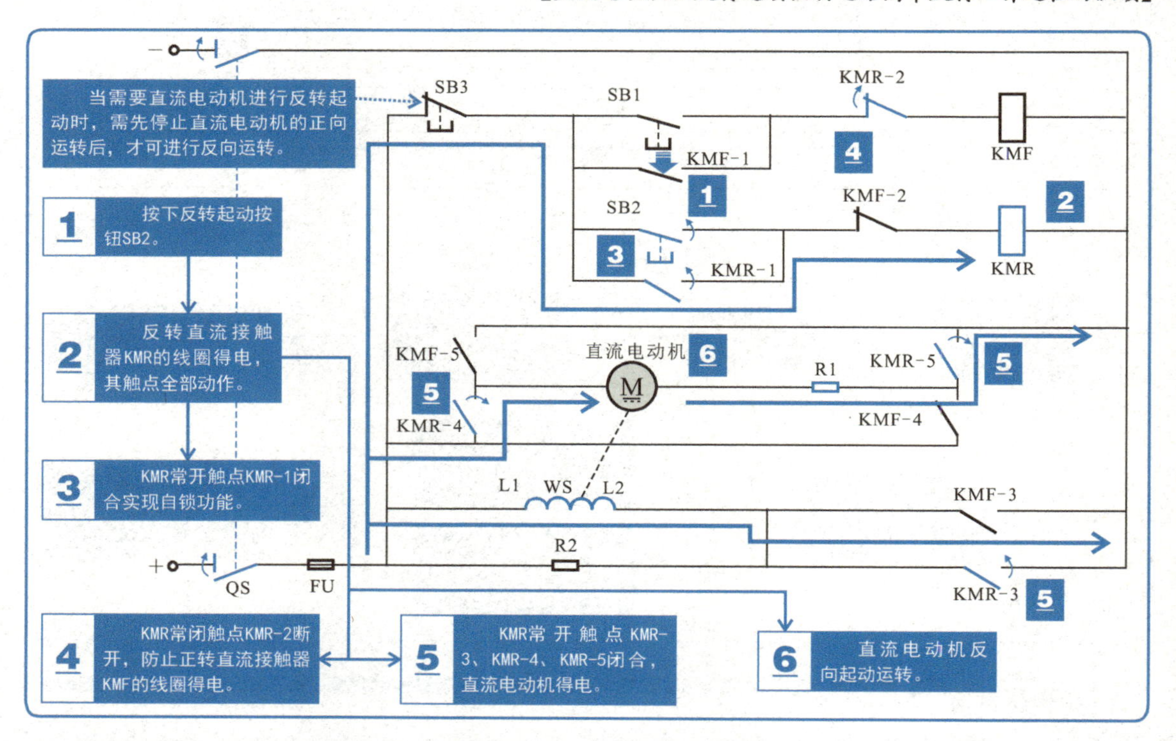

特别提醒

当需要直流电动机反转停机时，按下停止按钮SB3。反转直流接触器KMR线圈失电，其常开触点KMR-1复位断开，解除自锁功能；常闭触点KMR-2复位闭合，为直流电动机正转起动做好准备；常开触点KMR-3复位断开，直流电动机励磁绕阻WS失电；常开触点KMR-4、KMR-5复位断开，切断直流电动机供电电源，直流电动机停止反向运转。

5.3 电动机点动/连续控制电路图的识读方法

5.3.1 电动机点动/连续控制电路图的结构

电动机点动/连续控制电路是指能实现点动控制、连续控制或点动、连续两种控制功能的一类电路。识读该类电路图，首先要了解电路图中符号标识，根据标识了解电路的结构以及功能特点。

【电动机连续控制电路图的结构】

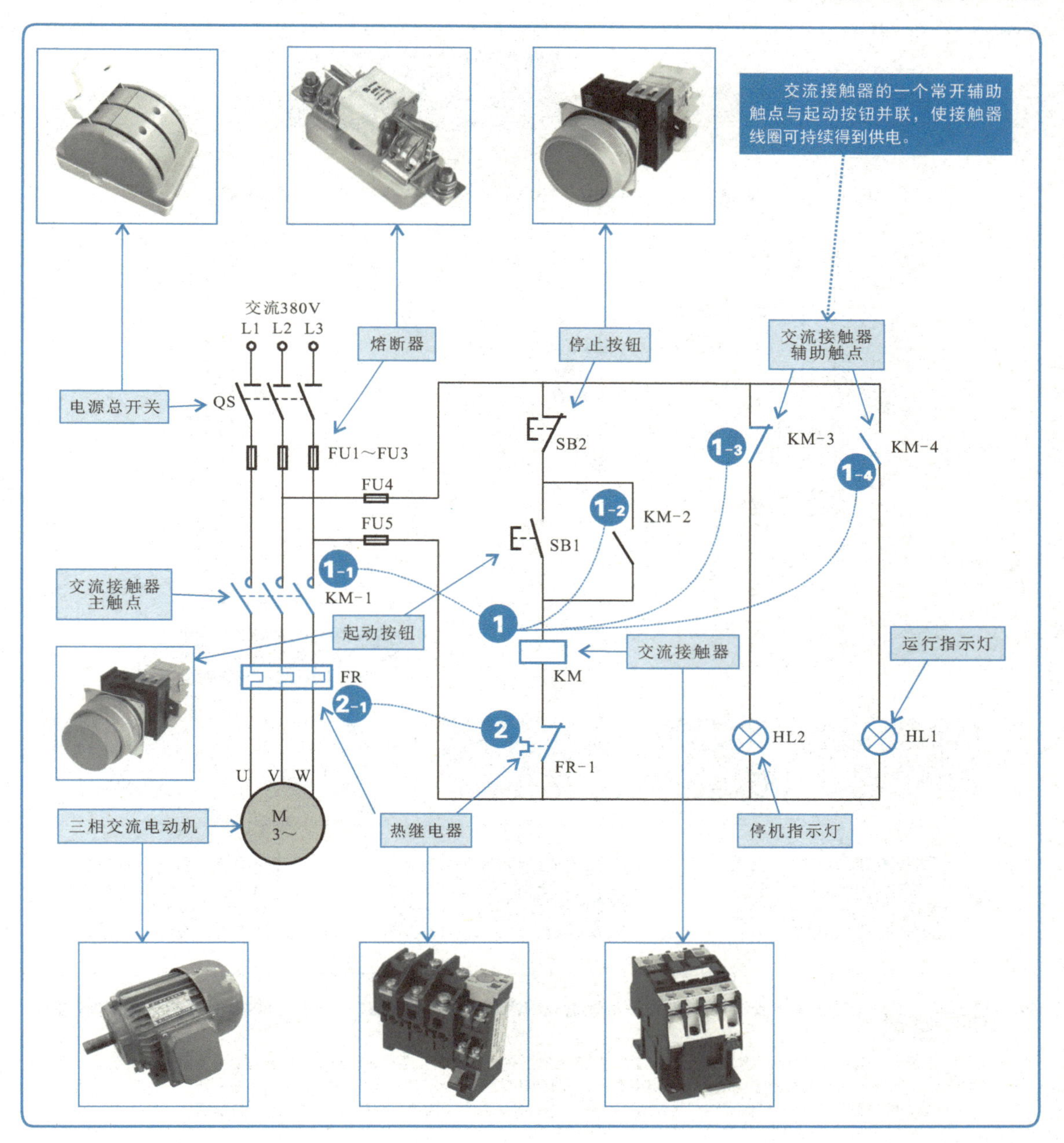

5.3.2 电动机点动/连续控制电路图的识读

1. 电动机连续控制电路的识读

对电动机连续控制电路进行识读时，应从电路图中各主要部件的功能特点和连接关系入手，对整个控制电路的工作流程进行细致的解析，搞清控制电路的工作过程和控制细节，完成电动机连续控制电路的识读。

【电动机连续控制电路图的识读】

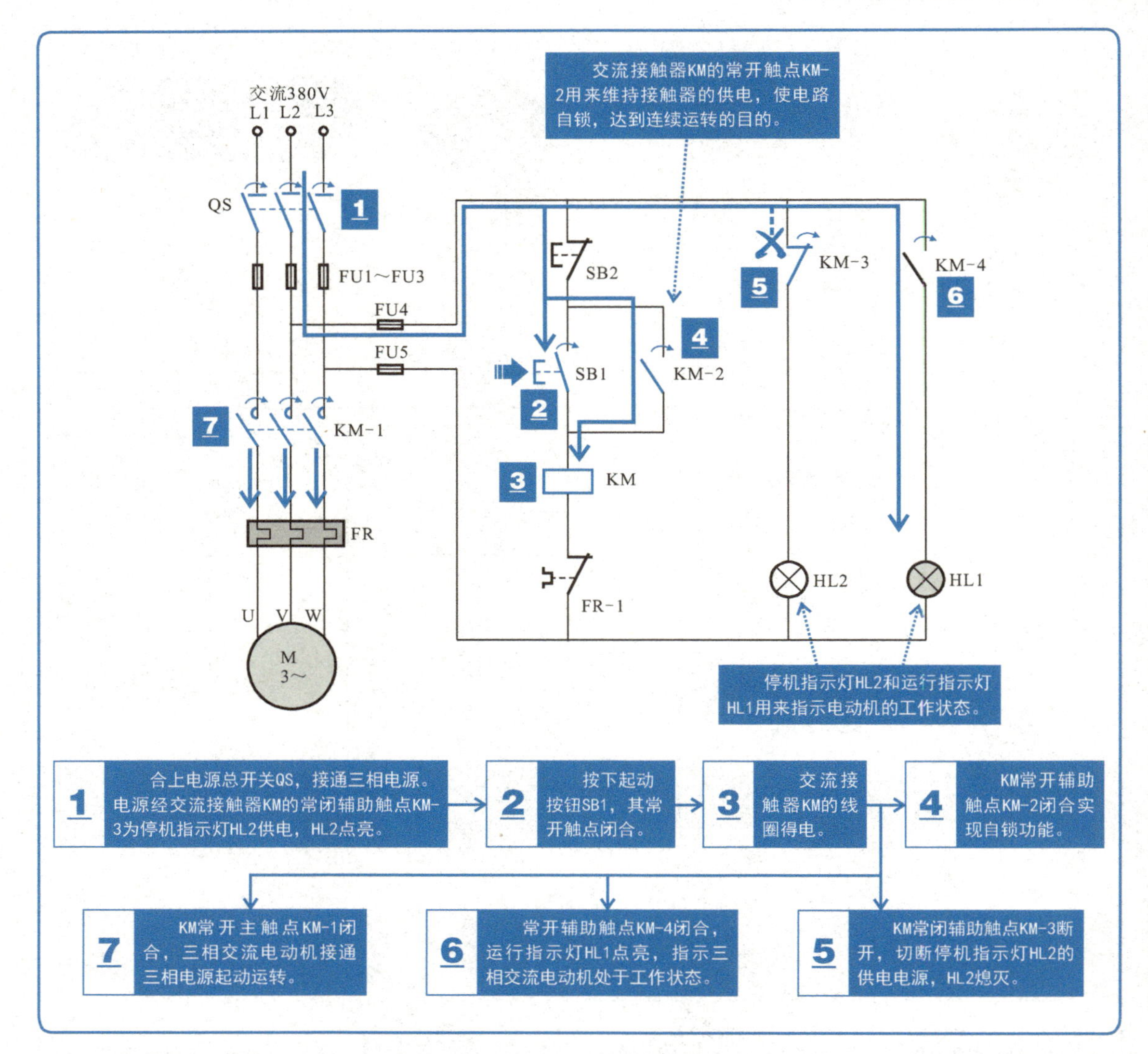

特别提醒

当需要三相交流电动机停机时，按下停止按钮SB2。交流接触器KM线圈失电，常开辅助触点KM-2复位断开，解除自锁功能；常开主触点KM-1复位断开，切断三相交流电动机的供电电源，三相交流电动机停止运转；常开辅助触点KM-4复位断开，切断运行指示灯HL1的供电电源，HL1熄灭；常闭辅助触点KM-3复位闭合，停机指示灯HL2点亮，指示三相交流电动机处于停机状态。

2. 电动机点动/连续控制电路的识读

电动机点动/连续控制电路是指该电路既能实现点动控制，也能实现连续控制。当按住点动控制按钮时，电动机转动，松开该按钮，电动机停止工作；当按下连续控制按钮后再松开，电动机进入持续运转状态。识读过程可参看下面的图解演示。

【电动机点动/连续控制电路图的识读】

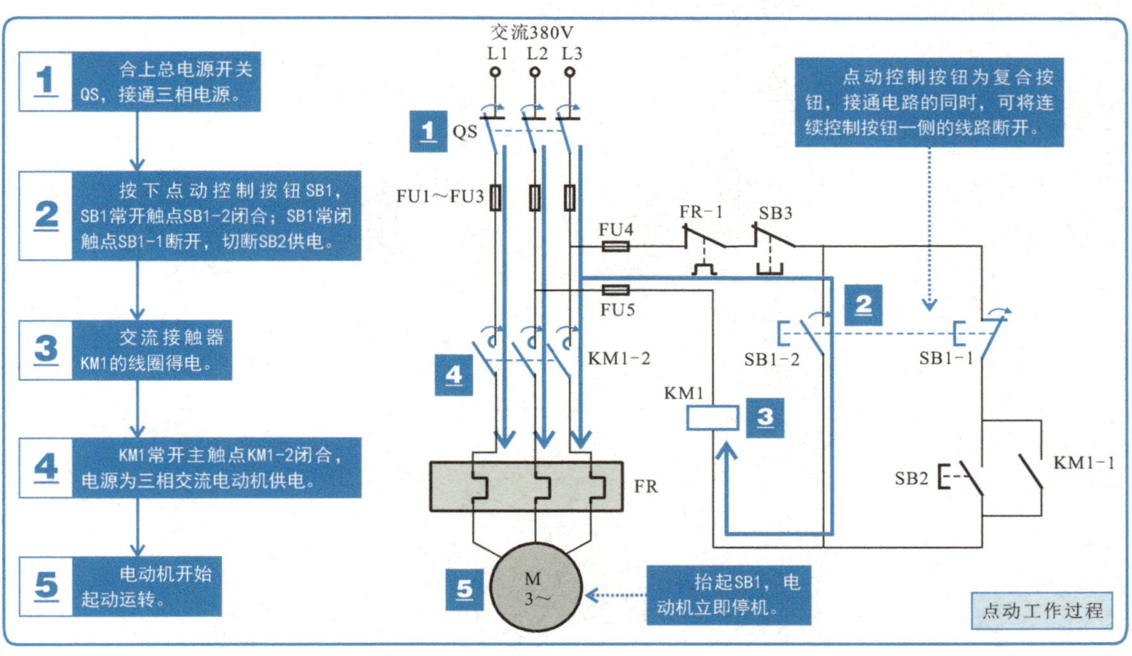

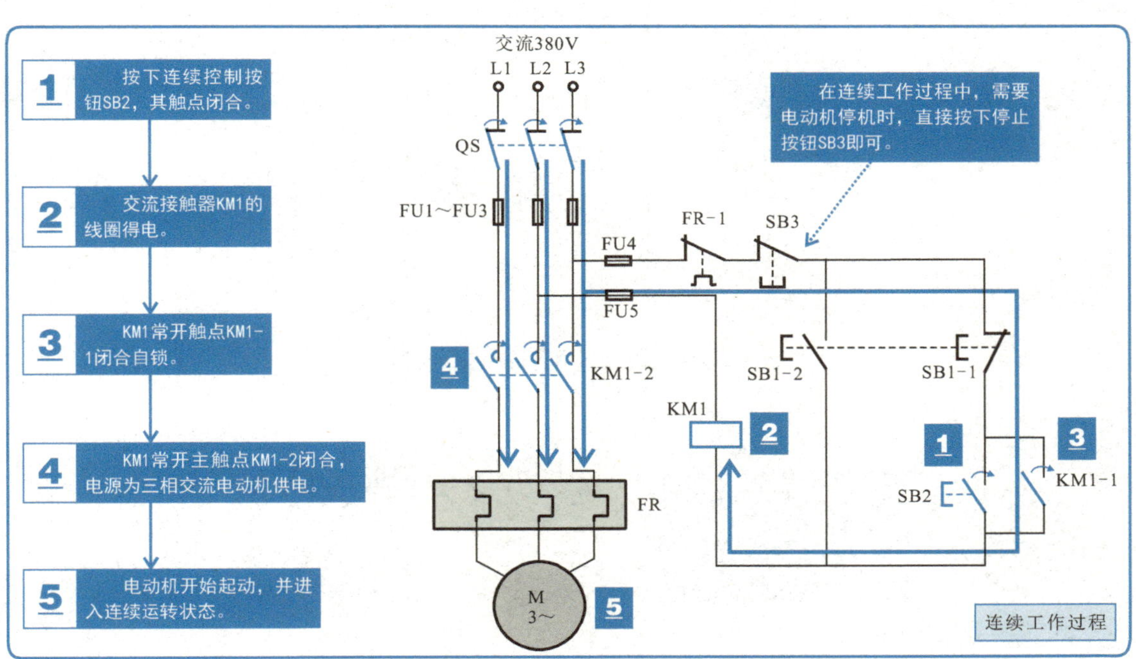

5.4 电动机间歇控制电路图的识读方法

5.4.1 电动机间歇控制电路图的结构

电动机间歇控制电路通过控制电动机运行一段时间，然后自动停止，再自动起动，这样反复控制，来实现电动机的间歇运行。识读该类电路图，首先要了解电路图中符号标识，根据标识了解电路的结构以及功能特点。

【电动机间歇控制电路图的结构】

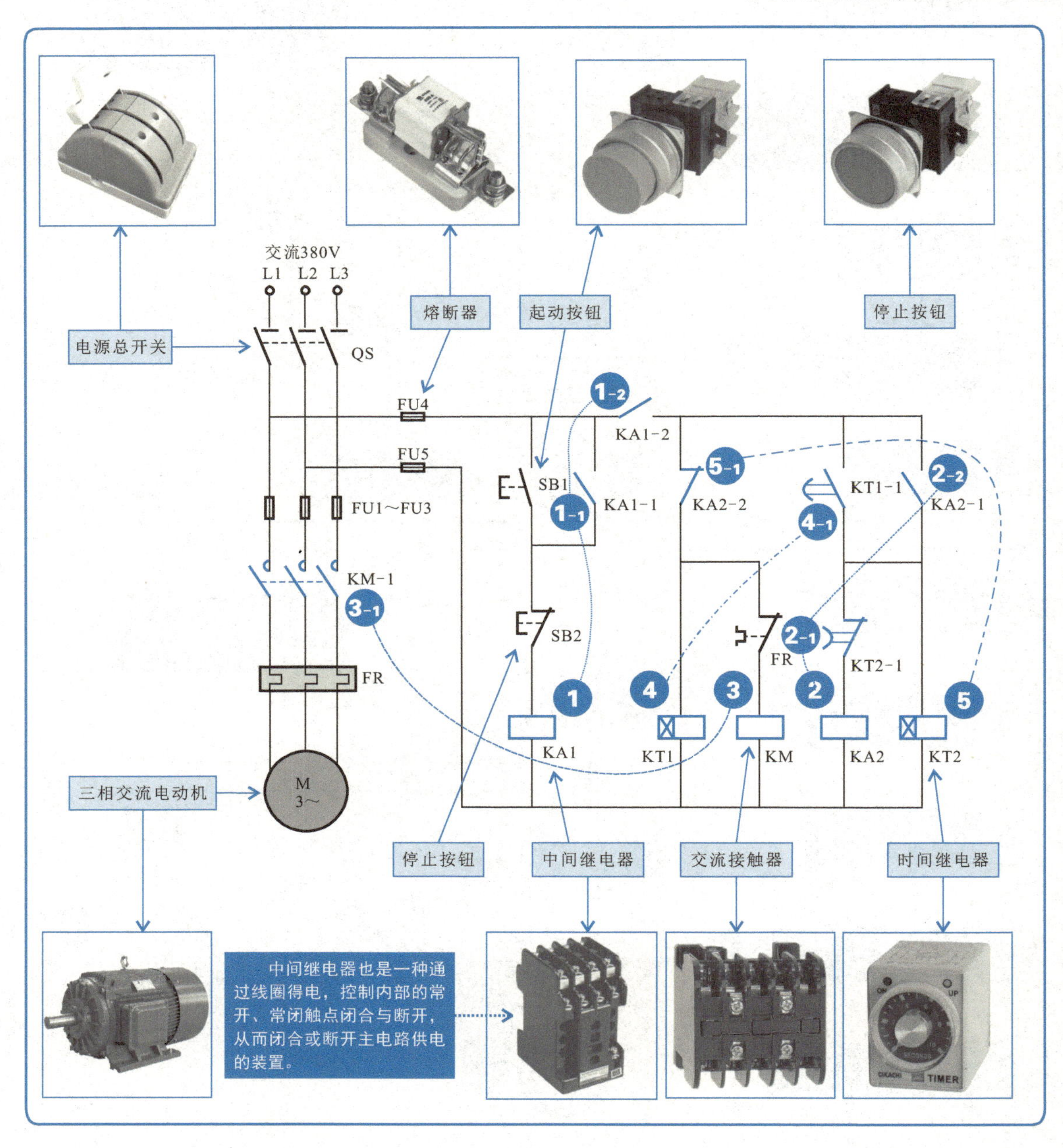

5.4.2 电动机间歇控制电路图的识读

通常电动机的间歇运行是通过时间继电器进行控制的，通过预先对时间继电器的延迟时间进行设定，从而实现对电动机起动时间和停机时间的控制。

对电动机间歇控制电路进行识读时，应从电路图中各主要部件的功能特点和连接关系入手，对整个控制电路的工作流程进行细致地解析，搞清控制电路的工作过程和控制细节，完成电动机间歇控制电路的识读。

【电动机间歇控制电路图中起动过程的识读】

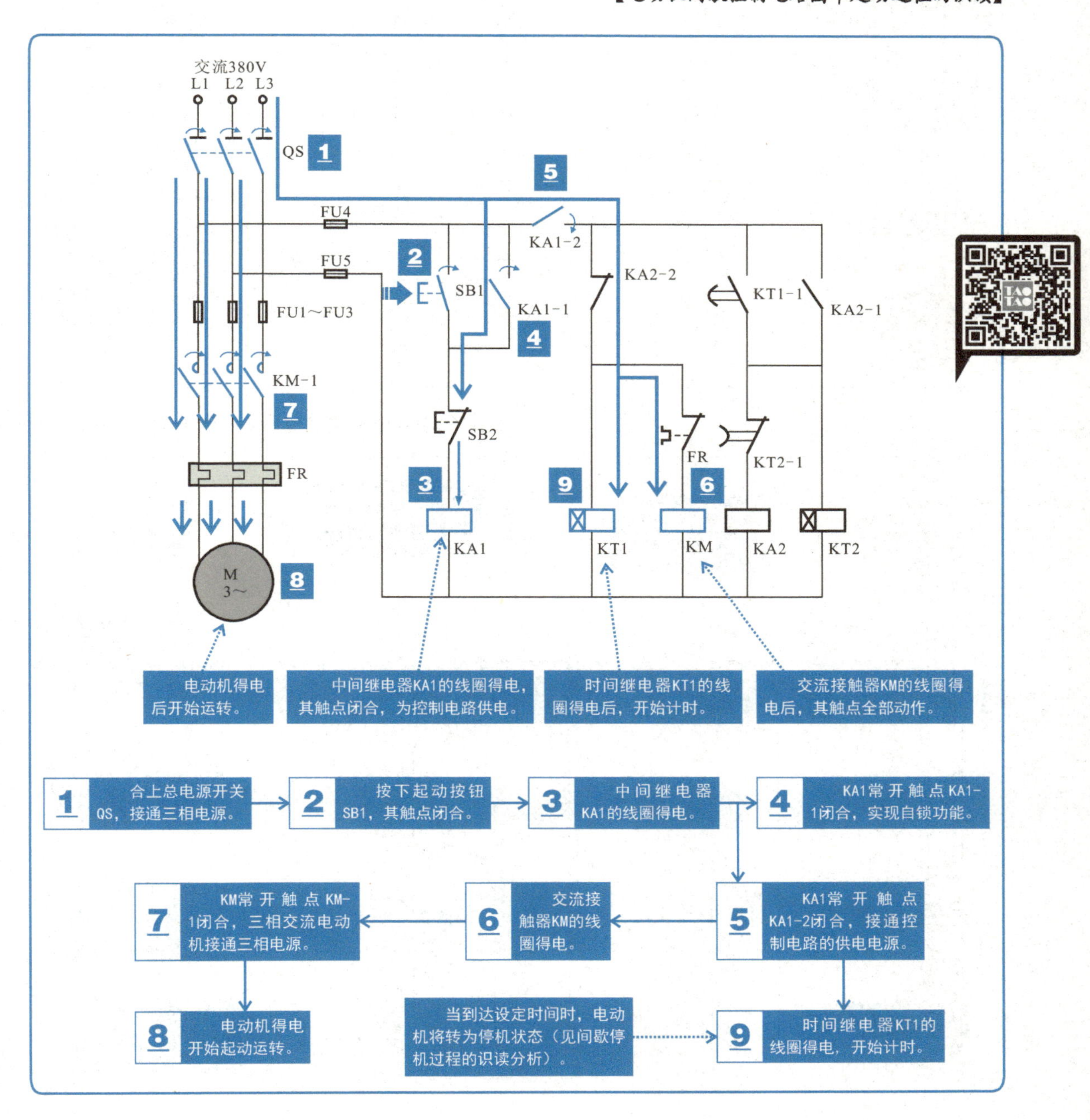

【电动机间歇控制电路图中间歇停机过程的识读】

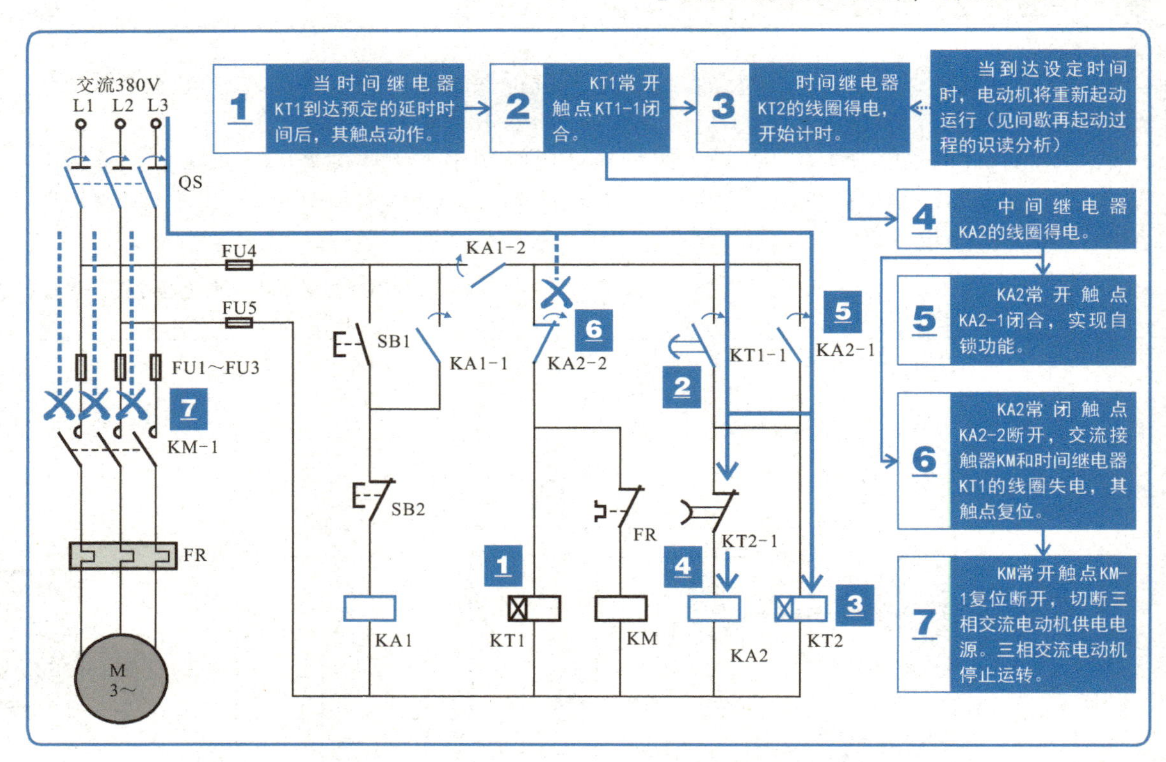

【电动机间歇控制电路图中间歇再起动过程的识读】

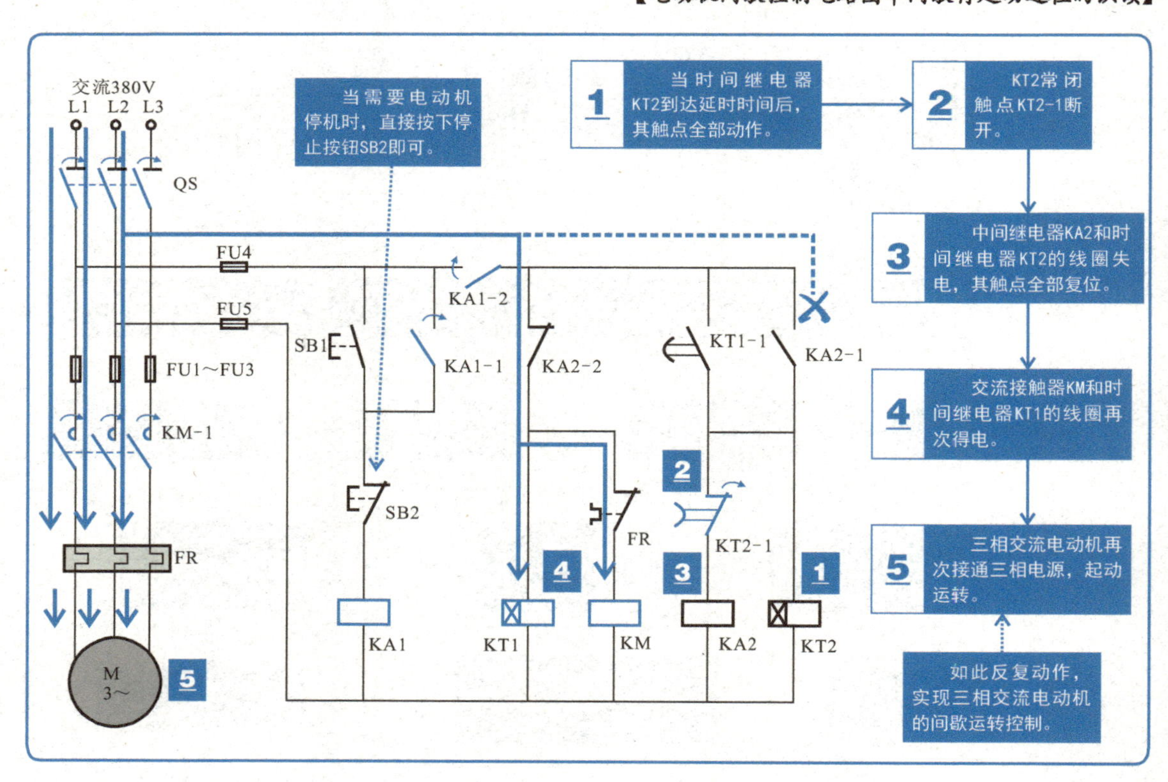

5.5 电动机调速控制电路图的识读方法

5.5.1 电动机调速控制电路图的结构

电动机调速控制电路是指利用时间继电器控制电动机的低速或高速运转，通过低速运转按钮和高速运转按钮，实现对电动机低速和高速运转的切换控制。识读该类电路图，首先要了解电路图中的符号标识，根据标识了解电路的结构以及功能特点。

【电动机调速控制电路图的结构】

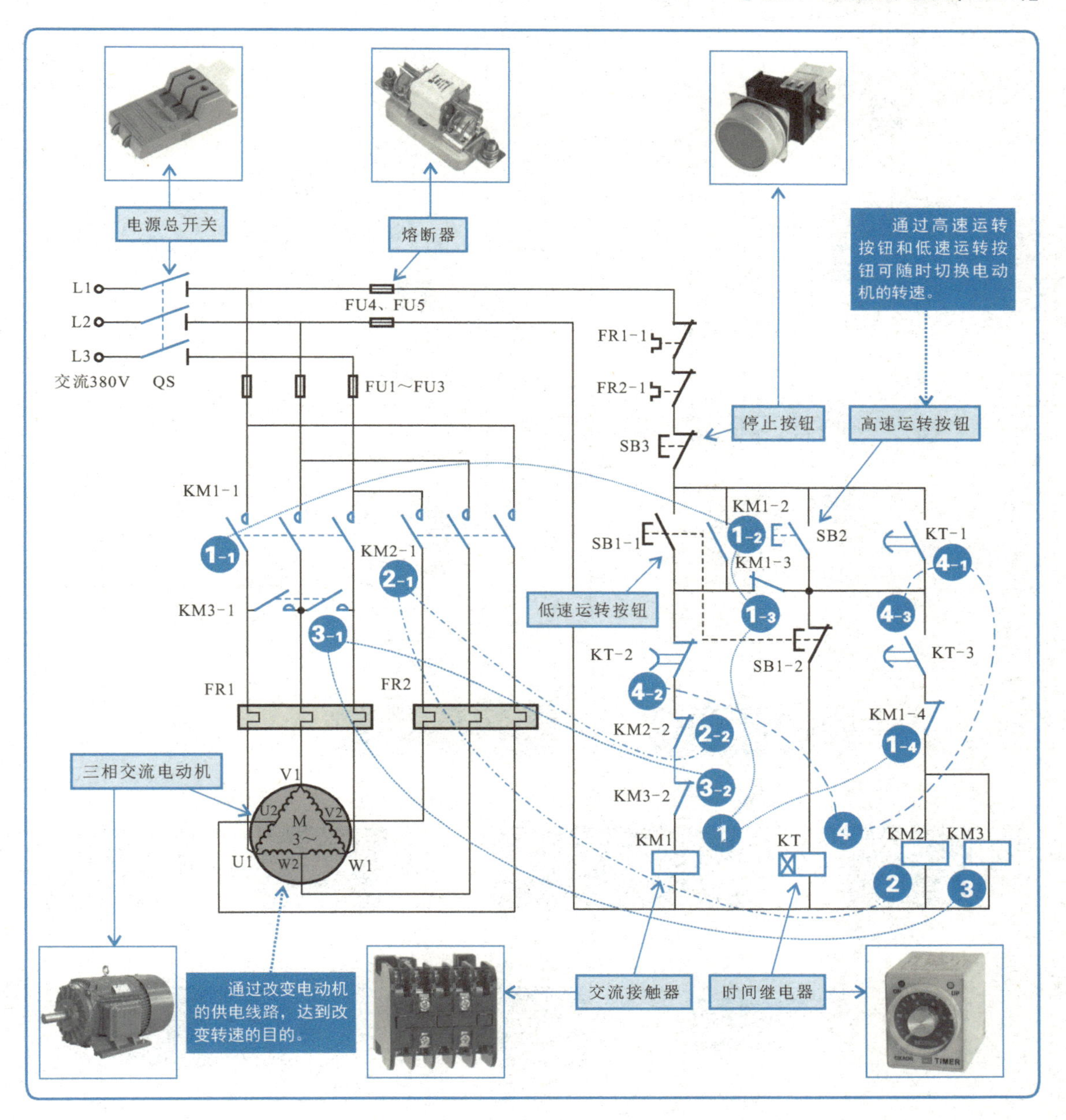

5.5.2 电动机调速控制电路图的识读

对电动机调速控制电路进行识读时，应从电路图中各主要部件的功能特点和连接关系入手，对整个控制电路的工作流程进行细致地解析，搞清控制电路的工作过程和控制细节，完成电动机调速控制电路的识读。

【电动机调速控制电路图中低速运转过程的识读】

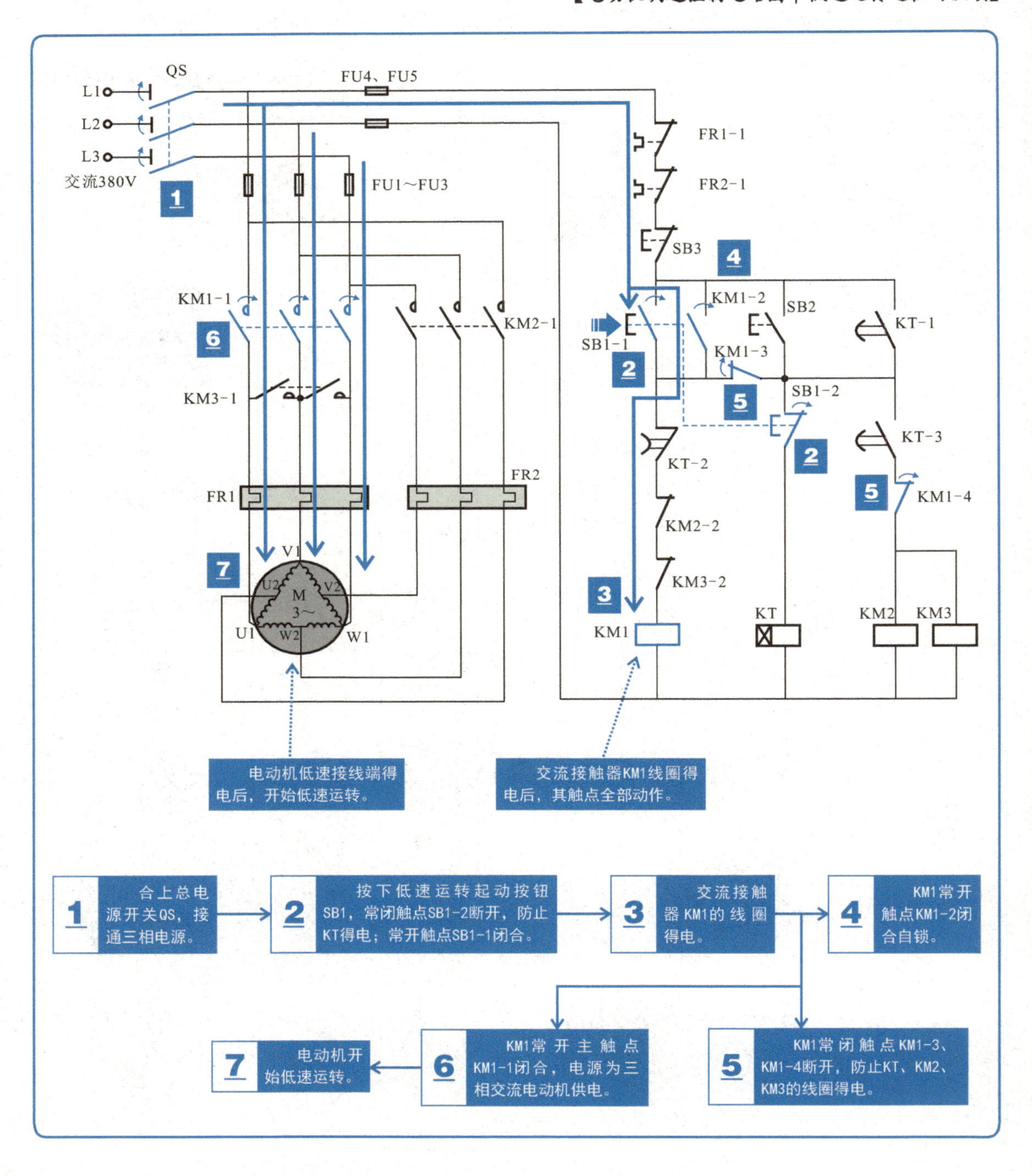

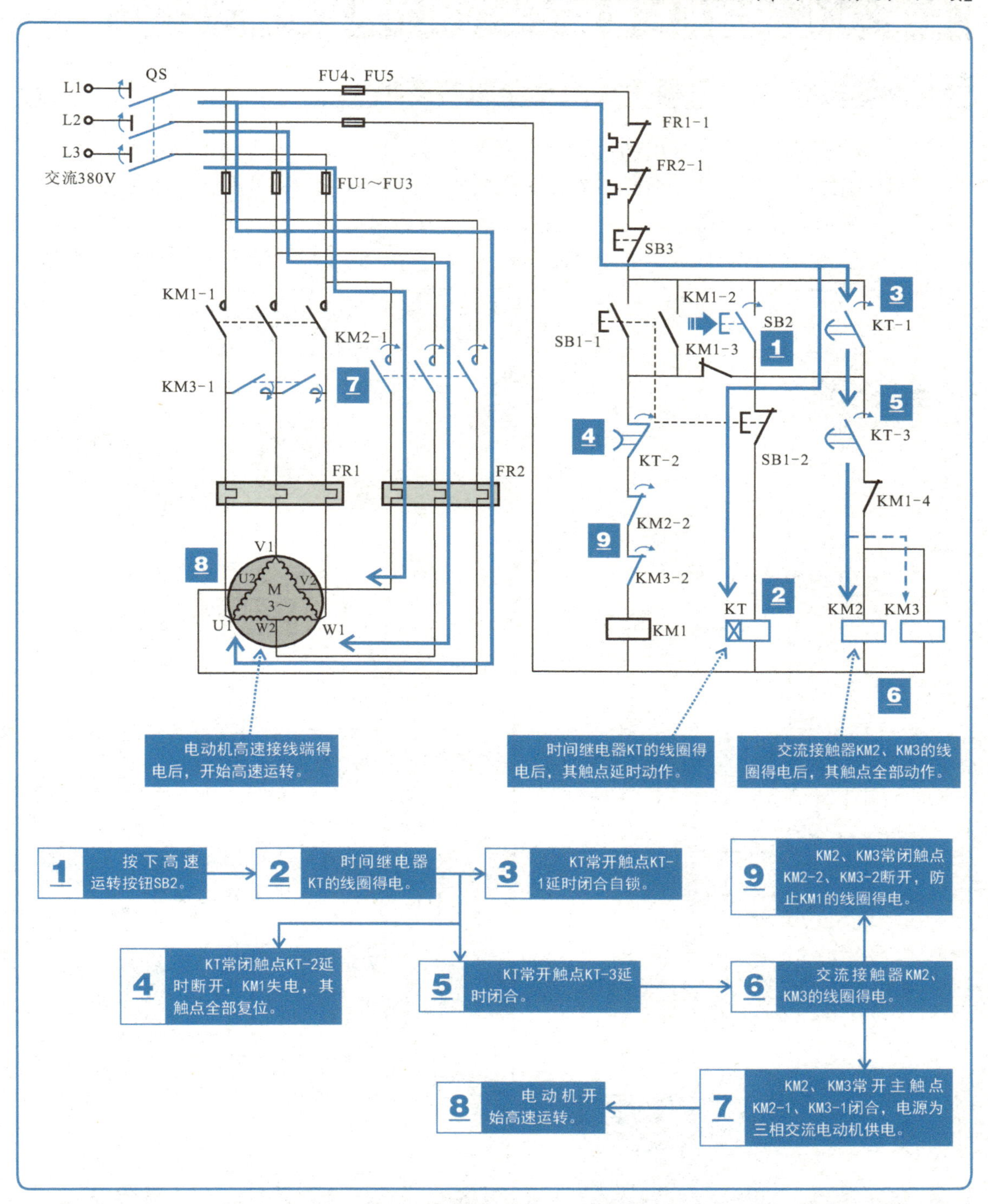

特别提醒

当需要停机时，按下停止按钮SB3，交流接触器KM1、KM2、KM3和时间继电器KT全部失电，触点全部复位，切断三相交流电动机的供电，电动机停机。

5.6 电动机制动控制电路图的识读方法

5.6.1 电动机制动控制电路图的结构

电动机制动控制电路是指通过某种方式（反接、强制），来降低电动机的转速，最终达到停机的目的。识读该类电路图，首先要了解电路图中的符号标识，根据标识了解电路的结构以及功能特点。

【电动机反接制动控制电路图的结构】

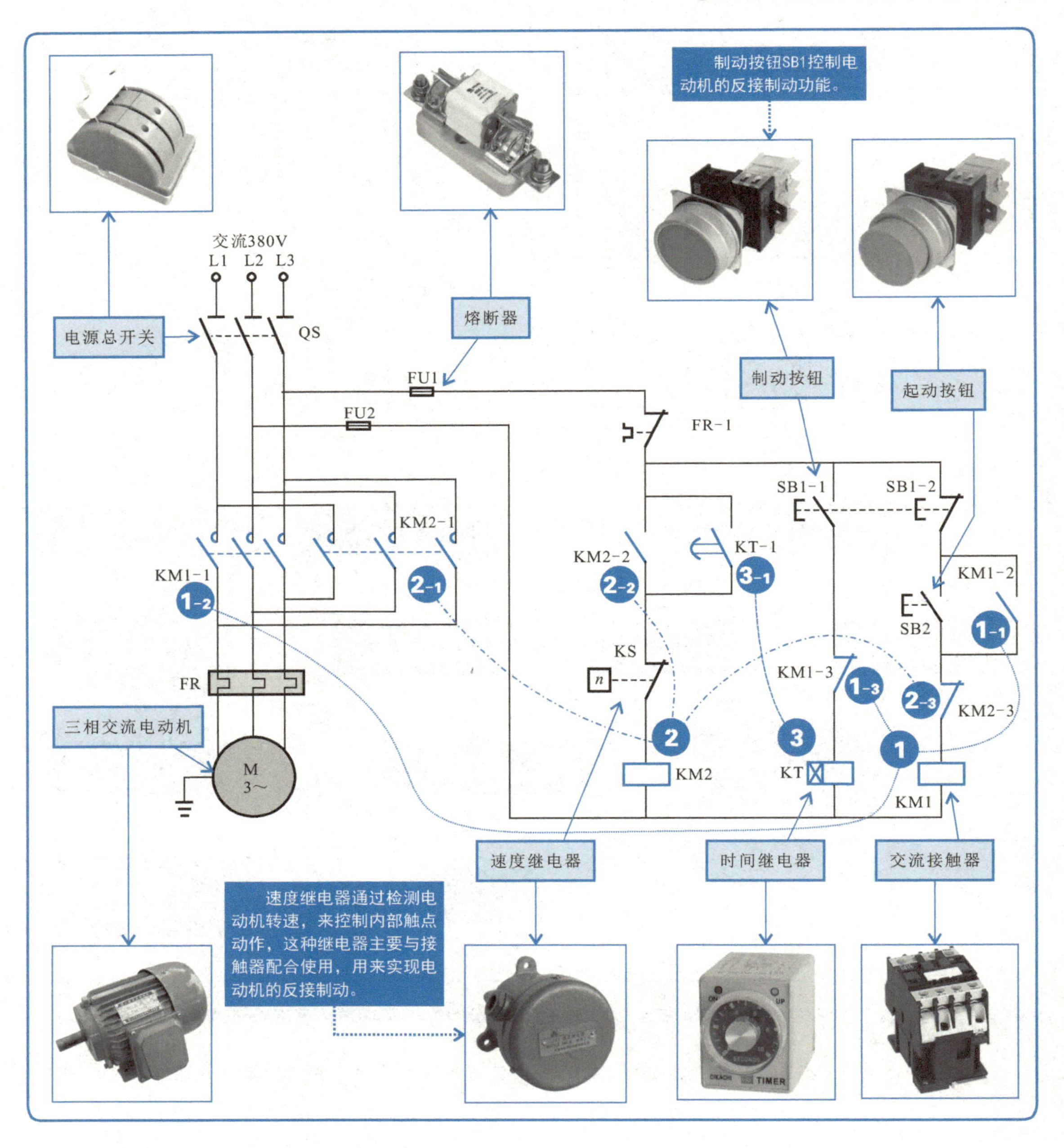

5.6.2 电动机制动控制电路图的识读

该电路中电动机在反接制动时，电路会改变电动机定子绕组的电源相序，使之有反转趋势而产生较大的制动力矩，从而迅速使电动机的转速降低，并且通过速度继电器来自动切断制动电源，确保电动机不会反转。识读过程可参看下面的图解演示。

【电动机反接制动控制电路图中起动过程的识读】

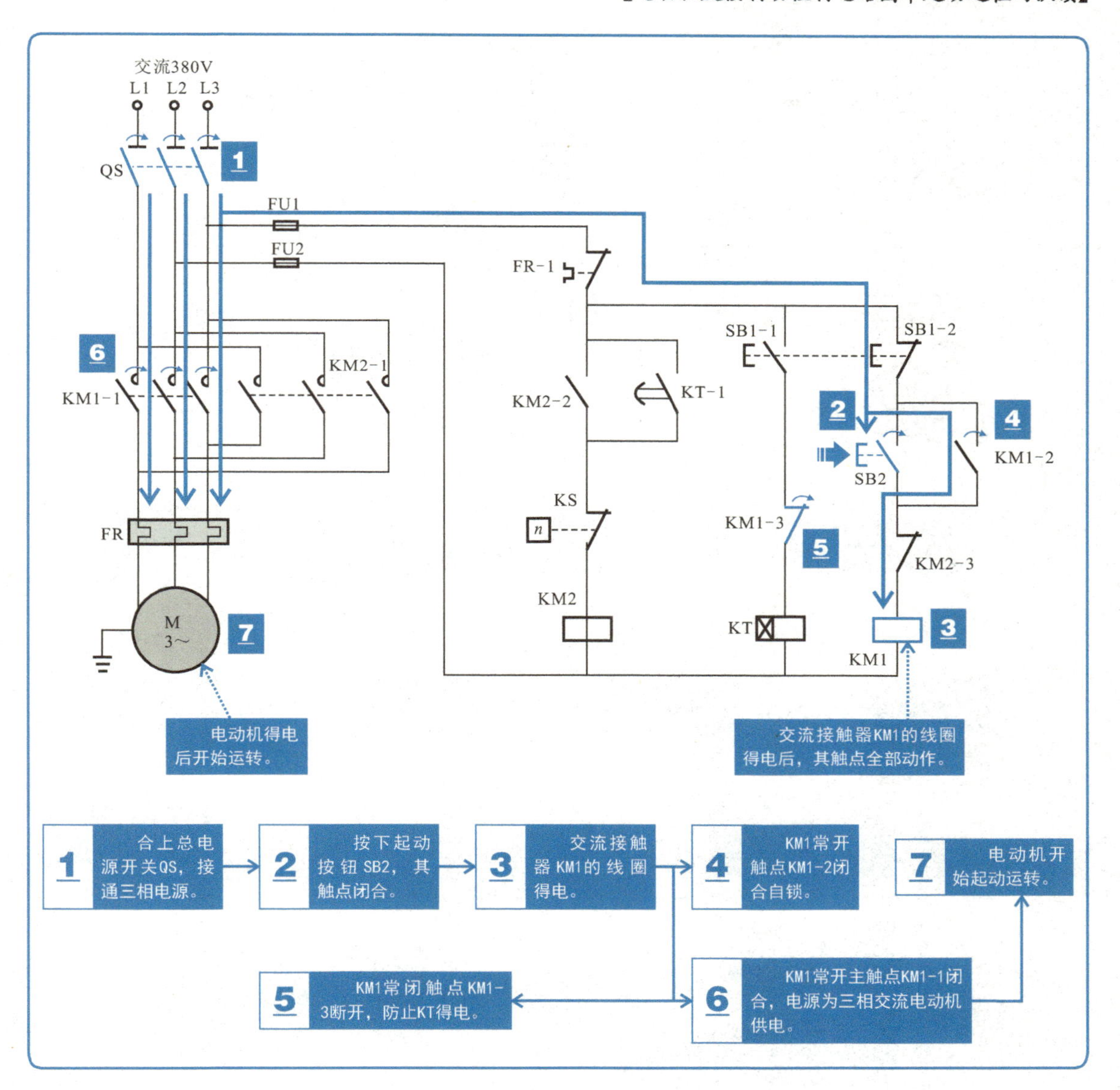

特别提醒

对电动机反接制动控制电路进行识读时，应从电路图中各主要部件的功能特点和连接关系入手，对整个控制电路的工作流程进行细致地解析，搞清控制电路的工作过程和控制细节，完成电动机反接制动控制电路的识读过程。

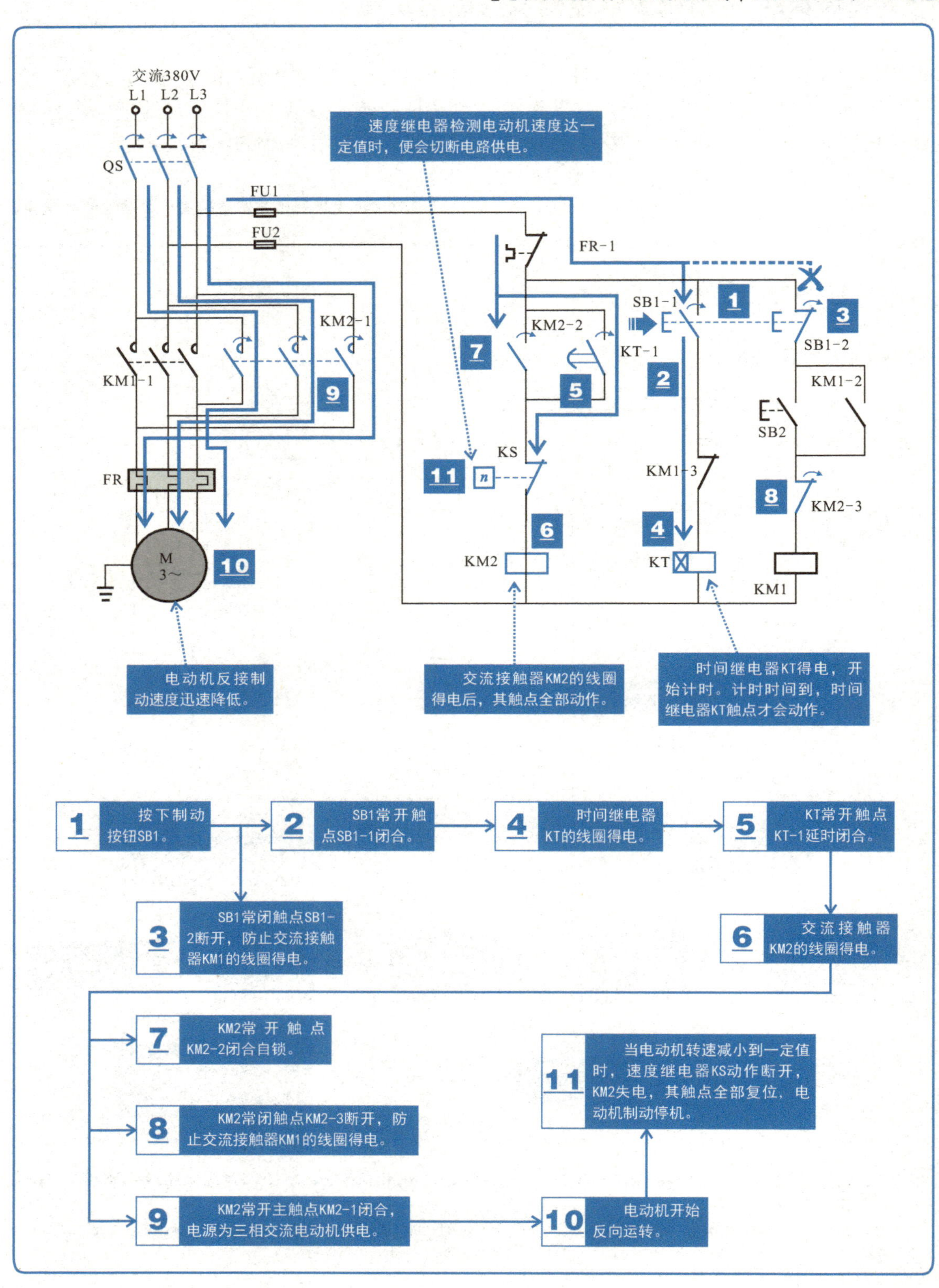

交流380V
L1 L2 L3
QS
FU1
FU2
FR-1
速度继电器检测电动机速度达一定值时，便会切断电路供电。
KM2-1
KM1-1
9
FR
M
3～
10
7
KM2-2
5
KT-1
SB1-1
1
2
3
SB1-2
KM1-2
SB2
KS
11
6
KM1-3
4
8
KM2-3
KM2
KT
KM1
电动机反接制动速度迅速降低。
交流接触器KM2的线圈得电后，其触点全部动作。
时间继电器KT得电，开始计时。计时时间到，时间继电器KT触点才会动作。
1 按下制动按钮SB1。
2 SB1常开触点SB1-1闭合。
4 时间继电器KT的线圈得电。
5 KT常开触点KT-1延时闭合。
3 SB1常闭触点SB1-2断开，防止交流接触器KM1的线圈得电。
6 交流接触器KM2的线圈得电。
7 KM2常开触点KM2-2闭合自锁。
8 KM2常闭触点KM2-3断开，防止交流接触器KM1的线圈得电。
9 KM2常开主触点KM2-1闭合，电源为三相交流电动机供电。
10 电动机开始反向运转。
11 当电动机转速减小到一定值时，速度继电器KS动作断开，KM2失电，其触点全部复位，电动机制动停机。

第6章

工业机床控制电路的识读

 6.1 车床控制电路图的识读方法

6.1.1 车床控制电路图的结构

车床主要用于车削精密零件，加工米制、英制、模数、径节螺纹等，而车床控制电路则用于控制车床设备完成相应的工作。识读该类电路图，首先要识别电路图中主要部件的符号标识，根据标识了解电路图的结构以及功能特点。

【典型车床控制电路图】

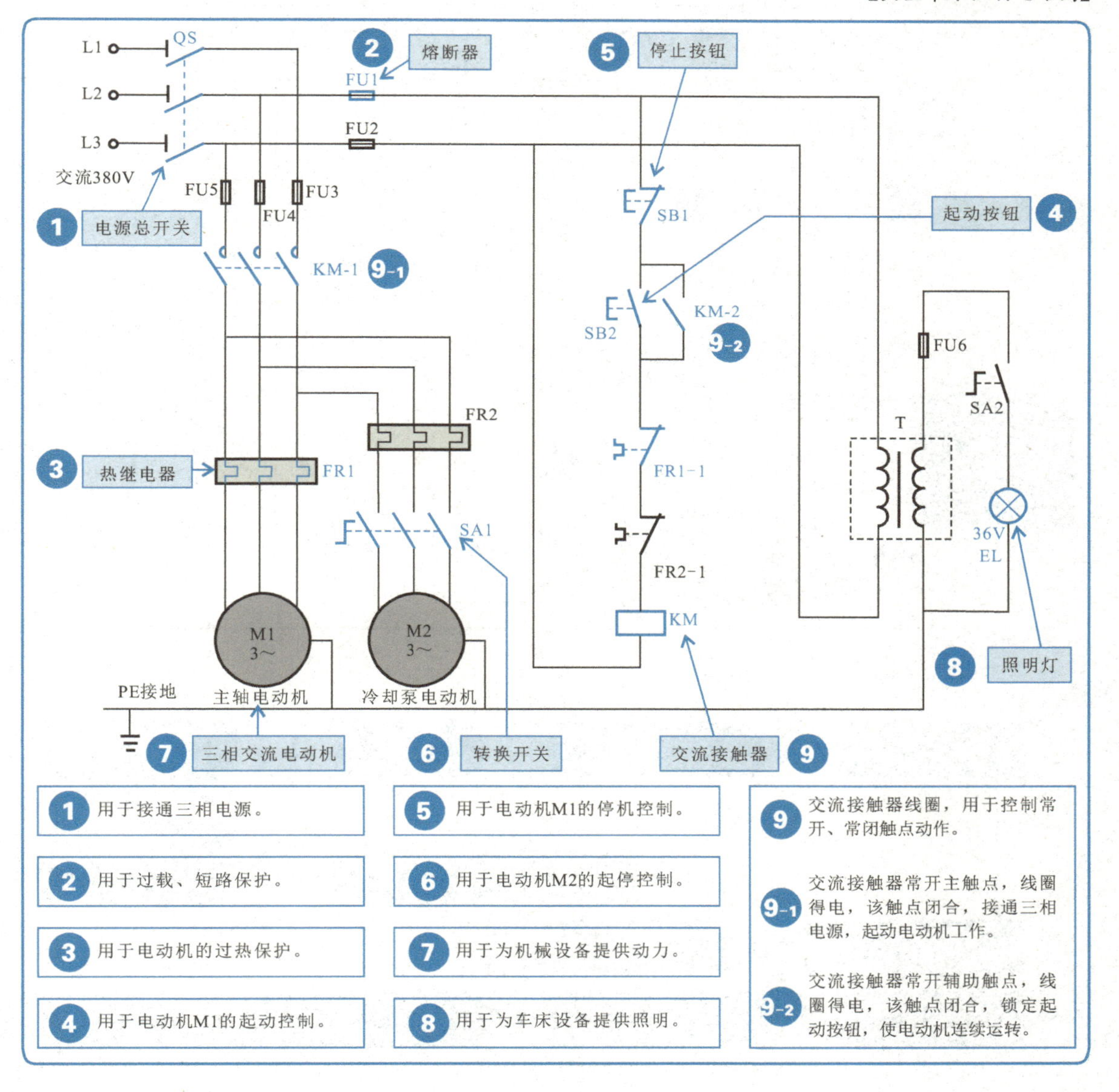

6.1.2 车床控制电路图的识读

对车床控制电路进行识读时，应从电路图中各主要部件的功能特点和连接关系入手，对整个车床控制电路的工作流程进行细致地解析，搞清车床控制电路的工作过程和控制细节，完成车床控制电路的识读。

典型车床共配置了2台电动机，依靠起动按钮、停止按钮以及交流接触器等进行控制，再由电动机带动电气设备中的机械部件运作，从而实现对电气设备的控制。

【典型车床控制电路的识读】

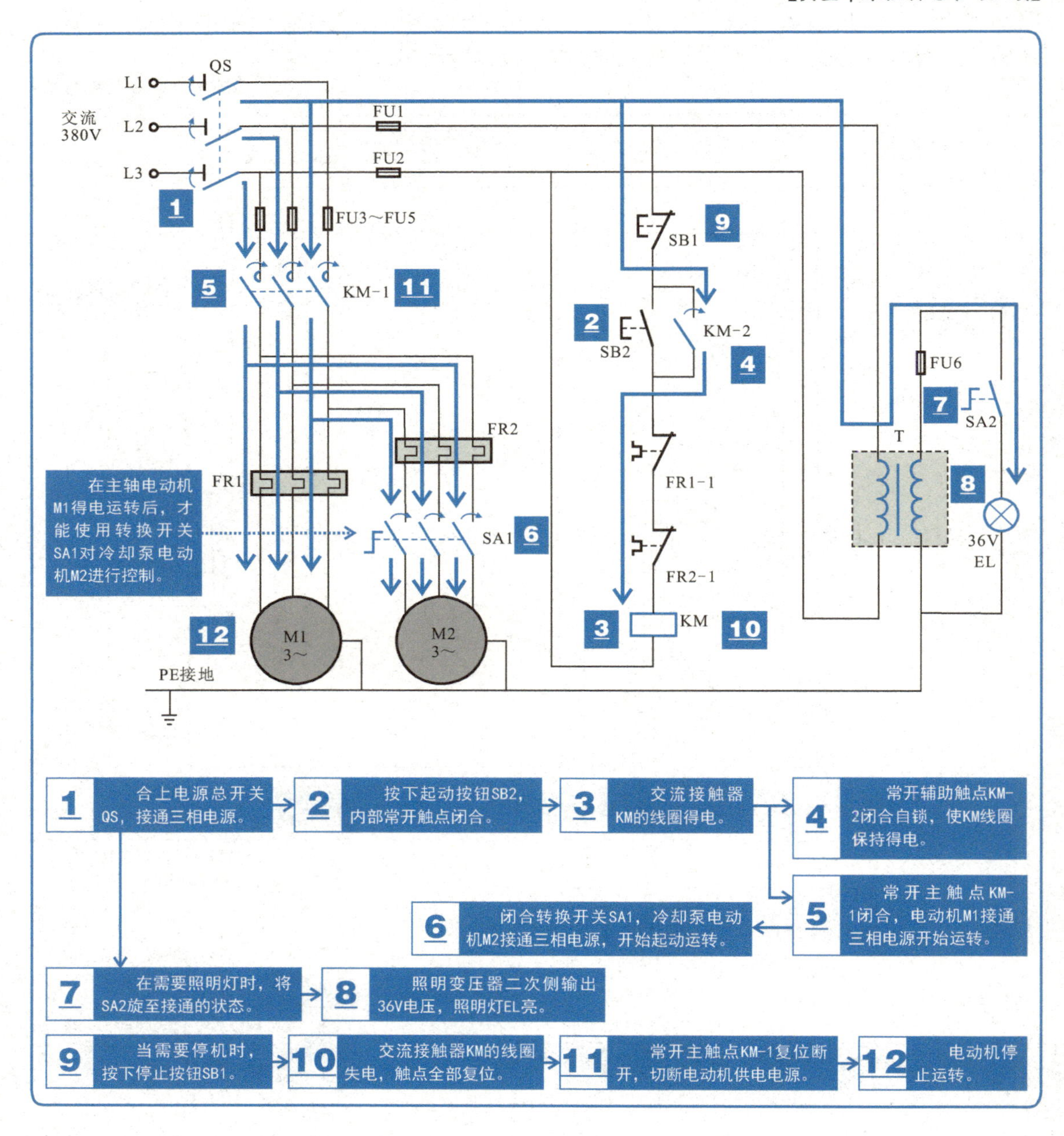

6.2 铣床控制电路图的识读方法

6.2.1 铣床控制电路图的结构

铣床主要用于对加工工件进行铣削加工，而铣床控制电路则是用于控制铣床设备完成相应的工作。识读该类电路图，首先要识别电路图中主要部件的符号标识，根据标识了解电路图的结构以及功能特点。

【X8120W型铣床控制电路图】

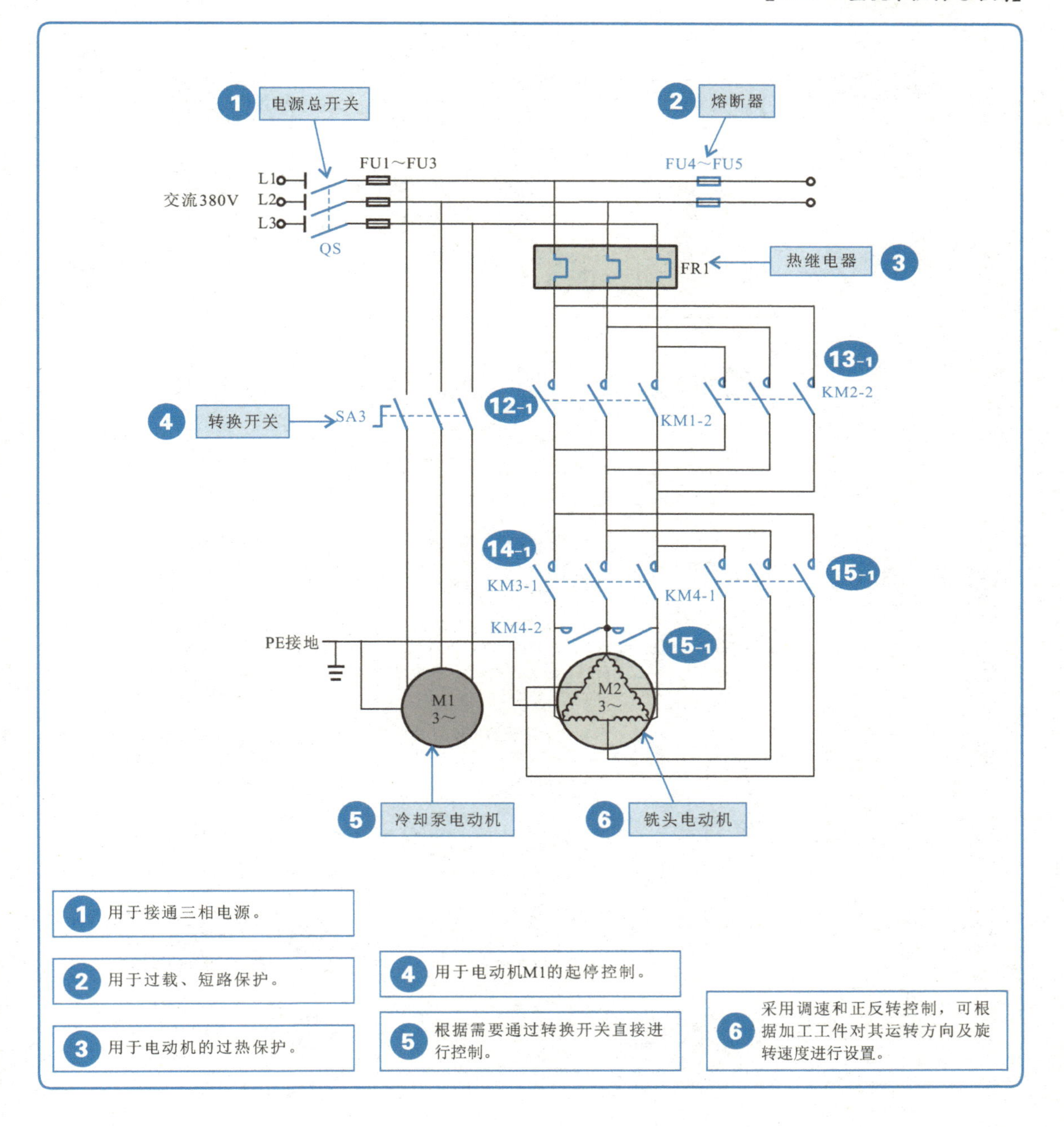

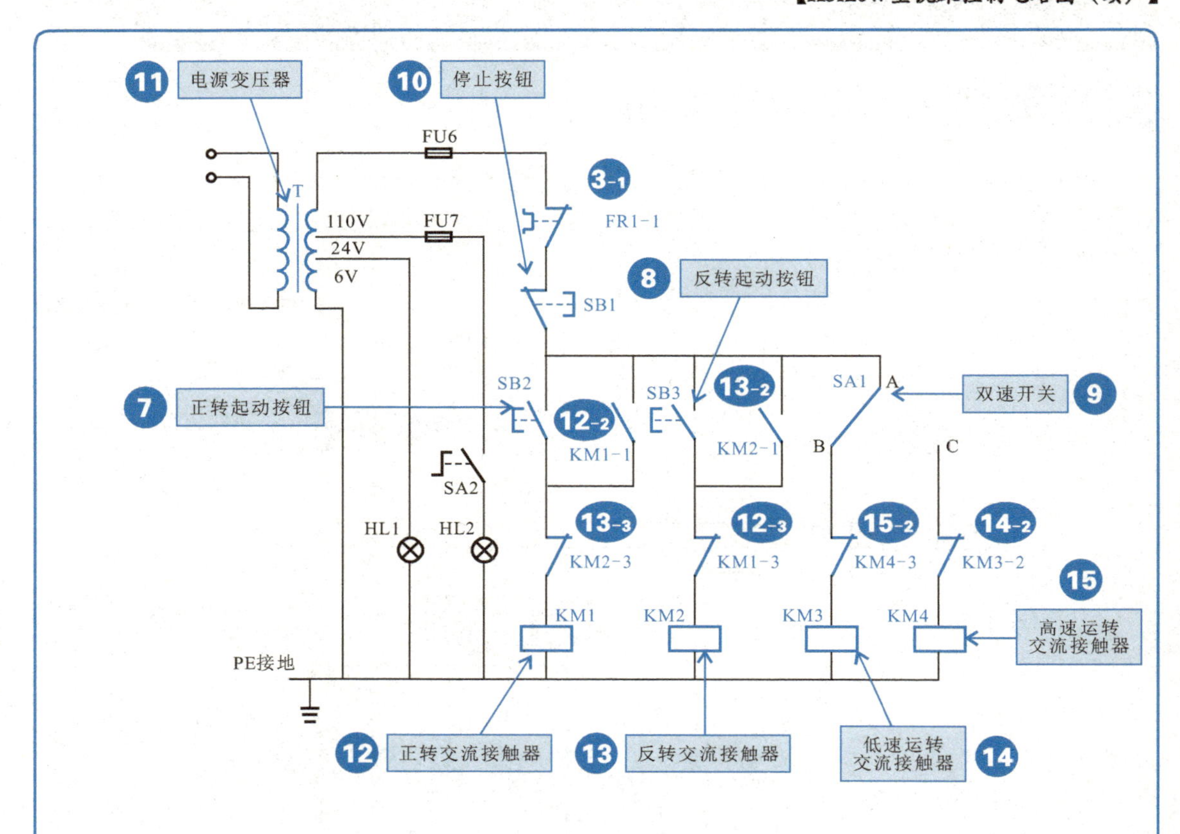

7 用于电动机M2正转起动控制。

8 用于电动机M2反转起动控制。

9 用于电动机M2的调速控制。

10 用于电动机M2的停机控制。

11 用于输出控制电路部分所需的交流电压。

12 正转交流接触器线圈，用于控制常开、常闭触点动作。

12-1 正转交流接触器常开主触点，线圈得电，该触点闭合，为电动机正向起动做好准备。

12-2 正转交流接触器常开辅助触点，线圈得电，该触点闭合，自锁正转交流接触器，使电动机正向连续运转。

12-3 正转交流接触器常闭辅助触点，线圈得电，该触点断开，防止KM2得电。

13 反转交流接触器线圈，用于控制常开、常闭触点动作。

13-1 反转交流接触器常开主触点，线圈得电，该触点闭合，为电动机反向起动做好准备。

13-2 反转交流接触器常开辅助触点，线圈得电，该触点闭合，自锁反转交流接触器，使电动机反向连续运转。

13-3 反转交流接触器常闭辅助触点，线圈得电，该触点断开，防止KM1得电。

14 低速运转交流接触器线圈，用于控制常开、常闭触点动作。

14-1 低速运转交流接触器常开主触点，线圈得电，该触点闭合，电动机低速起动运转。

14-2 低速运转交流接触器常闭辅助触点，线圈得电，该触点断开，防止KM4得电。

15 高速运转交流接触器线圈，用于控制常开、常闭触点动作。

15-1 高速运转交流接触器常开主触点，线圈得电，该触点闭合，电动机高速起动运转。

15-2 高速运转交流接触器常闭辅助触点，线圈得电，该触点断开，防止KM3得电。

6.2.2 铣床控制电路图的识读

1. X8120W型铣床控制电路识读

X8120W型铣床共配置了2台电动机，其中铣头电动机M2采用调速和正反转控制，可根据加工工件对其运转方向及旋转速度进行设置，而冷却泵电动机则根据需要通过转换开关直接进行控制。

【X8120W型铣床控制电路图铣头电动机M2低速正转工作的识读】

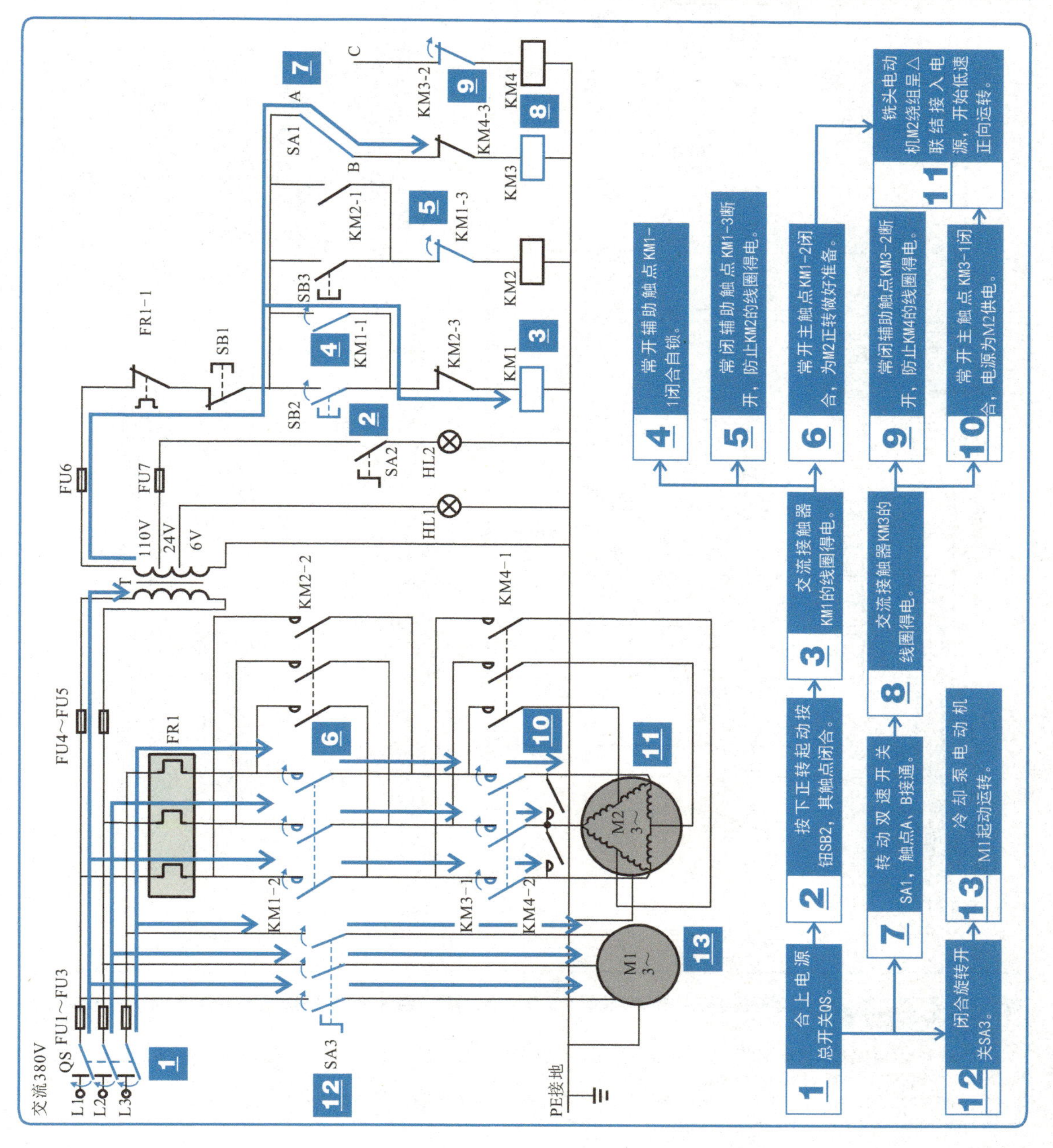

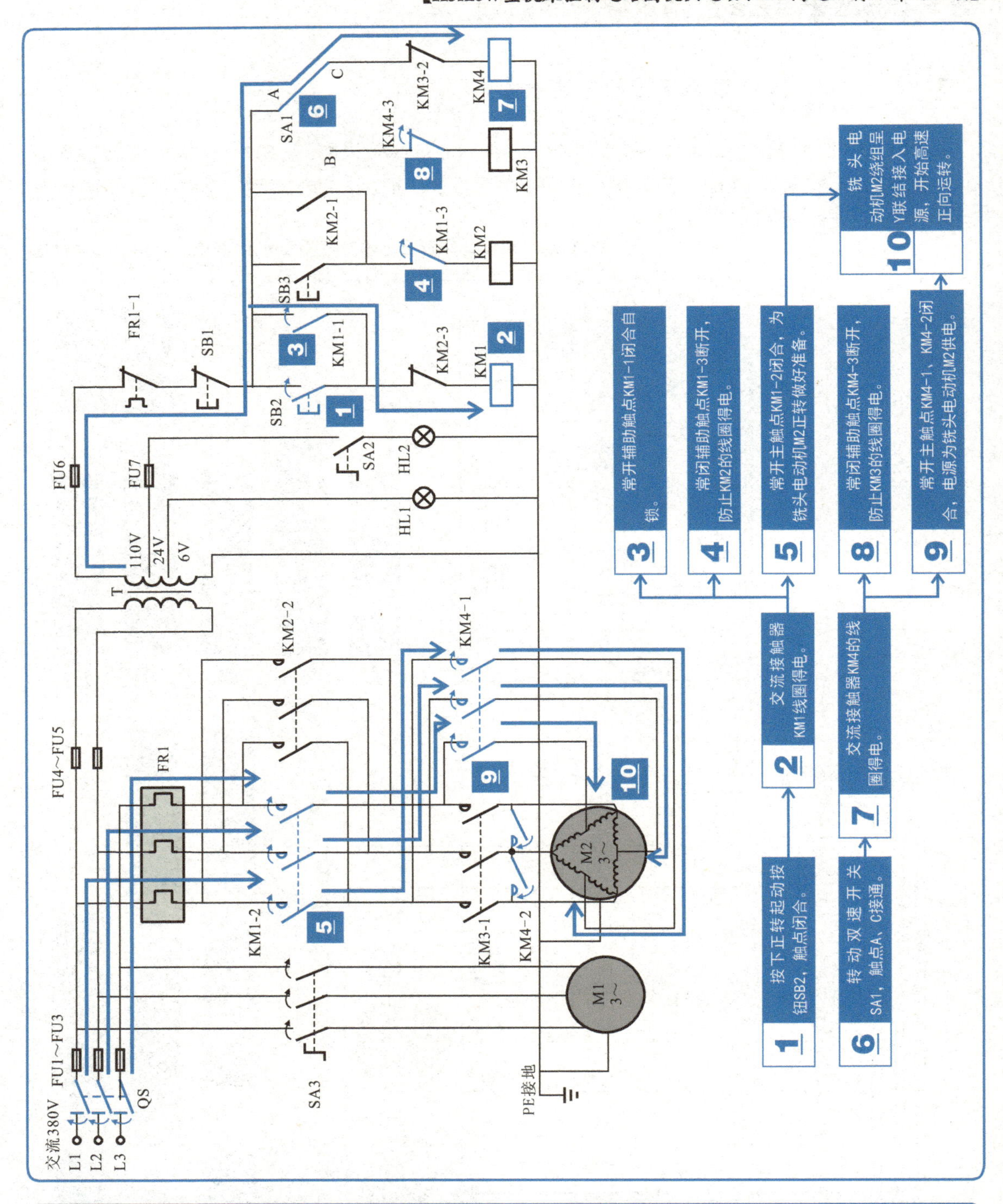

特别提醒

铣头电动机M2的低速反转运转和高速反转运转过程与低速正转和高速正转过程相似，当铣头电动机需要反转加工工件时，按下反转起动按钮SB3，控制接触器KM2线圈得电。

当铣削加工完成后，按下停止按钮SB1，无论电动机处于任何方向或速度运转，接触器线圈均失电，铣头电动机M2停止运转。

2. X52K型立式升降台铣床控制电路识读

X52K型立式升降台铣床用于加工中小型零件的平面、斜度平面及成型表面。这些功能是由3个不同功能的三相交流电动机带动机械部件实现的。

【主轴电动机M1工作的识读】

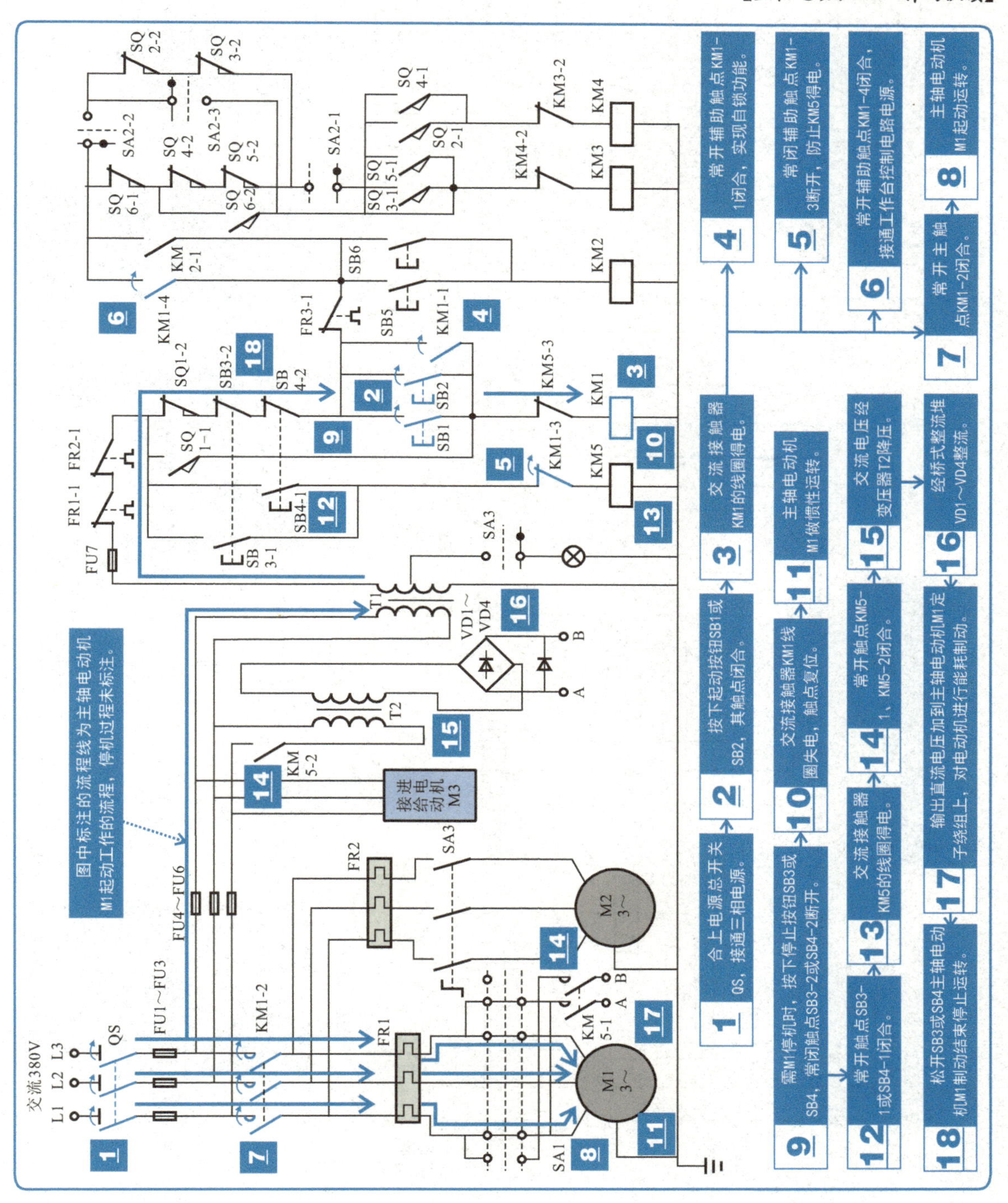

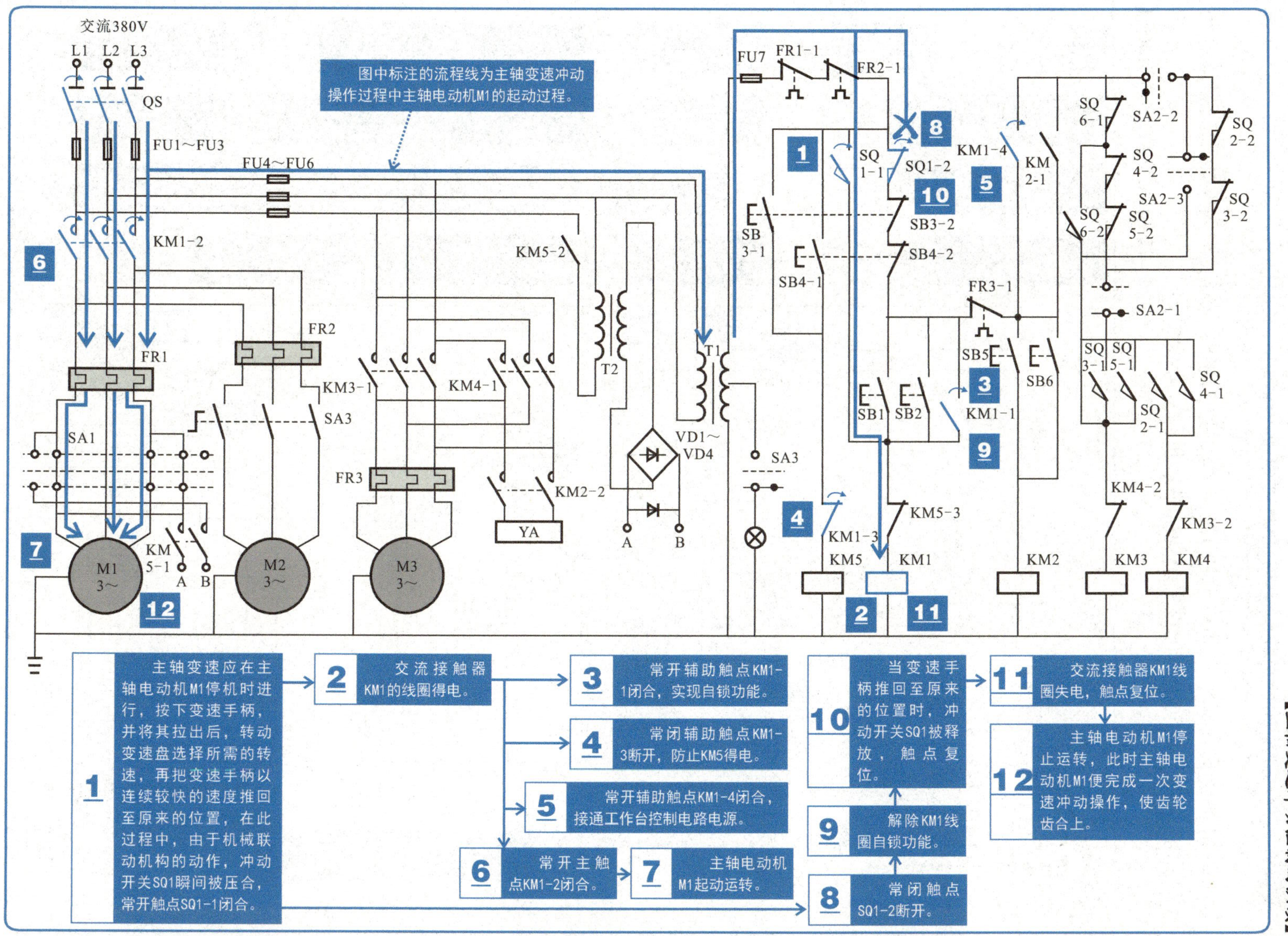
交流380V
L1 L2 L3
QS
FU1～FU3
FU4～FU6
KM1-2
FR1
FR2
FR3
KM3-1
KM4-1
SA3
SA1
KM5-2
KM2-2
YA
T1
T2
VD1～VD4
A B
M1 3～
M2 3～
M3 3～
KM 5-1
图中标注的流程线为主轴变速冲动操作过程中主轴电动机M1的起动过程。
FU7
FR1-1
FR2-1
SQ 1-1
SQ1-2
SB 3-1
SB3-2
SB4-1
SB4-2
FR3-1
SB5
SB6
SB1
SB2
KM1-1
KM1-3
KM1-4
KM 2-1
KM5-3
KM5
KM1
KM2
KM3
KM4
KM4-2
KM3-2
SQ 6-1
SQ 6-2
SQ 4-2
SQ 5-2
SQ 2-2
SQ 3-2
SA2-2
SA2-3
SA2-1
SQ 3-1
SQ 5-1
SQ 2-1
SQ 4-1
1 主轴变速应在主轴电动机M1停机时进行，按下变速手柄，并将其拉出后，转动变速盘选择所需的转速，再把变速手柄以连续较快的速度推回至原来的位置，在此过程中，由于机械联动机构的动作，冲动开关SQ1瞬间被压合，常开触点SQ1-1闭合。
2 交流接触器KM1的线圈得电。
3 常开辅助触点KM1-1闭合，实现自锁功能。
4 常闭辅助触点KM1-3断开，防止KM5得电。
5 常开辅助触点KM1-4闭合，接通工作台控制电路电源。
6 常开主触点KM1-2闭合。
7 主轴电动机M1起动运转。
8 常闭触点SQ1-2断开。
9 解除KM1线圈自锁功能。
10 当变速手柄推回至原来的位置时，冲动开关SQ1被释放，触点复位。
11 交流接触器KM1线圈失电，触点复位。
12 主轴电动机M1停止运转，此时主轴电动机M1便完成一次变速冲动操作，使齿轮齿合上。

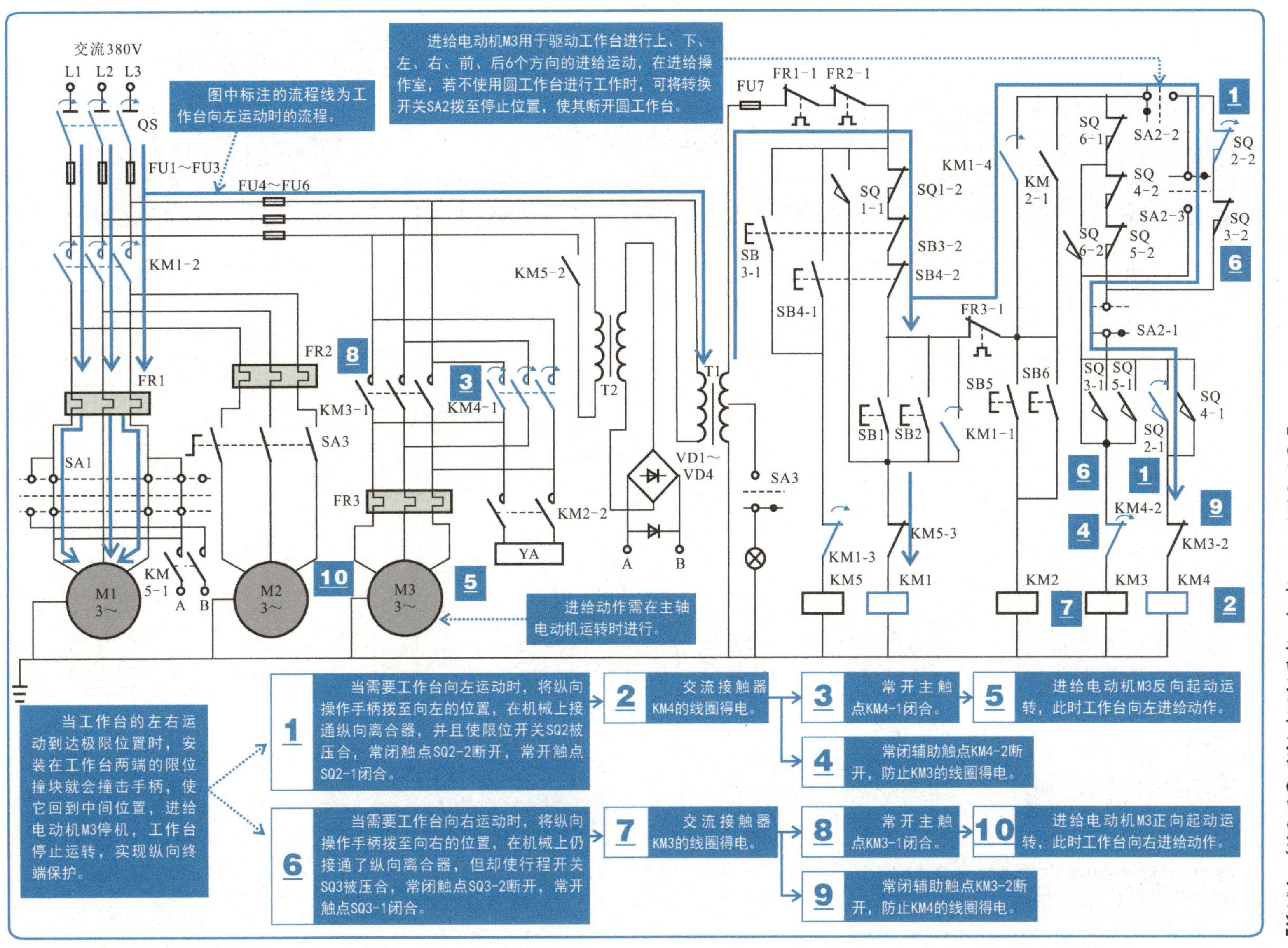
交流380V
L1 L2 L3
QS
FU1～FU3
FU4～FU6
KM1-2
FR1
SA1
M1 3～
KM 5-1
A B
FR2
KM3-1
SA3
M2 3～
KM4-1
FR3
M3 3～
KM5-2
T2
KM2-2
YA
T1
VD1～VD4
A B
FU7
FR1-1 FR2-1
SQ 1-1
SQ1-2
SB3-2
SB4-2
SB 3-1
SB4-1
KM1-4
KM 2-1
FR3-1
SB5
SB6
SB1 SB2
KM1-1
KM1-3
KM5-3
KM5 KM1
KM2 KM3 KM4
SQ 6-1
SA2-2
SQ 4-2
SA2-3
SQ 6-2
SQ 5-2
SQ 2-2
SQ 3-2
SA2-1
SQ 3-1
SQ 5-1
SQ 2-1
SQ 4-1
KM4-2
KM3-2
SA3
图中标注的流程线为工作台向左运动时的流程。
进给电动机M3用于驱动工作台进行上、下、左、右、前、后6个方向的进给运动，在进给操作室，若不使用圆工作台进行工作时，可将转换开关SA2拨至停止位置，使其断开圆工作台。
进给动作需在主轴电动机运转时进行。
1 当需要工作台向左运动时，将纵向操作手柄拨至向左的位置，在机械上接通纵向离合器，并且使限位开关SQ2被压合，常闭触点SQ2-2断开，常开触点SQ2-1闭合。
2 交流接触器KM4的线圈得电。
3 常开主触点KM4-1闭合。
4 常闭辅助触点KM4-2断开，防止KM3的线圈得电。
5 进给电动机M3反向起动运转，此时工作台向左进给动作。
6 当需要工作台向右运动时，将纵向操作手柄拨至向右的位置，在机械上仍接通了纵向离合器，但却使行程开关SQ3被压合，常闭触点SQ3-2断开，常开触点SQ3-1闭合。
7 交流接触器KM3的线圈得电。
8 常开主触点KM3-1闭合。
9 常闭辅助触点KM3-2断开，防止KM4的线圈得电。
10 进给电动机M3正向起动运转，此时工作台向右进给动作。
当工作台的左右运动到达极限位置时，安装在工作台两端的限位撞块就会撞击手柄，使它回到中间位置，进给电动机M3停机，工作台停止运转，实现纵向终端保护。

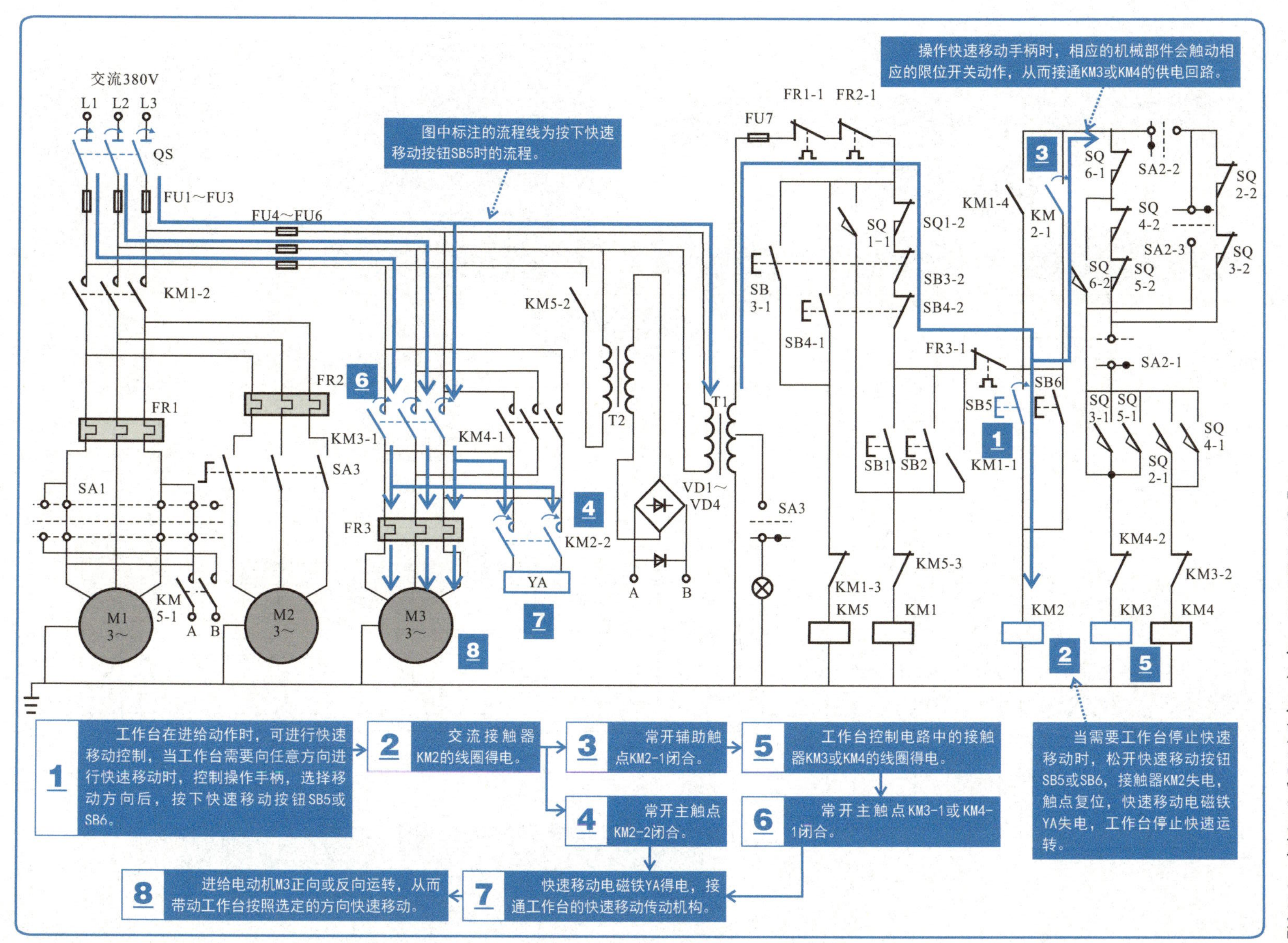
交流380V
L1 L2 L3
QS
FU1～FU3
FU4～FU6
KM1-2
FR1
FR2
FR3
KM3-1
KM4-1
SA1
SA3
KM5-1
KM5-2
KM2-2
YA
M1 3～
M2 3～
M3 3～
T1
T2
VD1～VD4
A
B
FU7
FR1-1 FR2-1
SQ1-2
SQ 1-1
SB3-2
SB4-2
SB 3-1
SB4-1
FR3-1
SB1
SB2
SB5
SB6
KM1-1
KM1-3
KM5-3
KM1-4
KM 2-1
KM4-2
KM3-2
KM5
KM1
KM2
KM3
KM4
SQ 6-1
SQ 6-2
SQ 4-2
SQ 5-2
SQ 2-2
SQ 3-2
SA2-2
SA2-3
SA2-1
SQ 3-1
SQ 5-1
SQ 4-1
SQ 2-1
图中标注的流程线为按下快速移动按钮SB5时的流程。
操作快速移动手柄时，相应的机械部件会触动相应的限位开关动作，从而接通KM3或KM4的供电回路。
1 工作台在进给动作时，可进行快速移动控制，当工作台需要向任意方向进行快速移动时，控制操作手柄，选择移动方向后，按下快速移动按钮SB5或SB6。
2 交流接触器KM2的线圈得电。
3 常开辅助触点KM2-1闭合。
4 常开主触点KM2-2闭合。
5 工作台控制电路中的接触器KM3或KM4的线圈得电。
6 常开主触点KM3-1或KM4-1闭合。
7 快速移动电磁铁YA得电，接通工作台的快速移动传动机构。
8 进给电动机M3正向或反向运转，从而带动工作台按照选定的方向快速移动。
当需要工作台停止快速移动时，松开快速移动按钮SB5或SB6，接触器KM2失电，触点复位，快速移动电磁铁YA失电，工作台停止快速运转。

6.3 磨床控制电路图的识读方法

6.3.1 磨床控制电路图的结构

磨床主要用于对加工工件进行磨削加工，而磨床控制电路则是用于控制磨床设备完成相应的工作。识读该类电路图，首先要识别电路图中主要部件的符号标识，根据标识了解电路图的结构以及功能特点。

【M7130型平面磨床控制电路图】

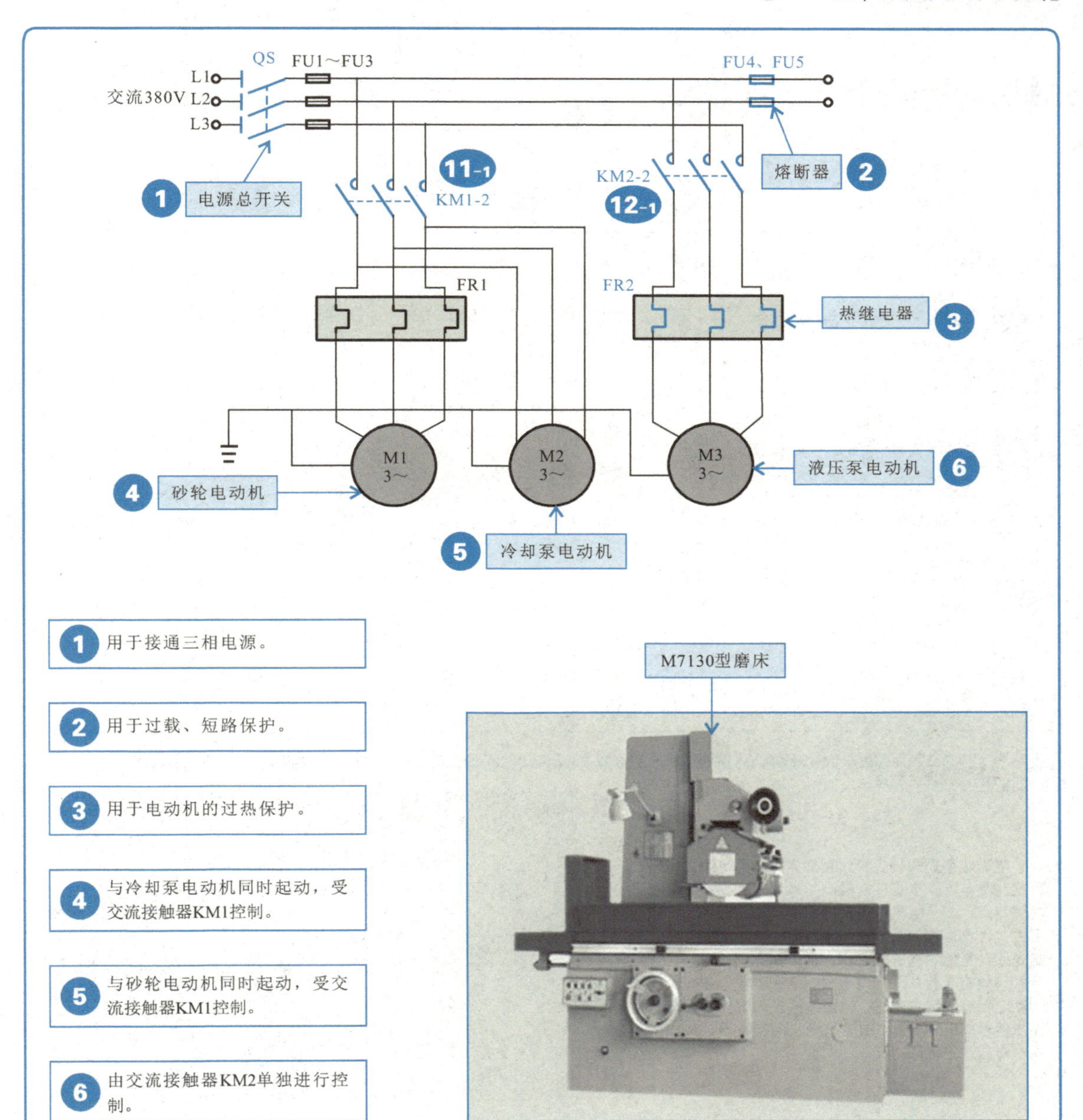

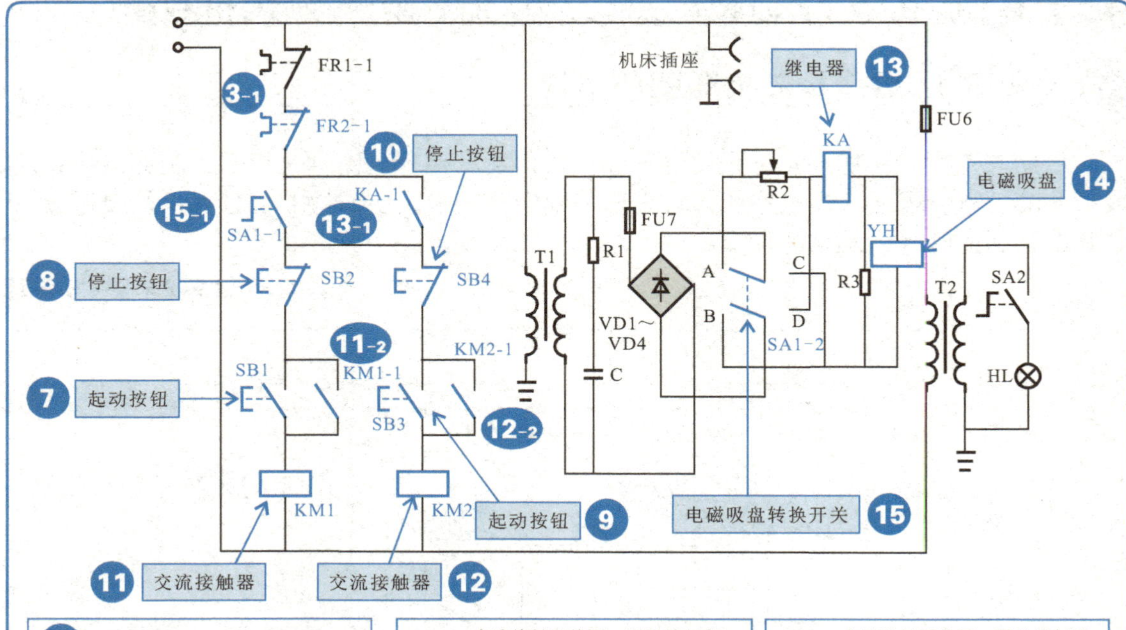

7	用于电动机M1和M2起动控制。
8	用于电动机M1和M2停机控制。
9	用于电动机M3的起动控制。
10	用于电动机M3的停机控制。
11	交流接触器线圈，用于控制常开、常闭触点动作。
11-1	常开主触点，线圈得电，该触点闭合，接通三相电源，电动机M1、M2起动运转。
11-2	常开辅助触点，线圈得电，该触点闭合，自锁交流接触器KM1，使电动机M1、M2连续运转。
12	交流接触器线圈，用于控制常开、常闭触点动作。
12-1	常开主触点，线圈得电，该触点闭合，接通三相电源，电动机M3起动运转。
12-2	常开辅助触点，线圈得电，该触点闭合，自锁交流接触器KM2，使电动机M3连续运转。
13	继电器线圈，用于控制常开触点动作。
13-1	常开触点，线圈得电，该触点闭合，为交流接触器得电做好准备。
14	用于吸牢工件。
15	对电磁吸盘的充磁和去磁进行控制。

特别提醒

电磁吸盘是一种夹具，其夹紧程度不可调整，但可同时吸牢若干个工件，具有工作效率高、加工精度高等特点。由于电磁吸盘只能用于加工铁磁性材料的工件，因此也称为电磁工作台。电动机起动工作前，需先起动电磁吸盘进行工作，将工件夹紧。

与电磁吸盘并联的电阻器R3用于吸收电磁吸盘瞬间断电释放的电磁能量，防止线圈及其他元件损坏。而电阻器R1和电容器C则用于吸收由变压器T1输出的冲击电压或干扰脉冲。

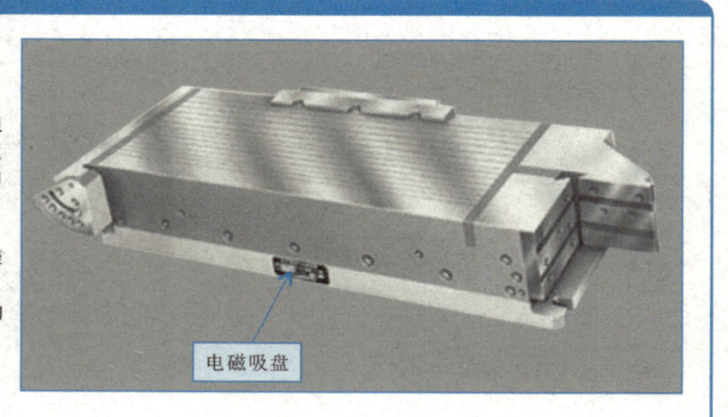

6.3.2 磨床控制电路图的识读

1. M7130型平面磨床控制电路识读

M7130型平面磨床共配置了3台电动机，通过两个接触器进行控制，其中砂轮电动机M1和冷却泵电动机M2都是由接触器KM1进行控制，因此，两台电动机需同时起动工作，而液压泵电动机M3则由接触器KM2单独进行控制。

【M7130型平面磨床控制电路电磁吸盘充、去磁的识读】

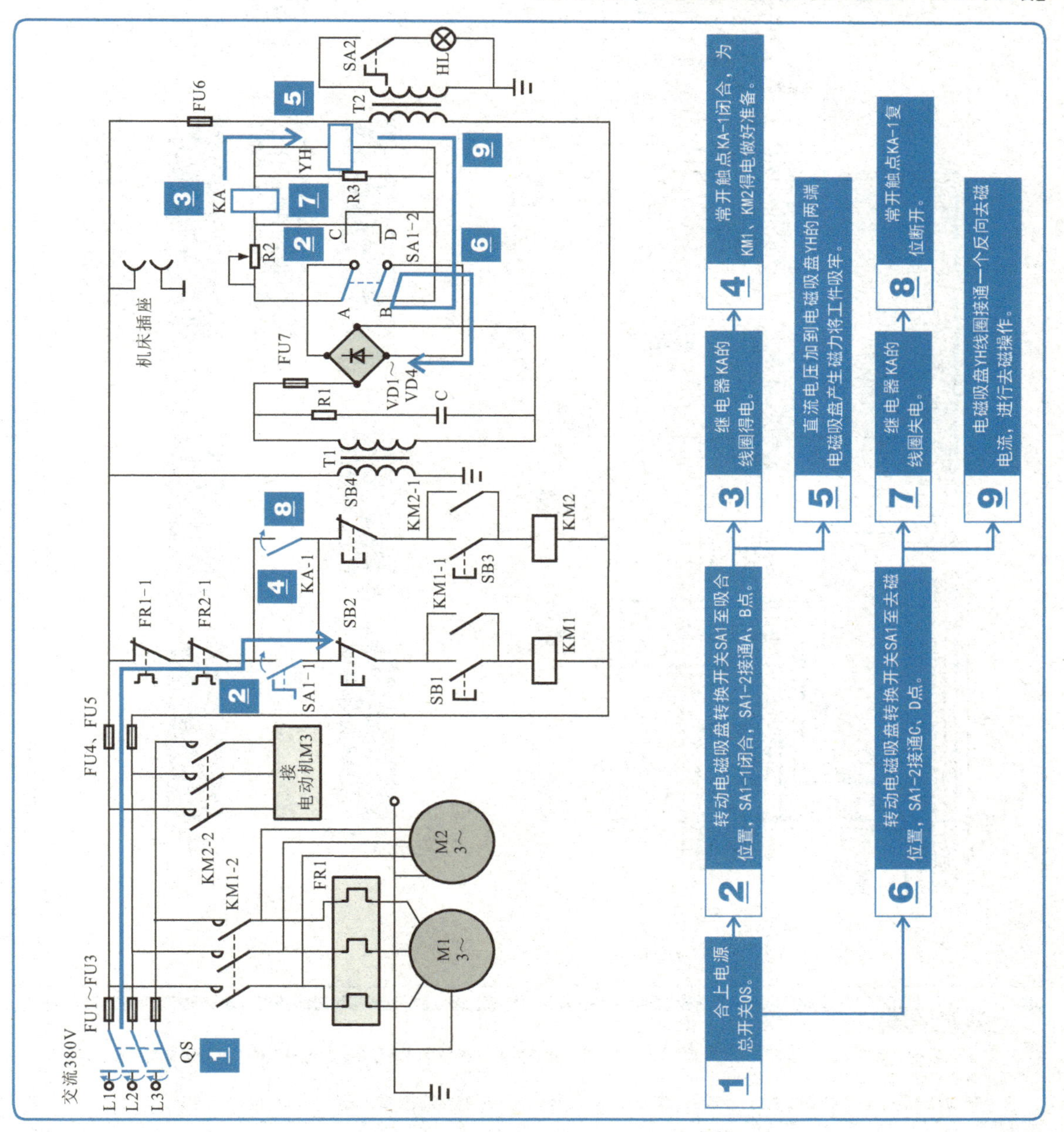

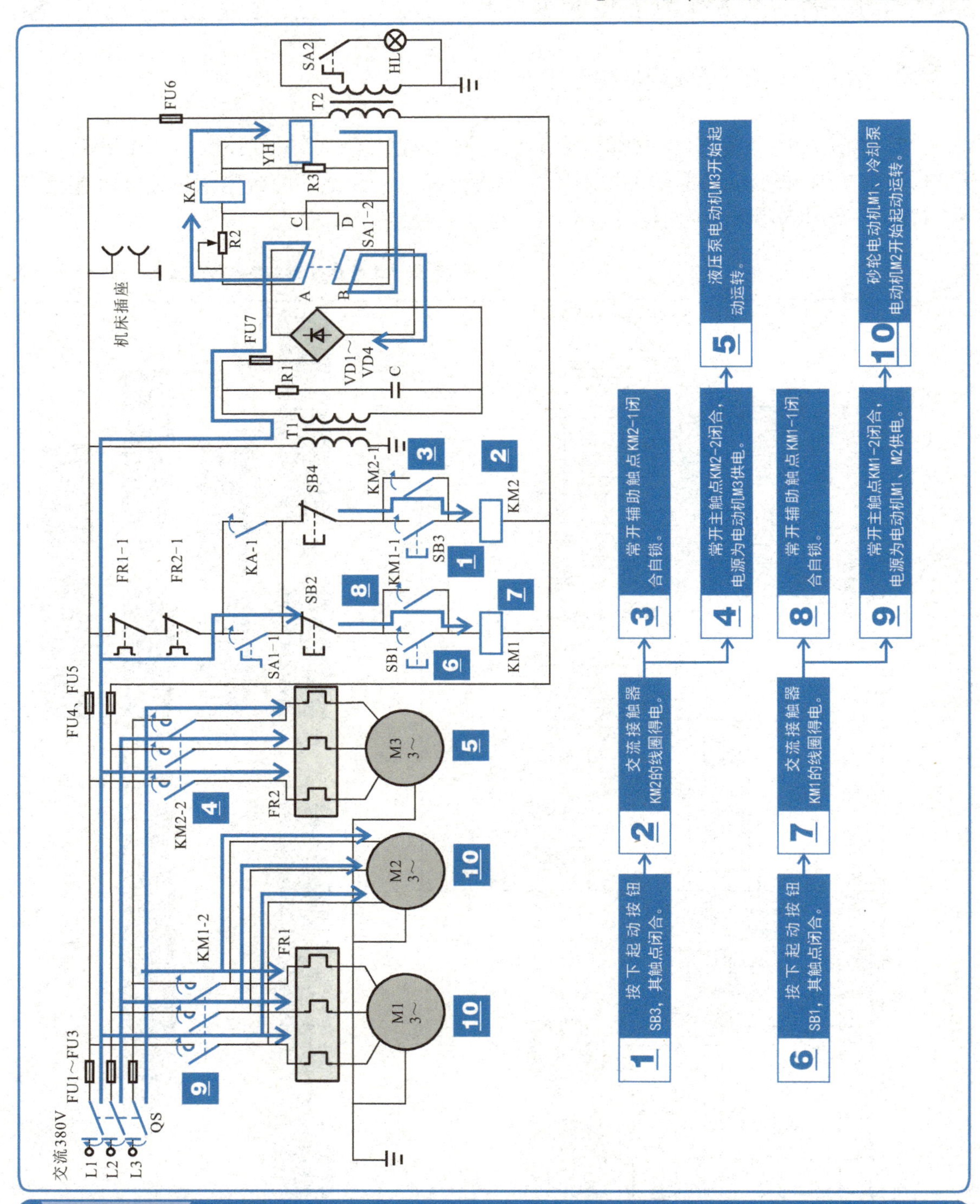

特别提醒

当需要砂轮电动机M1和冷却泵电动机M2停机时，按下停止按钮SB2，接触器KM1线圈失电，触点复位，砂轮电动机M1和冷却泵电动机M2停止运转。

当需要液压泵电动机M3停机时，按下停止按钮SB4，接触器KM2线圈失电，触点复位，液压泵电动机M3停止运转。

2. Y7131型齿轮磨床控制电路识读

Y7131型齿轮磨床中采用3个三相交流电动机，由起动按钮、停止按钮、交流接触器以及多速开关、旋转开关等进行控制，来实现不同的功能。

【电动机M1~M3工作的识读】

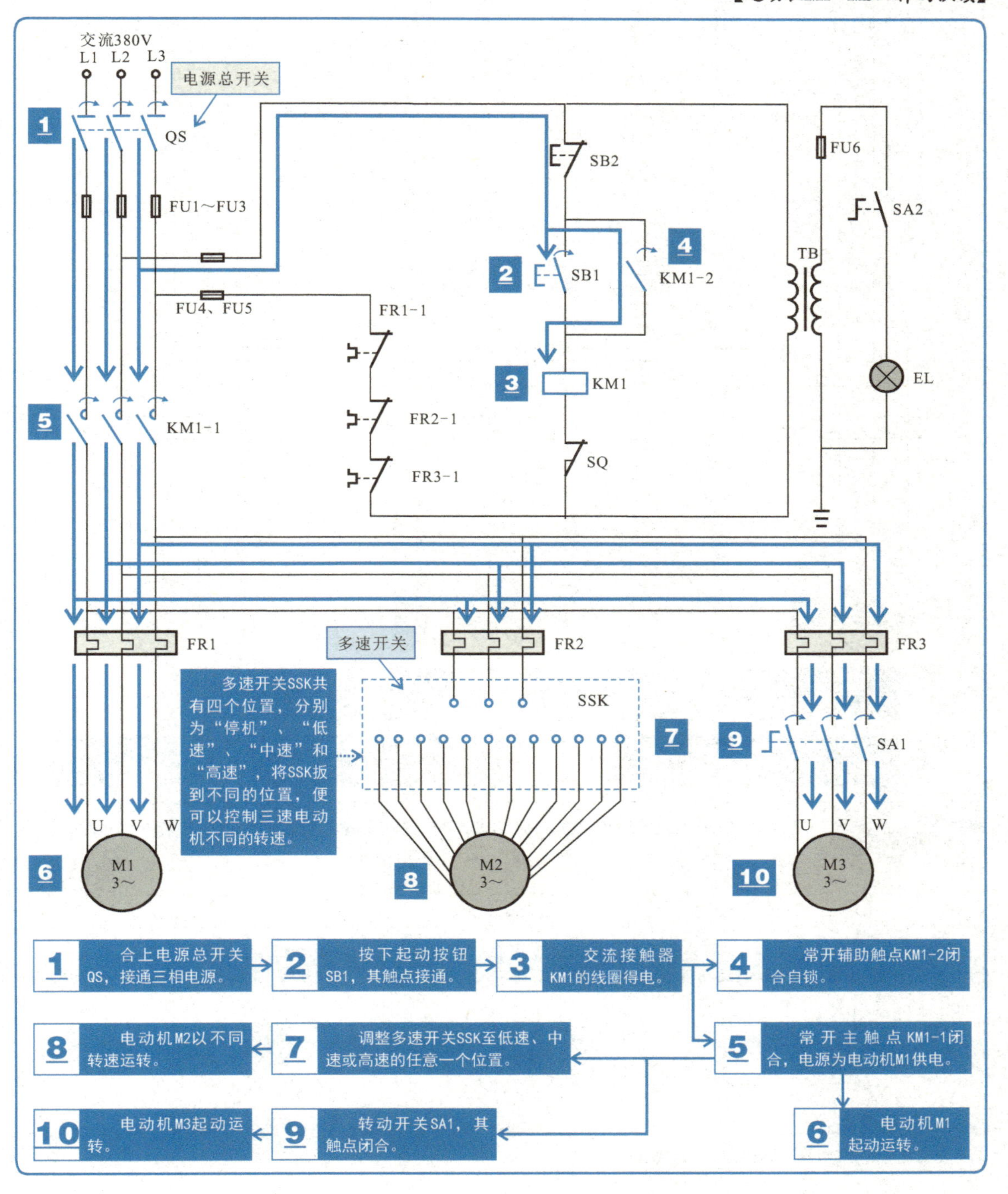

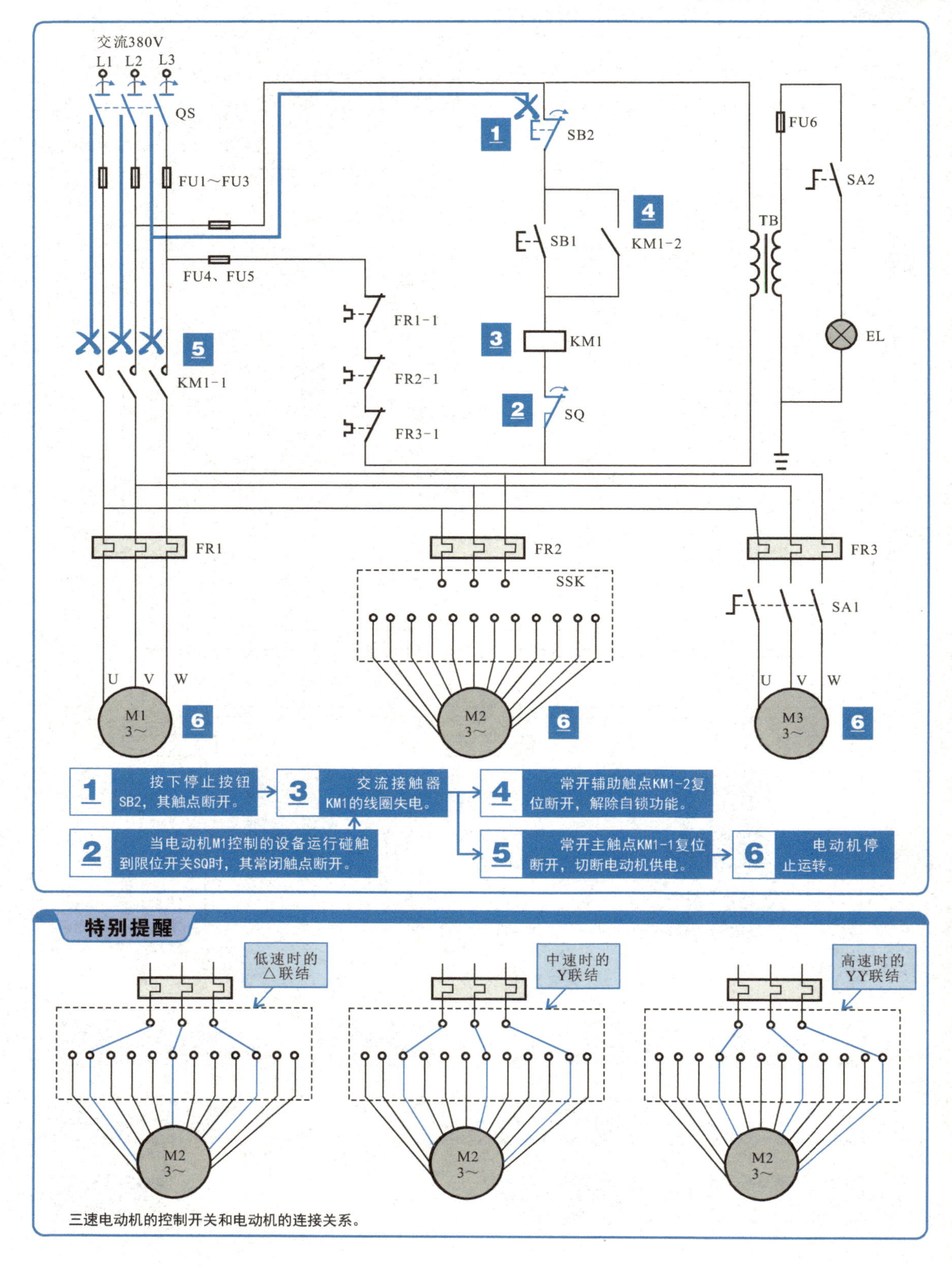

三速电动机的控制开关和电动机的连接关系。

6.4 钻床控制电路图的识读方法

6.4.1 钻床控制电路图的结构

钻床主要用于对加工工件进行钻孔、扩孔、钻沉头孔、铰孔、镗孔等，而钻床控制电路则是用于控制钻床设备完成相应的工作。识读该类电路图，首先要识别电路图中主要部件的符号标识，根据标识了解电路图的结构以及功能特点。

【Z535型钻床控制电路图】

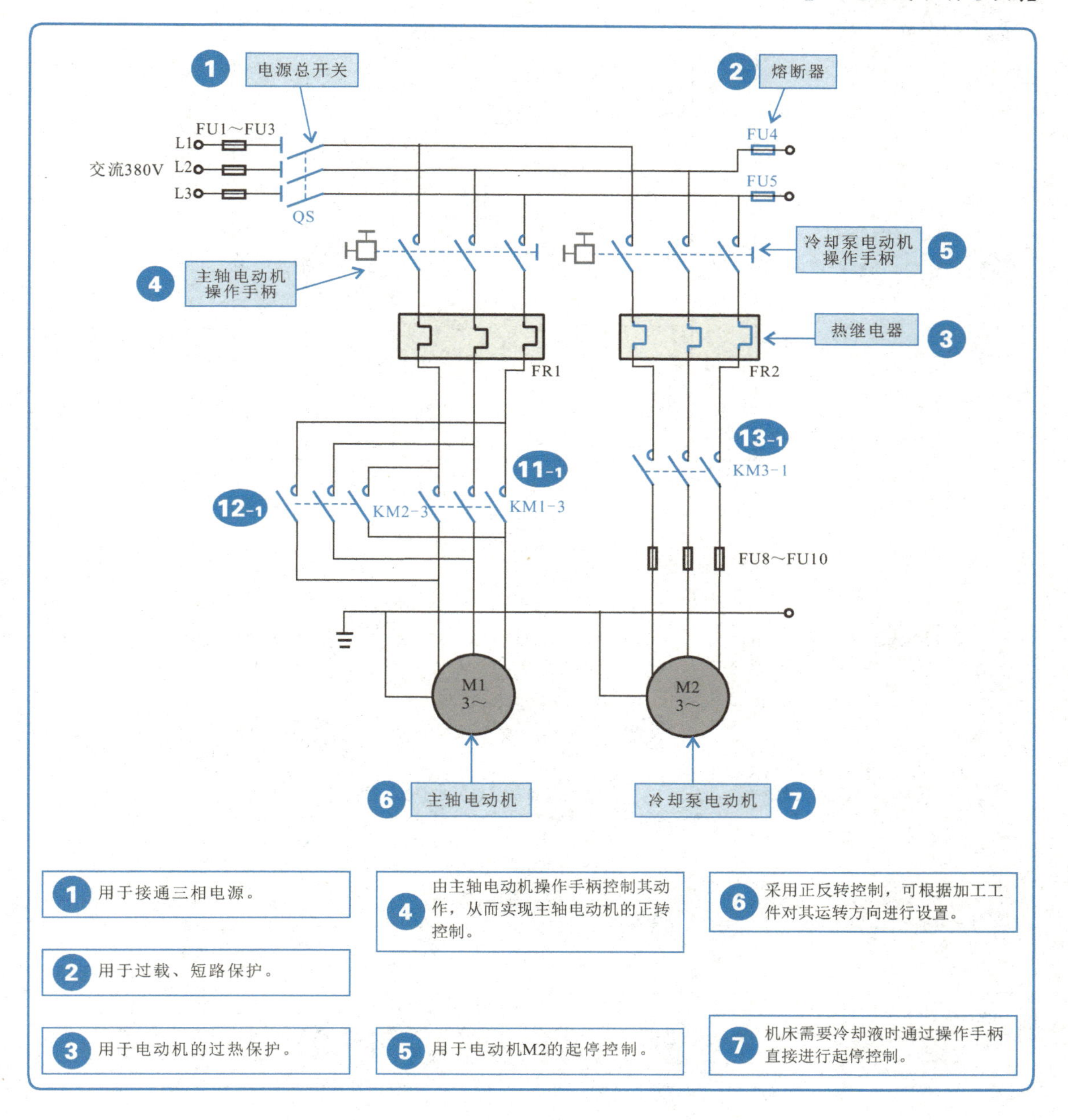

1 电源总开关
2 熔断器
FU1～FU3
L1
L2
L3
交流380V
QS
FU4
FU5
4 主轴电动机操作手柄
5 冷却泵电动机操作手柄
3 热继电器
FR1
FR2
13-1
KM3-1
11-1
12-1
KM2-3
KM1-3
FU8～FU10
M1 3～
M2 3～
6 主轴电动机
7 冷却泵电动机
1 用于接通三相电源。
2 用于过载、短路保护。
3 用于电动机的过热保护。
4 由主轴电动机操作手柄控制其动作，从而实现主轴电动机的正转控制。
5 用于电动机M2的起停控制。
6 采用正反转控制，可根据加工工件对其运转方向进行设置。
7 机床需要冷却液时通过操作手柄直接进行起停控制。

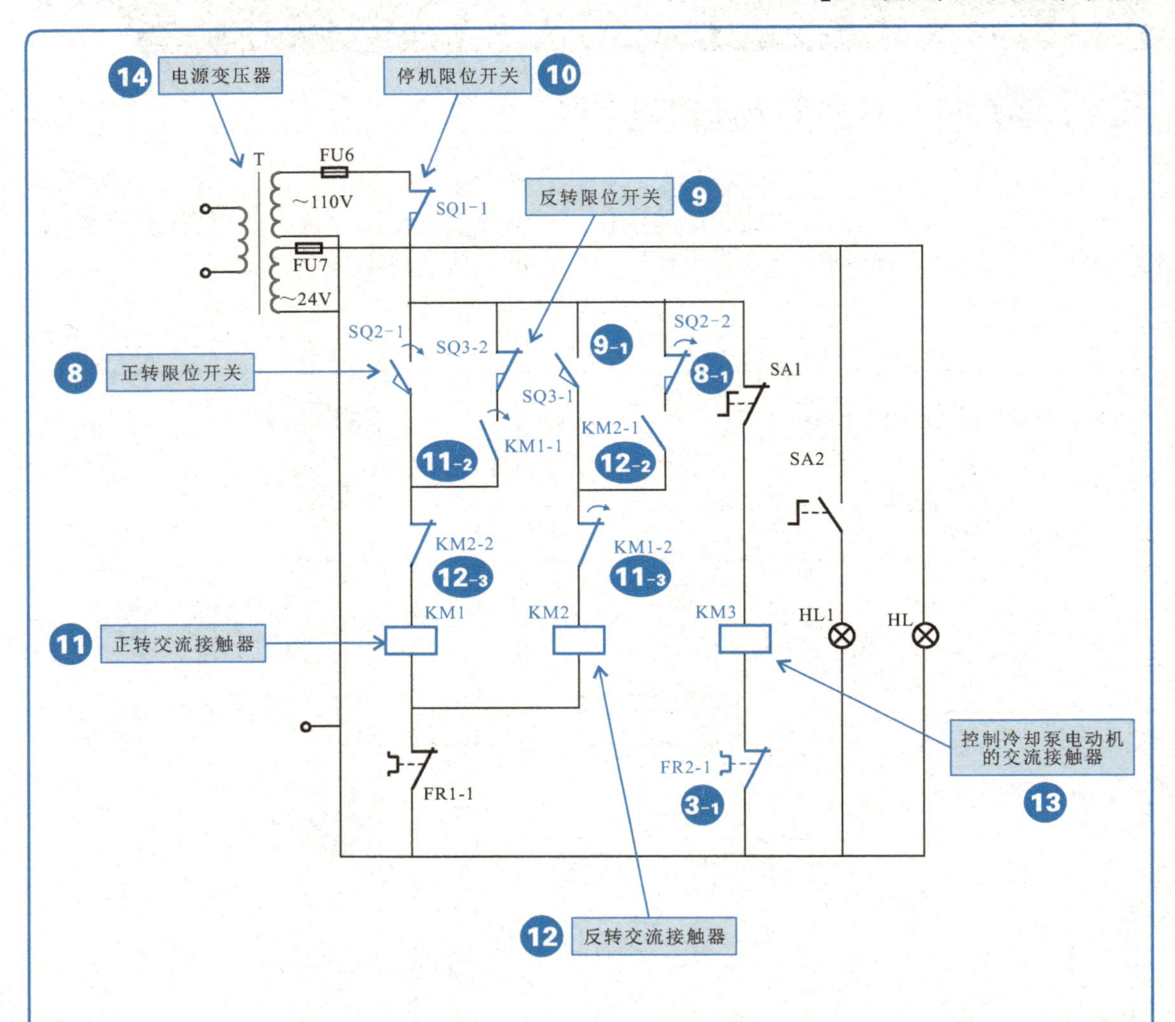

8	通过控制限位开关的通断，来对交流接触器进行控制，从而实现对电动机M1的正反转控制。	11	正转交流接触器线圈，用于控制常开、常闭触点动作。	12	反转交流接触器线圈，用于控制常开、常闭触点动作。
		11-1	正转交流接触器常开主触点，线圈得电，该触点闭合，为电动机M1供电。	12-1	反转交流接触器常开主触点，线圈得电，该触点闭合，为电动机M1供电。
9	由反转限位开关控制相应交流接触器的动作，从而实现主轴电动机的反转控制。	11-2	正转交流接触器常开辅助触点，线圈得电，该触点闭合，锁定正转限位开关，使电动机M1正向连续运转。	12-2	反转交流接触器常开辅助触点，线圈得电，该触点闭合，锁定反转限位开关，使电动机M1反向连续运转。
10	由停机限位开关控制相应交流接触器的动作，从而实现主轴电动机的停机控制。	11-3	正转交流接触器常闭辅助触点，线圈得电，该触点断开，防止KM2得电。	12-3	反转交流接触器常闭辅助触点，线圈得电，该触点断开，防止KM1得电。
13	控制冷却泵电动机的交流接触器线圈，用于控制常开、常闭触点动作。	13-1	控制冷却泵电动机的交流接触器常开主触点，线圈得电，该触点闭合，电动机M2低速起动运转。	14	用于提供输出控制电路部分所需的交流电压。

6.4.2 钻床控制电路图的识读

1. Z535型钻床控制电路识读

Z535型钻床共配置了2台电动机，其中主轴电动机M1具有正反转运行功能，而冷却泵电动机M2只有在机床需要冷却液时，才起动工作。

【Z535型钻床主轴电动机M1正转和冷却泵电动机M2起动运转的识读】

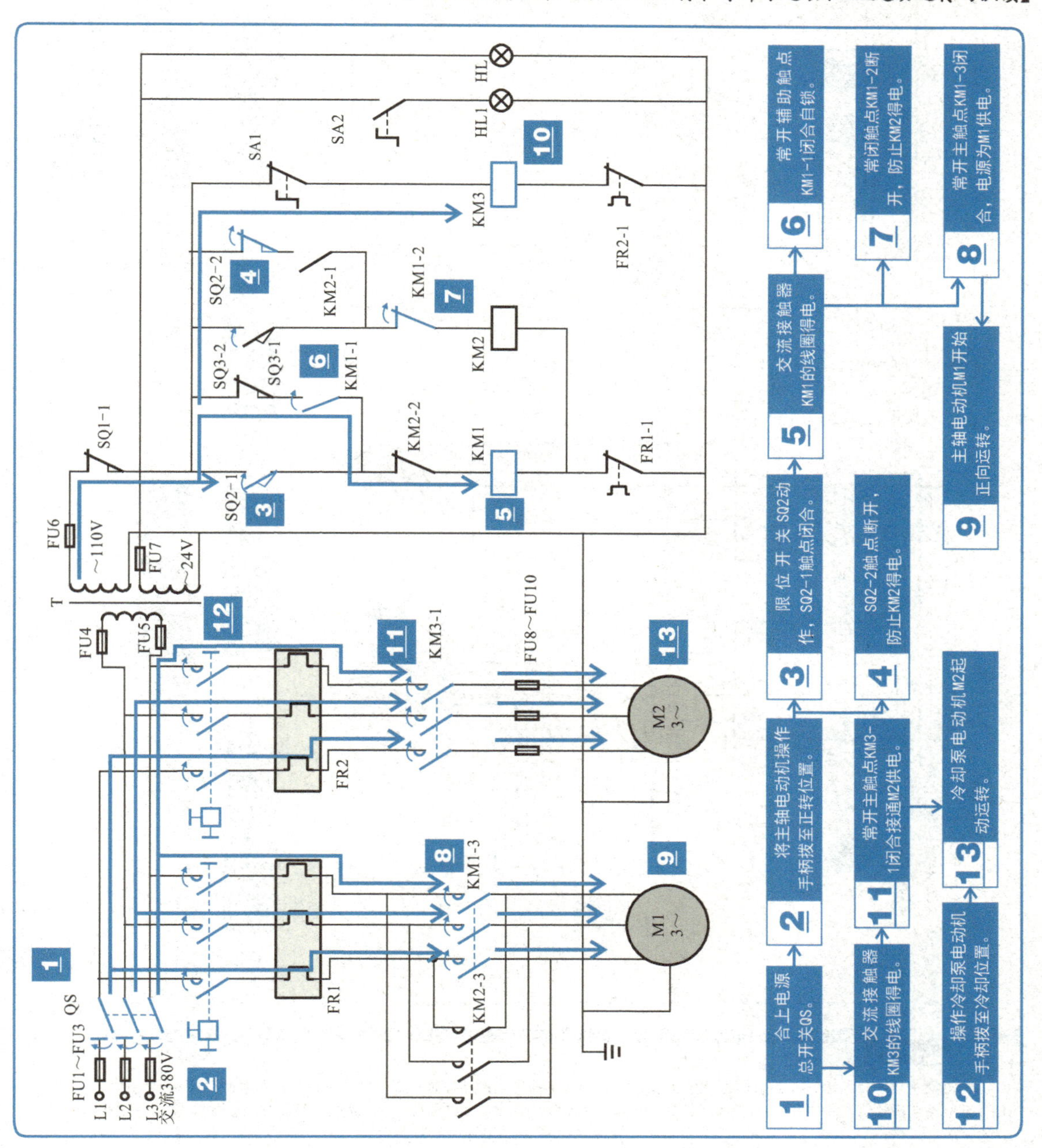

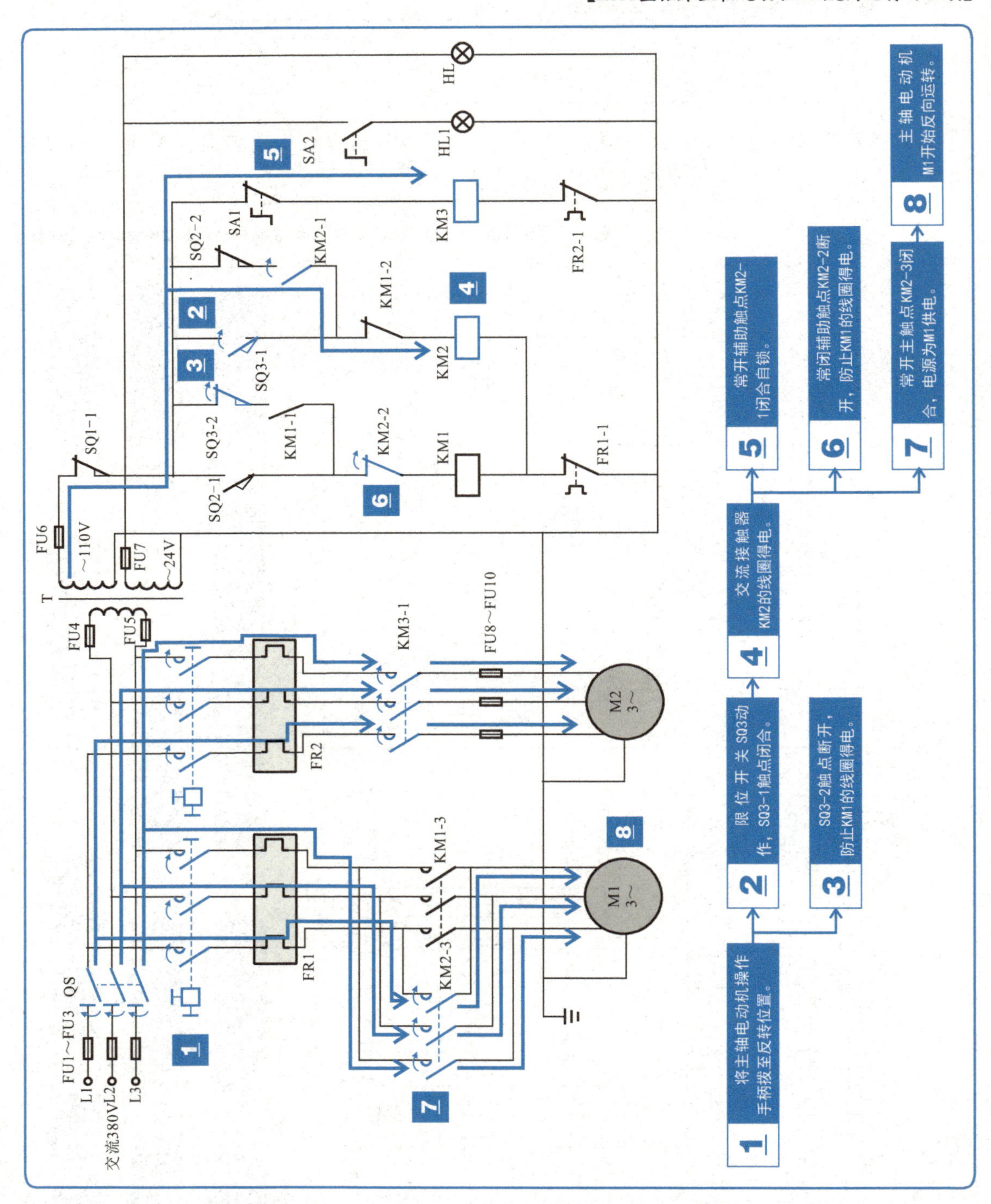

特别提醒

当需要主轴电动机M1停止运转时，将主轴电动机M1操作手柄拨至停止位置。无论M1处于何种运行状态，限位开关SQ2、SQ3被释放，其触点全部复位。限位开关SQ1动作，其触点断开，交流接触器KM1、KM2线圈失电，触点全部复位，主轴电动机M1停止运转。

2. Z35型摇臂钻床控制电路识读

Z35型摇臂钻床采用机械传动、机械夹紧、机械变速，且具有摇臂自动升降、主轴自动进刀等功能，这些功能是由4个不同功能的三相交流电动机带动实现的。

【主轴电动机M1和冷却泵电动机M2工作的识读】

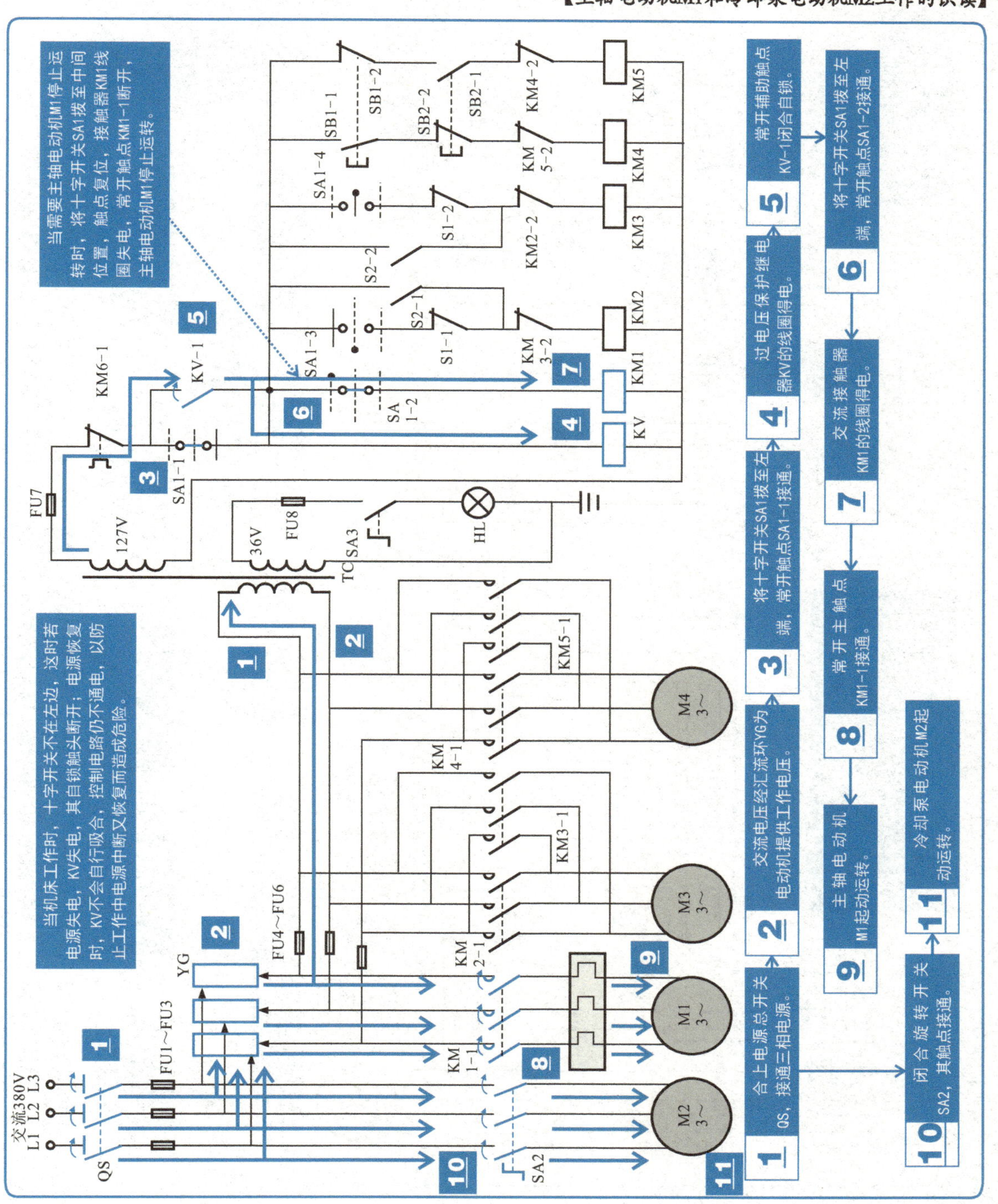

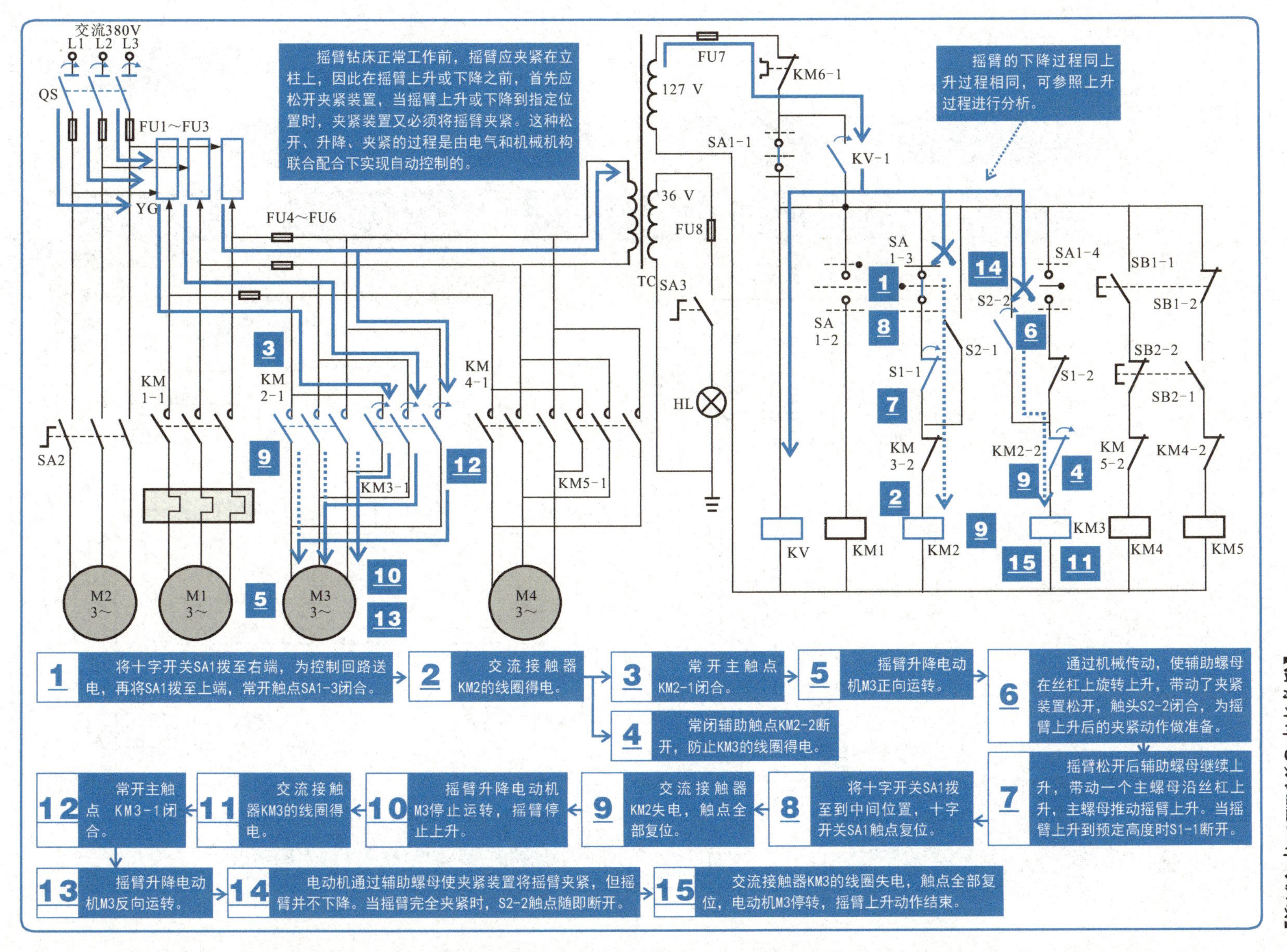
交流380V
L1 L2 L3
QS
FU1~FU3
YG
FU4~FU6
SA2
KM 1-1
KM 2-1
KM3-1
KM 4-1
KM5-1
M2 3~
M1 3~
M3 3~
M4 3~
TC
FU7
127 V
36 V
FU8
SA3
HL
KM6-1
SA1-1
KV-1
SA 1-3
SA 1-2
SA1-4
S2-2
S2-1
S1-1
S1-2
KM 3-2
KM2-2
KM 5-2
KM4-2
SB1-1
SB1-2
SB2-2
SB2-1
KV
KM1
KM2
KM3
KM4
KM5
摇臂钻床正常工作前，摇臂应夹紧在立柱上，因此在摇臂上升或下降之前，首先应松开夹紧装置，当摇臂上升或下降到指定位置时，夹紧装置又必须将摇臂夹紧。这种松开、升降、夹紧的过程是由电气和机械机构联合配合下实现自动控制的。
摇臂的下降过程同上升过程相同，可参照上升过程进行分析。
1 将十字开关SA1拨至右端，为控制回路送电，再将SA1拨至上端，常开触点SA1-3闭合。
2 交流接触器KM2的线圈得电。
3 常开主触点KM2-1闭合。
4 常闭辅助触点KM2-2断开，防止KM3的线圈得电。
5 摇臂升降电动机M3正向运转。
6 通过机械传动，使辅助螺母在丝杠上旋转上升，带动了夹紧装置松开，触头S2-2闭合，为摇臂上升后的夹紧动作做准备。
7 摇臂松开后辅助螺母继续上升，带动一个主螺母沿丝杠上升，主螺母推动摇臂上升。当摇臂上升到预定高度时S1-1断开。
8 将十字开关SA1拨至到中间位置，十字开关SA1触点复位。
9 交流接触器KM2失电，触点全部复位。
10 摇臂升降电动机M3停止运转，摇臂停止上升。
11 交流接触器KM3的线圈得电。
12 常开主触点 KM3-1闭合。
13 摇臂升降电动机M3反向运转。
14 电动机通过辅助螺母使夹紧装置将摇臂夹紧，但摇臂并不下降。当摇臂完全夹紧时，S2-2触点随即断开。
15 交流接触器KM3的线圈失电，触点全部复位，电动机M3停转，摇臂上升动作结束。

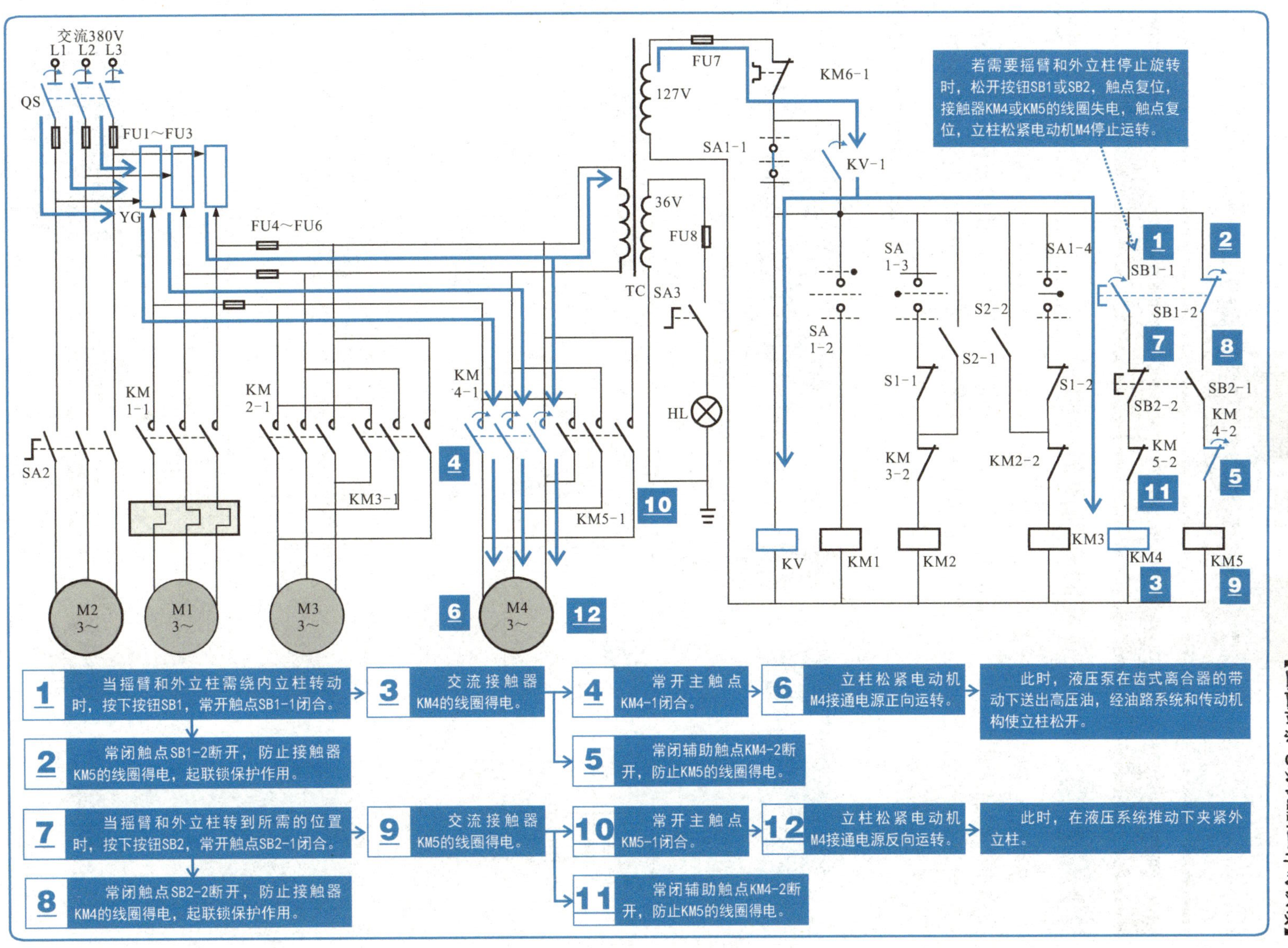
若需要摇臂和外立柱停止旋转时，松开按钮SB1或SB2，触点复位，接触器KM4或KM5的线圈失电，触点复位，立柱松紧电动机M4停止运转。
1 当摇臂和外立柱需绕内立柱转动时，按下按钮SB1，常开触点SB1-1闭合。
2 常闭触点SB1-2断开，防止接触器KM5的线圈得电，起联锁保护作用。
3 交流接触器KM4的线圈得电。
4 常开主触点KM4-1闭合。
5 常闭辅助触点KM4-2断开，防止KM5的线圈得电。
6 立柱松紧电动机M4接通电源正向运转。
此时，液压泵在齿式离合器的带动下送出高压油，经油路系统和传动机构使立柱松开。
7 当摇臂和外立柱转到所需的位置时，按下按钮SB2，常开触点SB2-1闭合。
8 常闭触点SB2-2断开，防止接触器KM4的线圈得电，起联锁保护作用。
9 交流接触器KM5的线圈得电。
10 常开主触点KM5-1闭合。
11 常闭辅助触点KM4-2断开，防止KM5的线圈得电。
12 立柱松紧电动机M4接通电源反向运转。
此时，在液压系统推动下夹紧外立柱。

第7章

农机控制电路的识读

7.1 畜牧设备控制电路图的识读方法

7.1.1 畜牧设备控制电路图的结构

畜牧设备控制电路是指用于农业牲畜养殖、孵化的一类控制电路，该类控制电路主要由不同的电子元器件及传感器组成，根据选用的元器件不同，可构成多种不同功能的控制电路。识读该类电路图，首先要了解电路图中的符号标识，根据标识了解电路的结构以及功能特点。

【禽蛋孵化恒温箱控制电路图的结构】

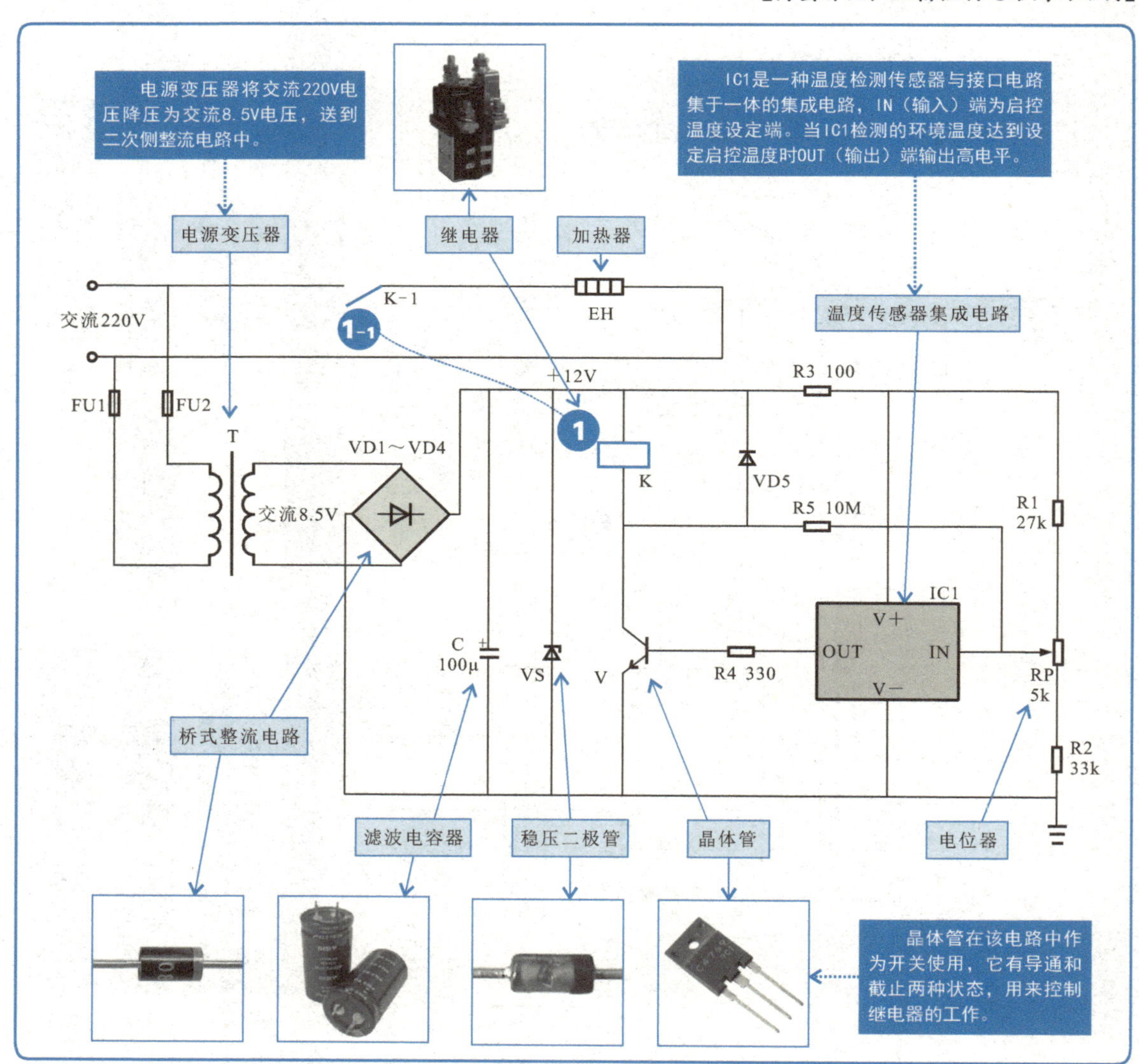

7.1.2 畜牧设备控制电路图的识读

1. 禽蛋孵化恒温箱控制电路的识读

对禽蛋孵化恒温箱控制电路进行识读时，应从电路图中各主要元器件的功能特点和连接关系入手，对整个控制电路的工作流程进行细致地解析，搞清控制电路的工作过程和控制细节，完成禽蛋孵化恒温箱控制电路的识读。

【禽蛋孵化恒温箱控制电路图中加热过程的识读】

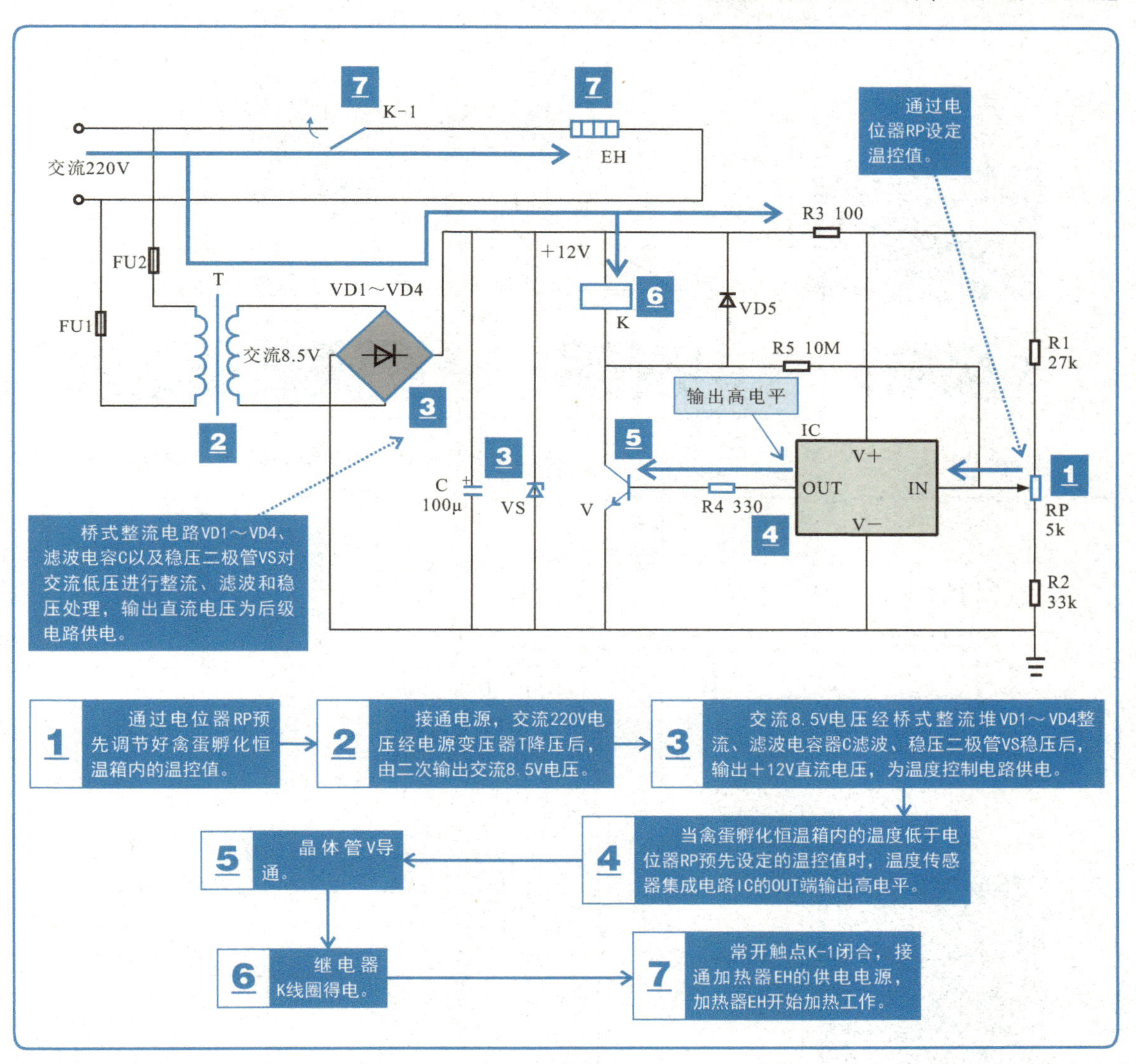

特别提醒

禽蛋孵化恒温箱控制电路是指控制恒温箱内温度保持恒定值的电路。当恒温箱内的温度降低时，电路自动起动加热器进行加热工作；当恒温箱内的温度达到预定温度时，自动停止加热器工作，从而保证恒温箱内温度的恒定。

【禽蛋孵化恒温箱控制电路图中停止加热过程的识读】

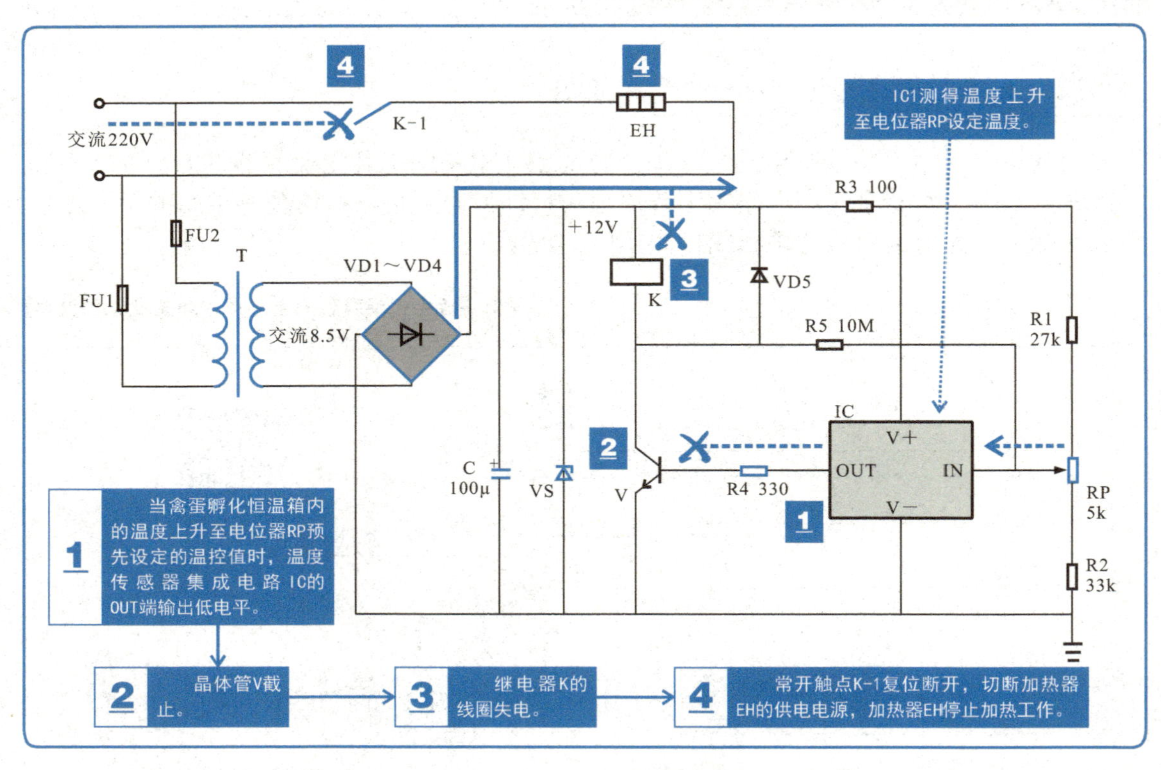

【禽蛋孵化恒温箱控制电路图中再加热过程的识读】

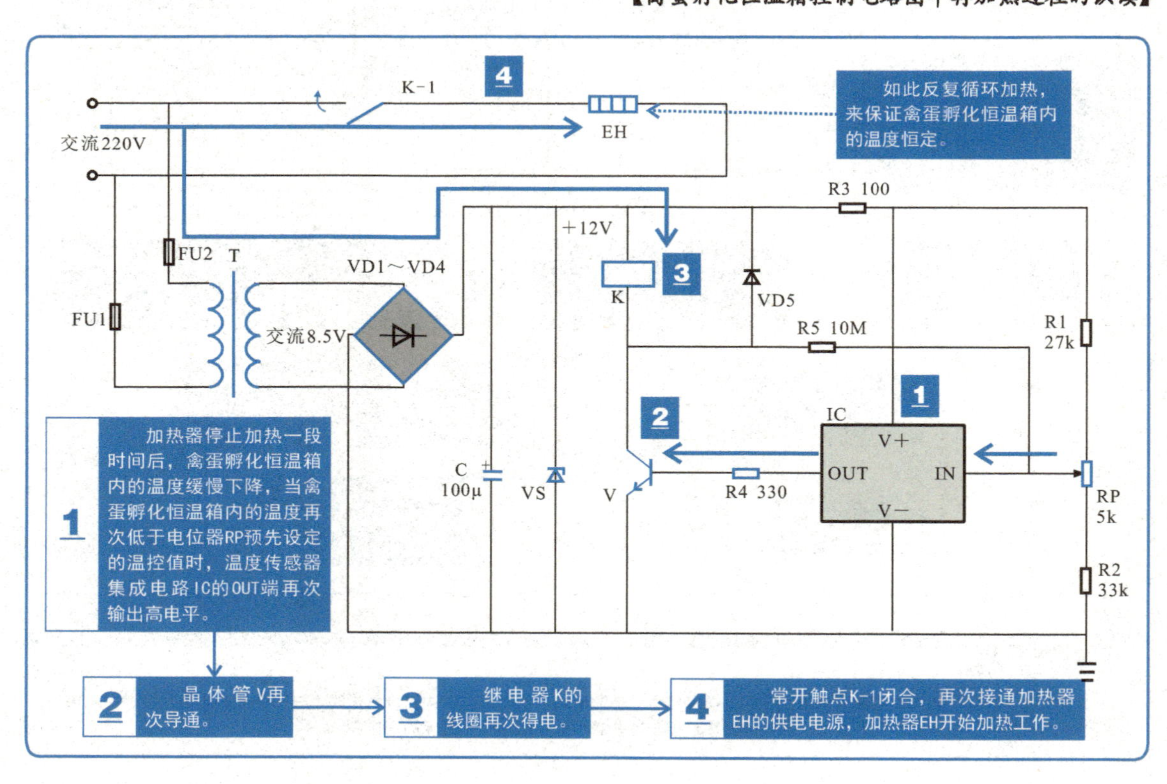

2. 禽类养殖孵化室湿度控制电路的识读

禽类养殖孵化室湿度控制电路是指控制孵化室内的湿度维持在一定范围内的电路。当孵化室内的湿度低于设定湿度时，自动起动加湿器进行加湿工作，当孵化室内的湿度达到设定湿度时，自动停止加湿器工作，从而保证孵化室内湿度保持在一定范围内。识读过程可参看下面的图解演示。

【禽类养殖孵化室湿度控制电路图中加湿过程的识读】

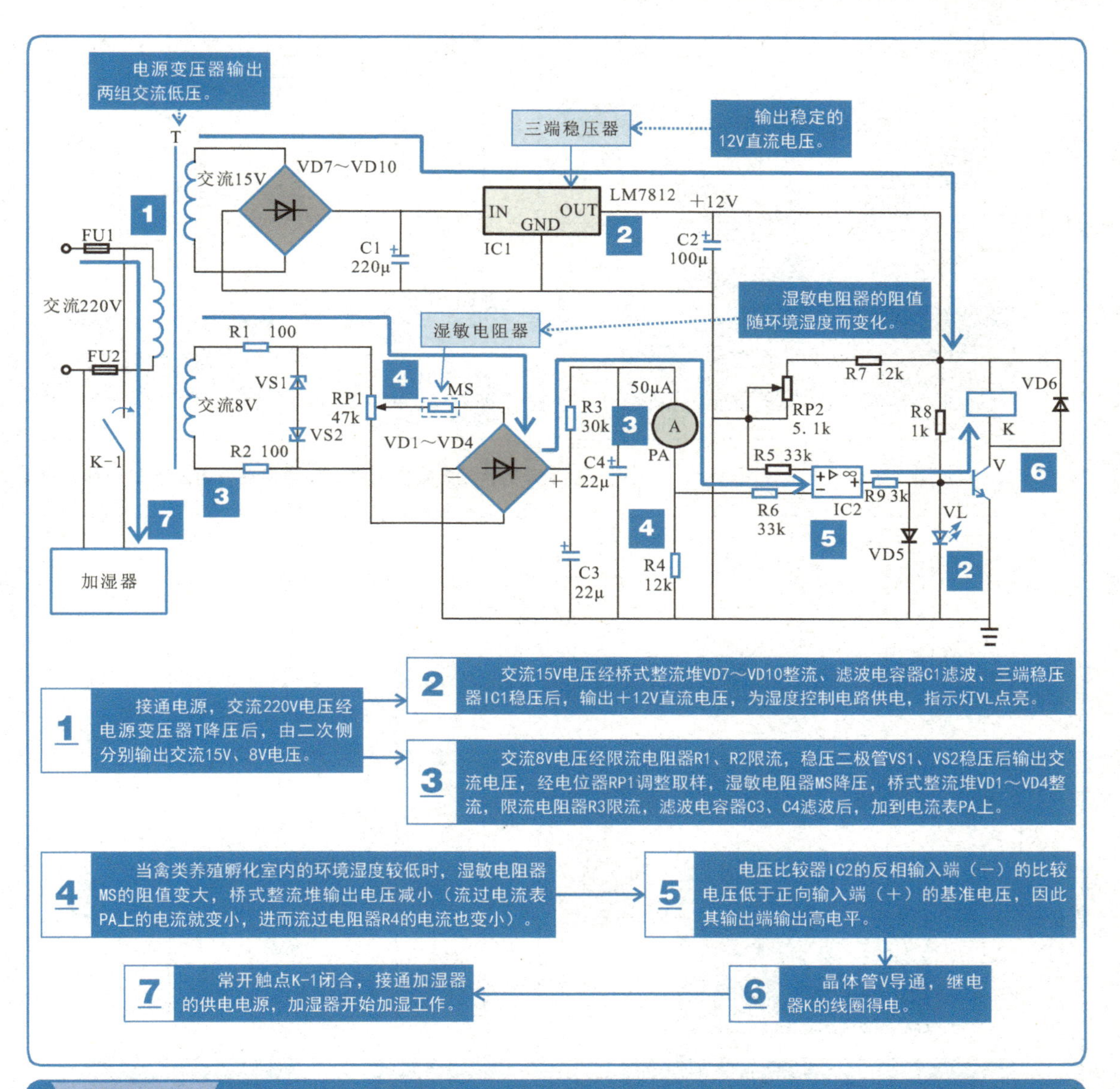

特别提醒

对禽类养殖孵化室湿度控制电路进行识读时，应从电路图中各主要元器件的功能特点和连接关系入手，对整个控制电路的工作流程进行细致地解析，搞清控制电路的工作过程和控制细节，完成禽类养殖孵化室湿度控制电路的识读过程。

【禽类养殖孵化室湿度控制电路图中停止加湿过程的识读】

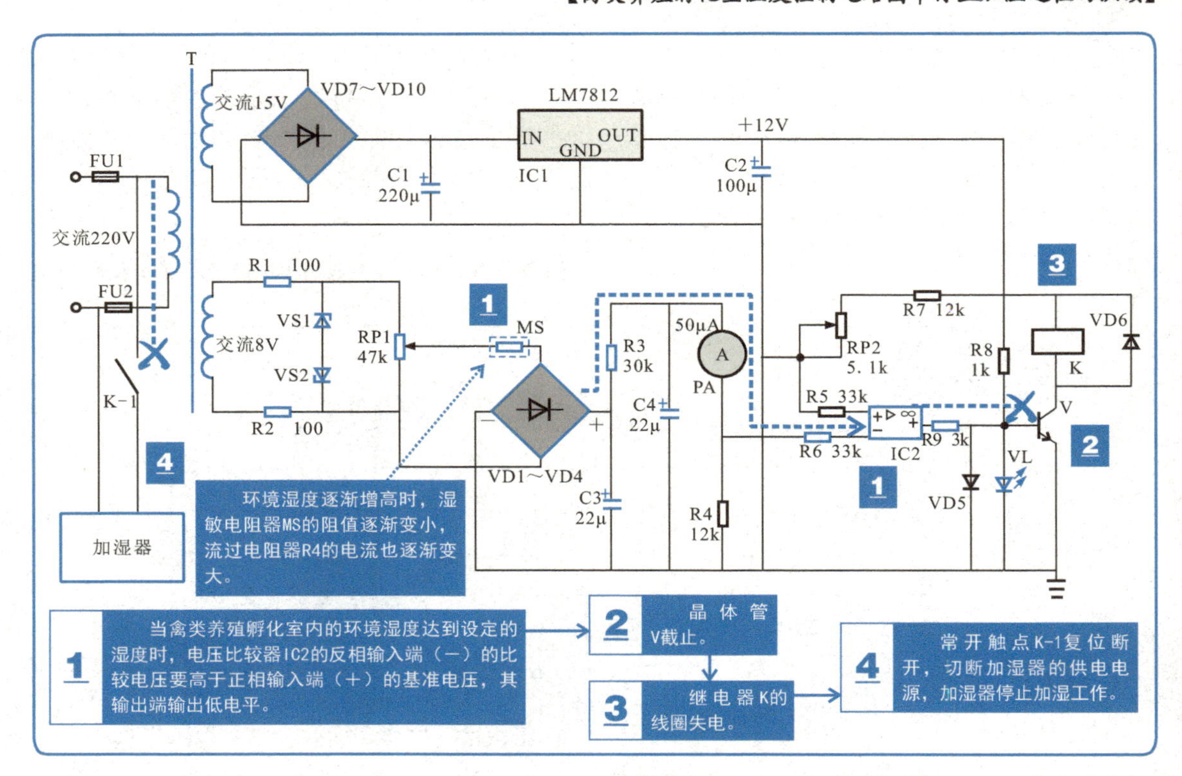

【禽类养殖孵化室湿度控制电路图中再加湿过程的识读】

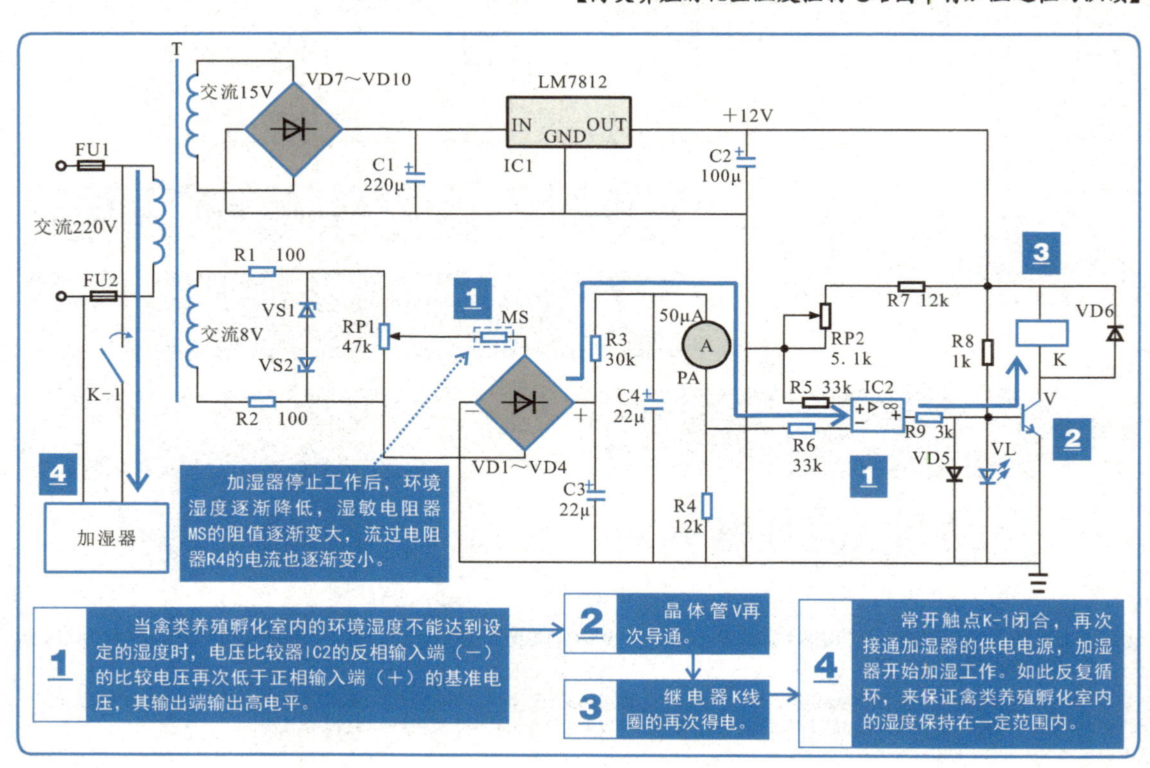

7.2 排灌设备控制电路图的识读方法

7.2.1 排灌设备控制电路图的结构

排灌设备控制电路是指用于农业排水、灌溉设备等的一类控制电路，该类控制电路主要由不同的电气部件及电动机组成，根据选用的部件不同，可构成多种不同功能的控制电路。识读该类电路图，首先要了解电路图中的符号标识，根据标识了解电路的结构以及功能特点。

【排水设备控制电路图的结构】

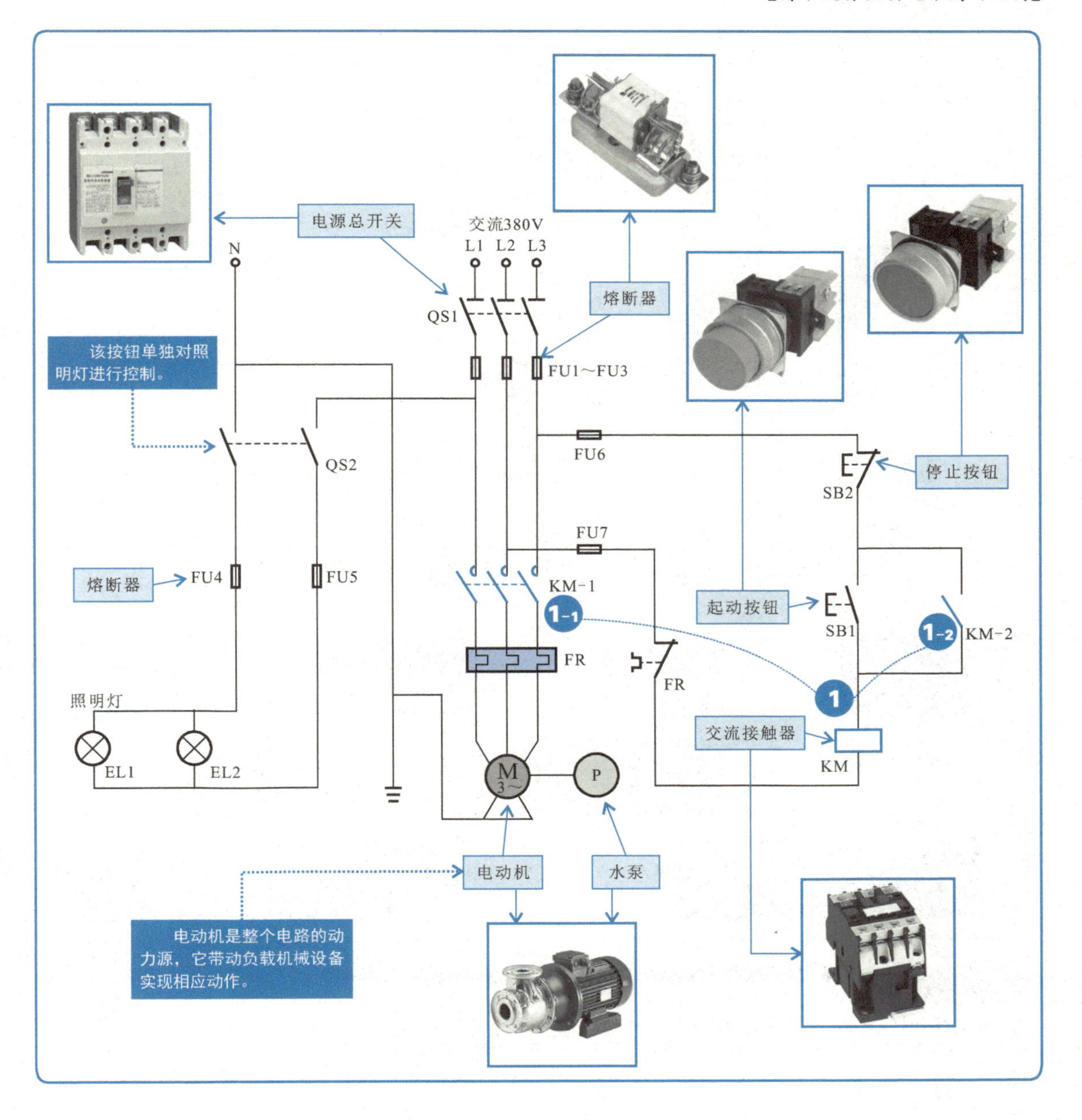

7.2.2 排灌设备控制电路图的识读

1. 排水设备控制电路的识读

对排水设备控制电路进行识读时，应从电路图中各主要元器件的功能特点和连接关系入手，对整个控制电路的工作流程进行细致地解析，搞清控制电路的工作过程和控制细节，完成排水设备控制电路的识读。

【排水设备控制电路图的识读】

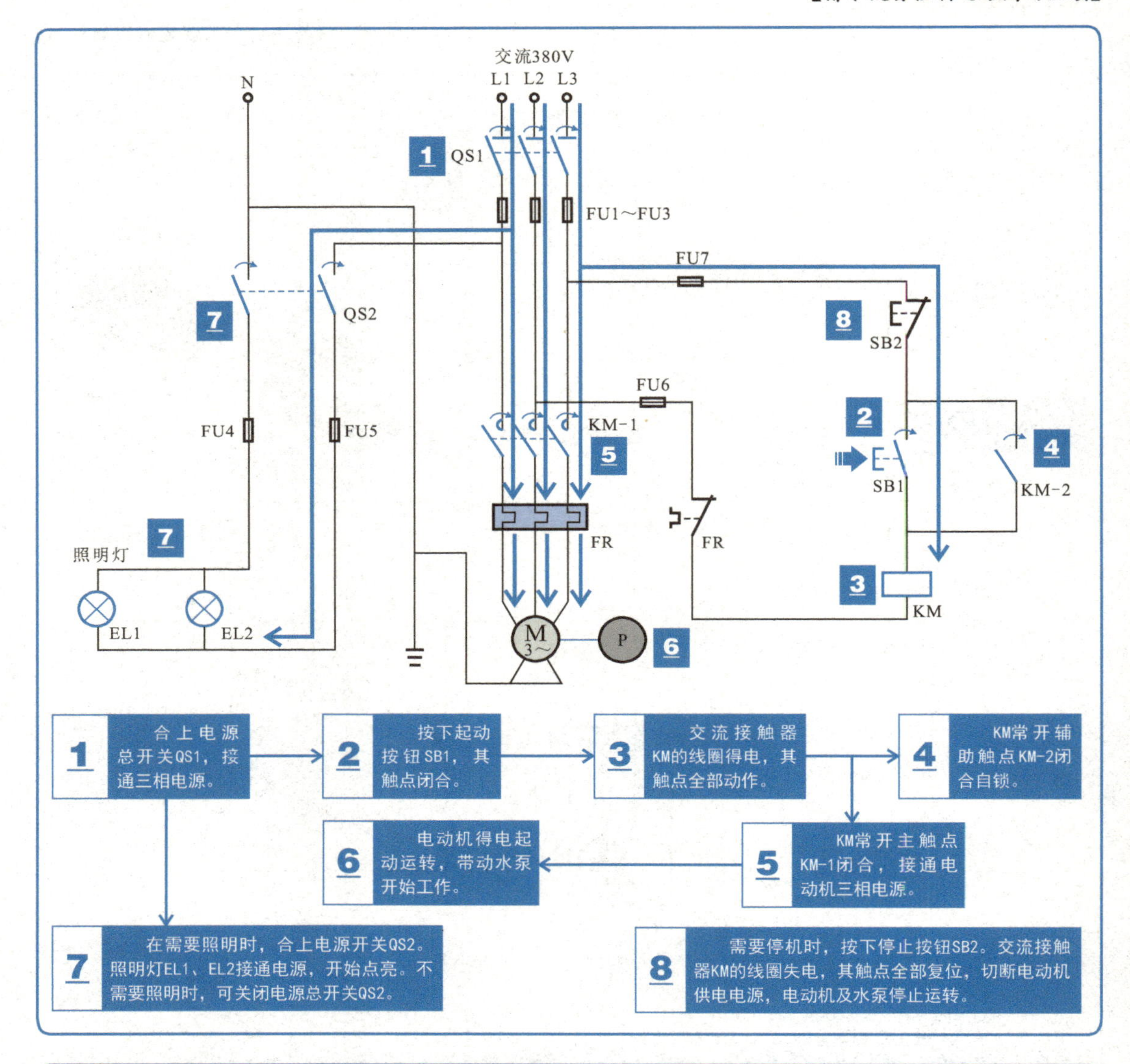

特别提醒

排水设备控制电路中通过按钮和接触器控制电动机工作，利用电动机带动水泵旋转，将水从某一处抽出输送到另一处，实现排水的目的。此外电路中还连接有照明灯，在需要时可通过开关接通照明灯电源，使之点亮。

2. 池塘水位控制电路的识读

池塘水位控制电路是排灌设备控制电路的一种，该线路可检测池塘中的水位，根据检测结果，利用电动机带动水泵对池塘内的水位进行调整，使水位保持在设定值。

对该控制电路进行识读时，应从主要元器件的功能特点和连接关系入手，对电路的工作流程进行解析，搞清控制电路的工作过程和控制细节，完成识读过程。识读过程可参看下面的图解演示。

【池塘水位控制电路图的识读】

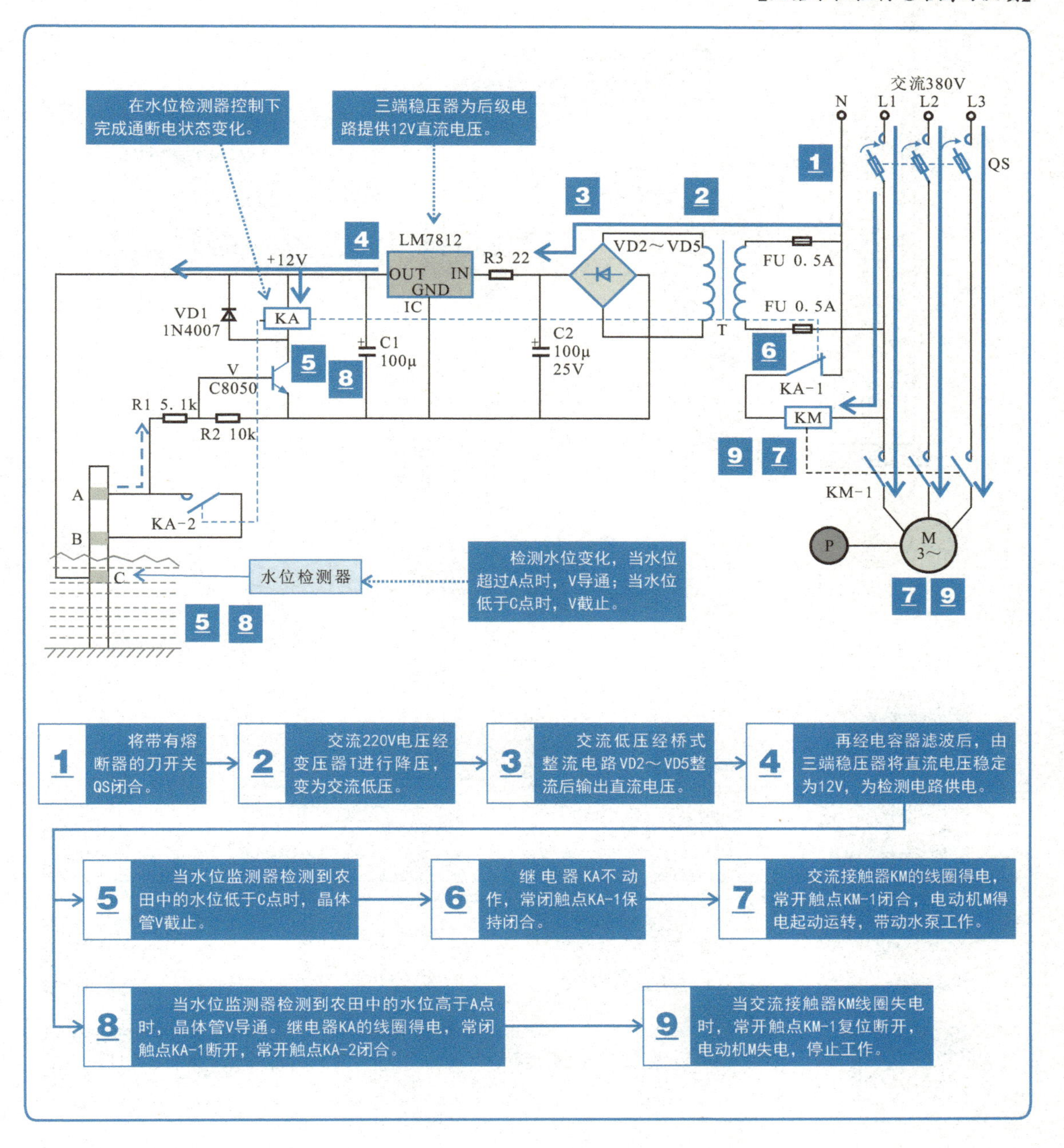

3. 农田排灌自动控制电路的识读

农田排灌自动控制电路是指该控制电路在进行农田灌溉时，能够根据排灌渠中水位的高低自动控制排灌电动机的起动和停机，从而防止排灌渠中无水而排灌电动机仍然工作的现象，起到保护排灌电动机的作用。识读过程可参看下面的图解演示。

【农田排灌自动控制电路图中起动过程的识读】

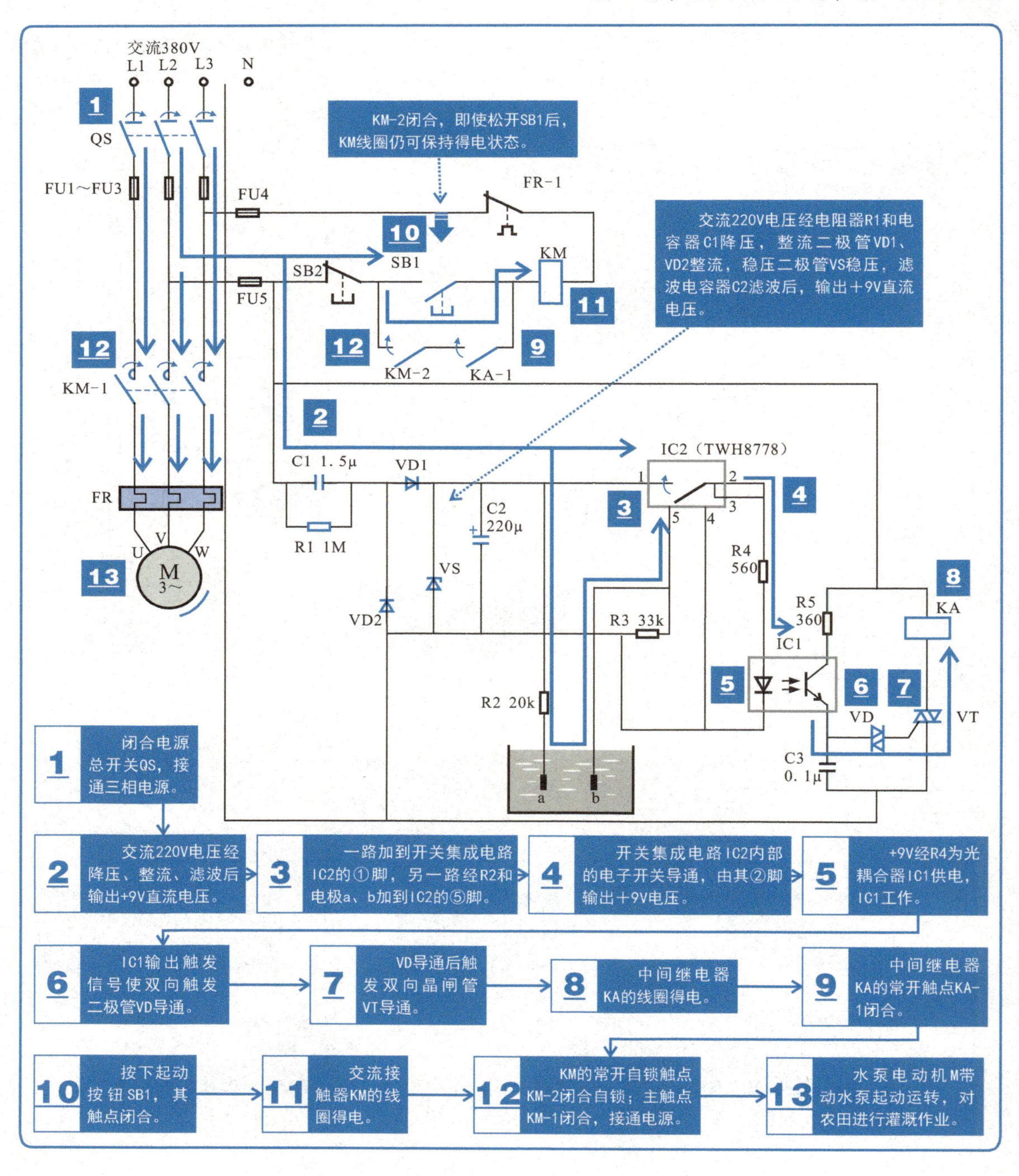

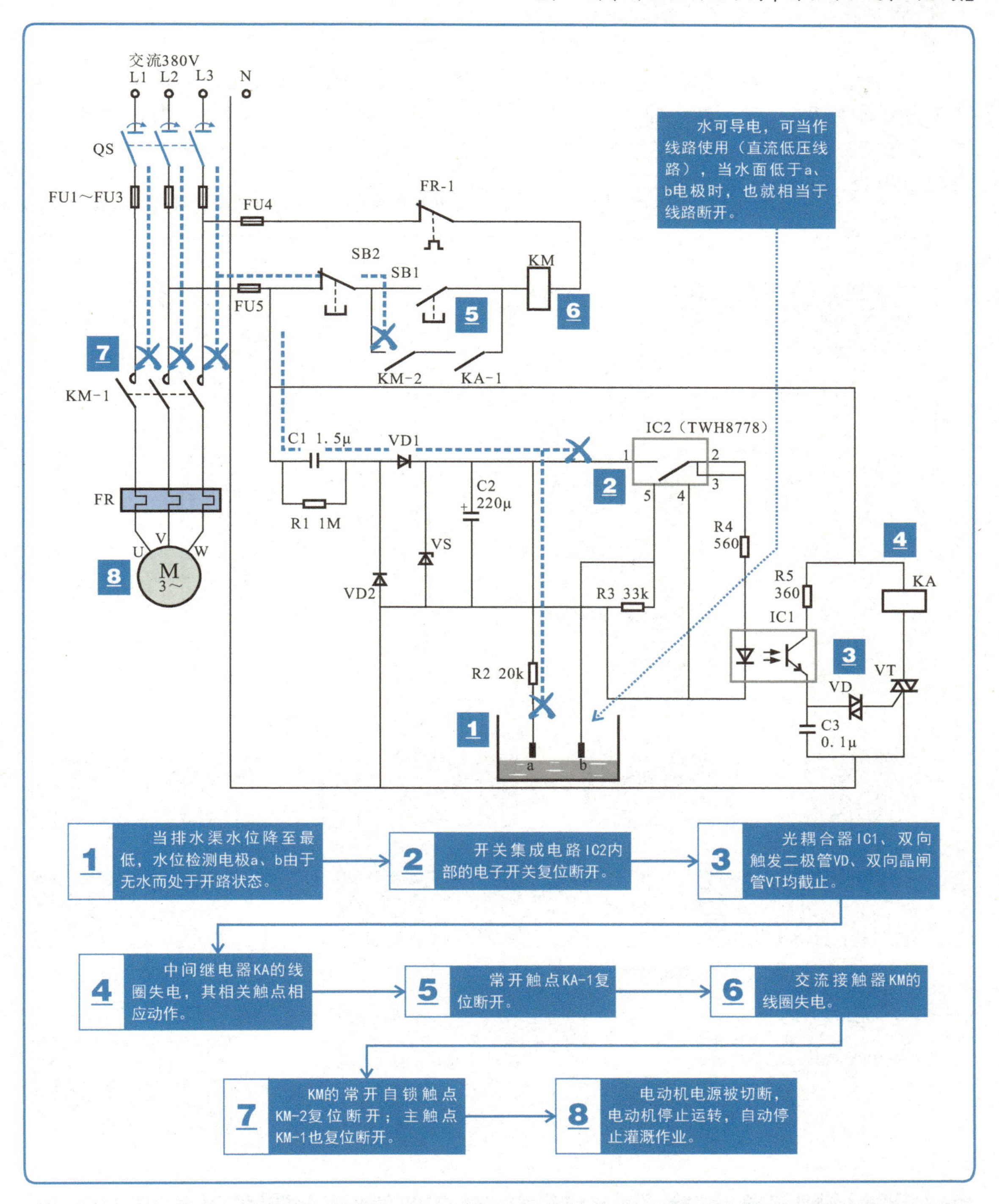

特别提醒

在排灌电动机进行农田灌溉的过程中，当需要手动控制排灌电动机停止运转时，按下停止按钮SB2，交流接触器KM线圈失电，常开辅助触点KM-2复位断开，解除自锁功能；同时，常开主触点KM-1复位断开，切断排灌电动机的供电电源，排灌电动机停止运转。

4. 农田喷灌自动控制电路的识读

农田喷灌自动控制电路是指在进行农田喷灌时能够根据土壤湿度自动控制喷灌电动机的起动和停机。当土地干涸（土壤湿度小）时，喷灌电动机工作，自动为农田进行喷灌作业；当土地潮湿（土壤湿度大）时，喷灌电动机自动停机，停止喷灌作业。识读过程可参看下面的图解演示。

【农田喷灌自动控制电路图中自动起动过程的识读】

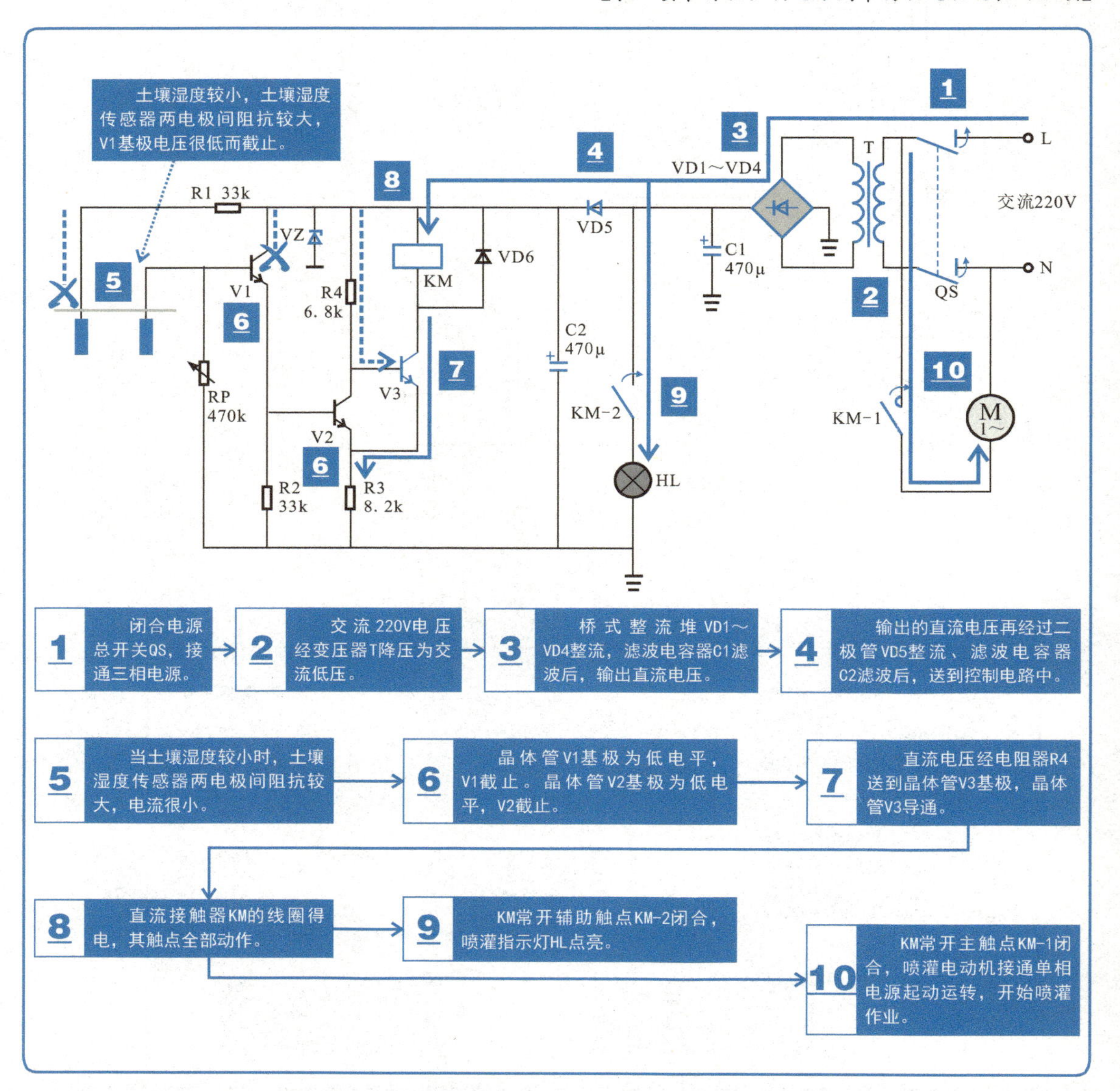

特别提醒

当土壤湿度较大时，土壤湿度传感器两电极间阻抗较小，电流可以流过。晶体管V1基极为高电平，V1导通。晶体管V2基极为高电平，V2导通。晶体管V3基极为低电平，V3截止，交流接触器KM线圈失电，其常开辅助触点KM-2复位断开，切断喷灌指示灯HL的供电电源，HL熄灭。常开主触点KM-1复位断开，切断喷灌电动机的供电电源，电动机停止运转。

7.3 种植设备控制电路图的识读方法

7.3.1 种植设备控制电路图的结构

种植设备控制电路是指用于农业种植产业的辅助控制电路，如土壤湿度检测、菌类培养湿度检测电路等，主要用来帮助种植者检测植物的生长环境，保证植物的正常生长。该类控制电路主要由不同的电子元器件及传感器组成，根据选用的元器件不同，可构成多种不同功能的控制电路。识读该类电路图，首先要了解电路图中的符号标识，根据标识了解电路的结构以及功能特点。

【土壤湿度检测电路图的结构】

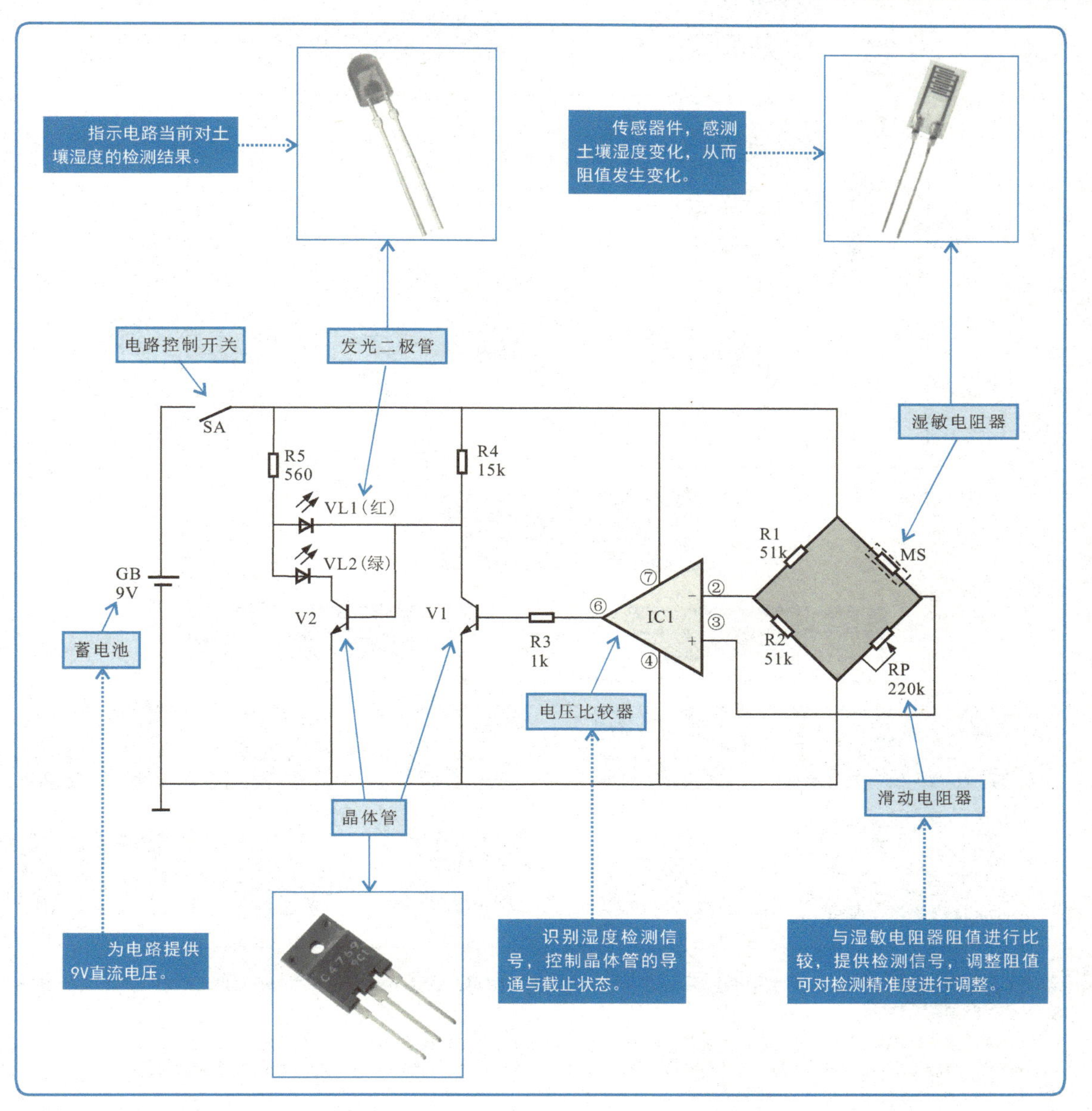

7.3.2 种植设备控制电路图的识读

1. 土壤湿度检测电路的识读

对土壤湿度检测电路进行识读时，应从电路图中各主要元器件的功能特点和连接关系入手，对整个电路的工作流程进行细致地解析，搞清电路的工作过程和控制细节，完成土壤湿度检测电路的识读。

【土壤湿度检测电路图的识读】

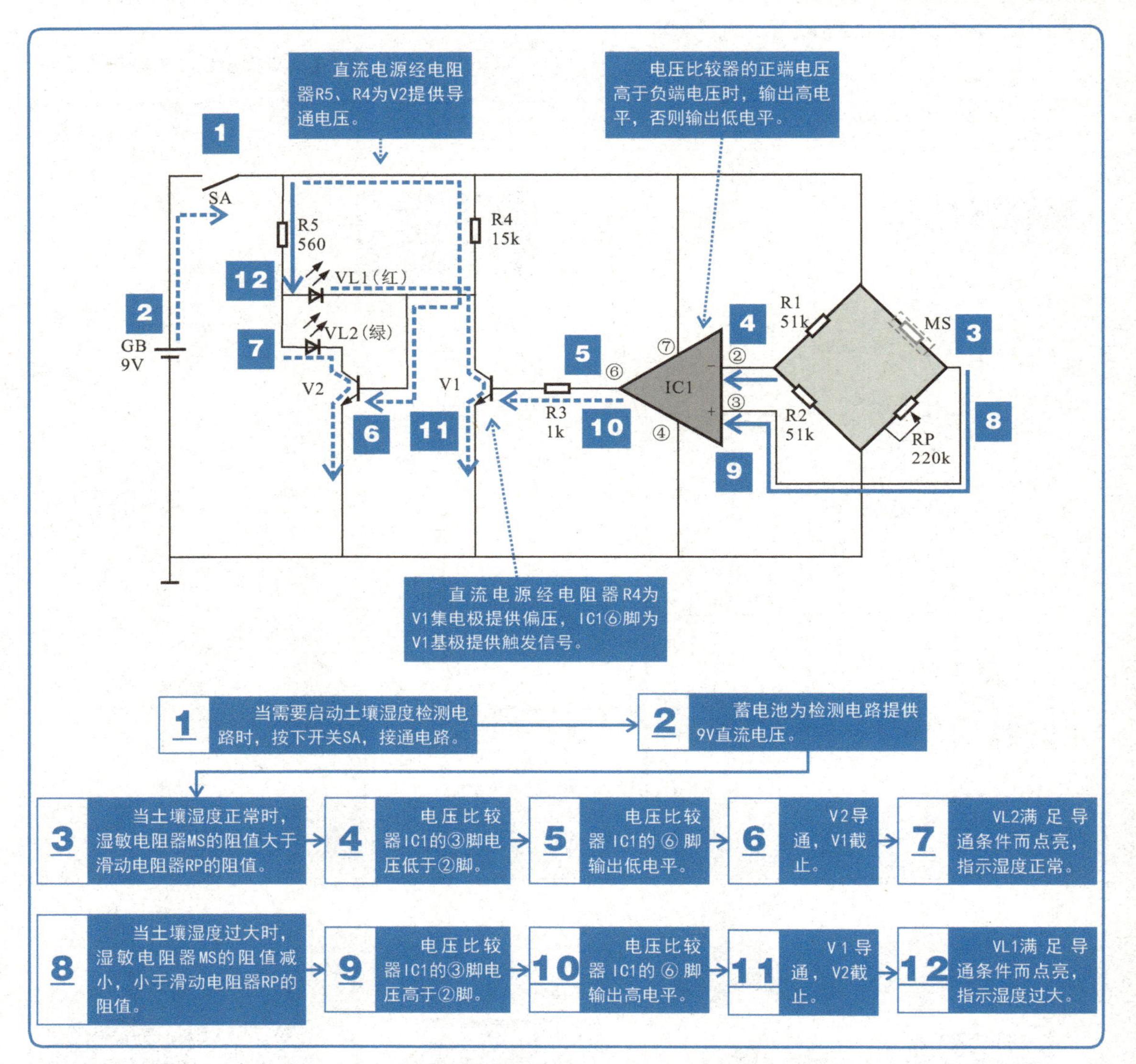

特别提醒

土壤湿度检测电路是利用湿敏电阻器对湿度感应产生变化，利用指示灯进行提示，可以实现对土壤湿度的实时检测，防止湿度过大导致减产的情况发生。该电路多用于农业种植对湿度检测，使种植者可以随时根据该检测设备的提醒对湿度进行调整。

2. 菌类培养室湿度检测电路的识读

菌类培养室湿度检测电路中设有NE555集成电路和扬声器。由于培养菌类对土壤湿度的要求很高，通常都会采用该电路对菌类培养室内的湿度进行监测，当湿度出现异常时，NE555集成电路会控制扬声器发出报警声。识读过程可参看下面的图解演示。

【菌类培养室湿度检测电路图中湿度过大报警过程的识读】

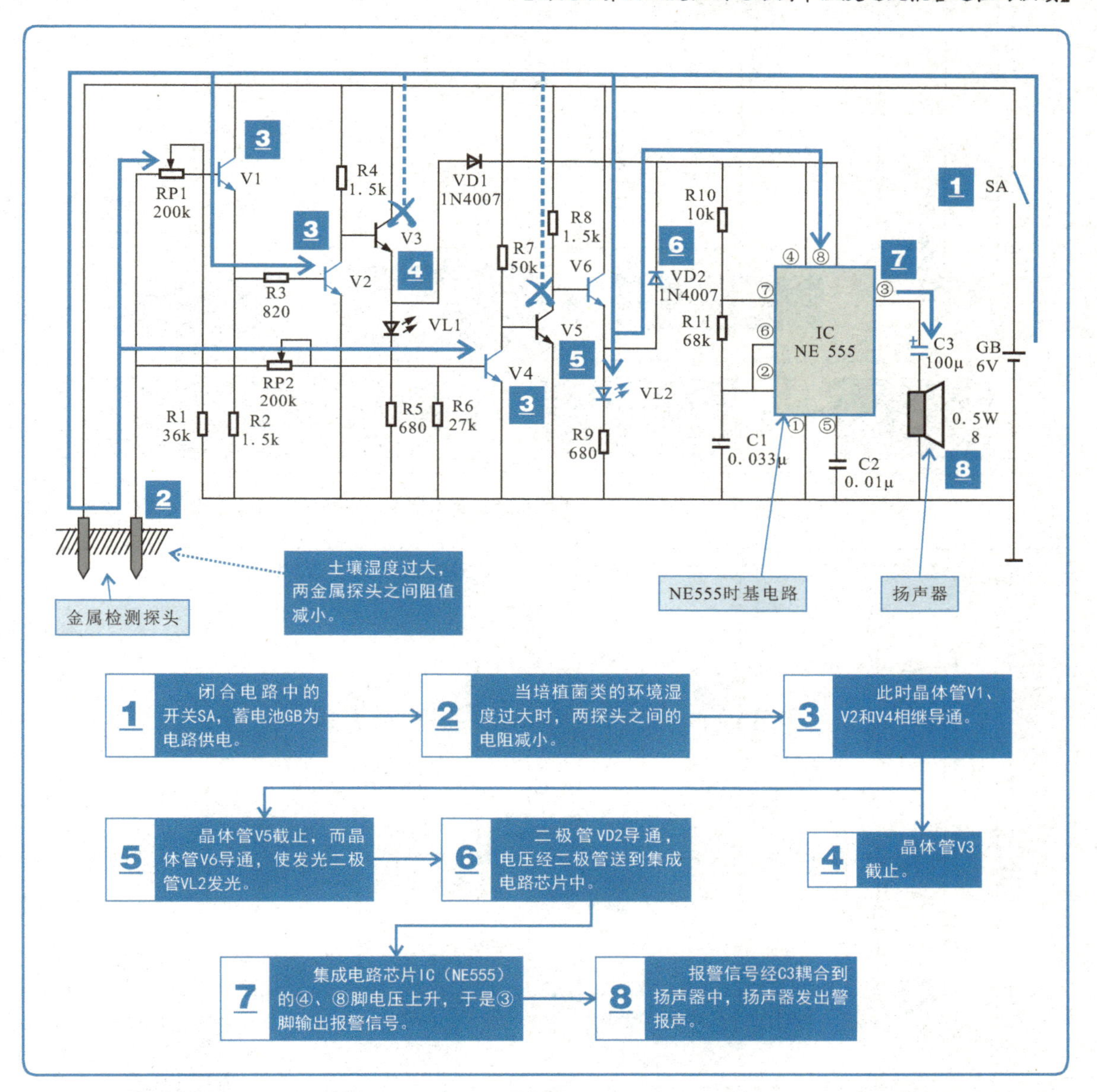

特别提醒

对菌类培养室湿度检测电路进行识读时，应从电路图中各主要元器件的功能特点和连接关系入手，对整个电路的工作流程进行细致地解析，搞清电路的工作过程和控制细节，完成菌类培养室湿度检测电路的识读过程。

【菌类培养室湿度检测电路图中湿度过小报警过程的识读】

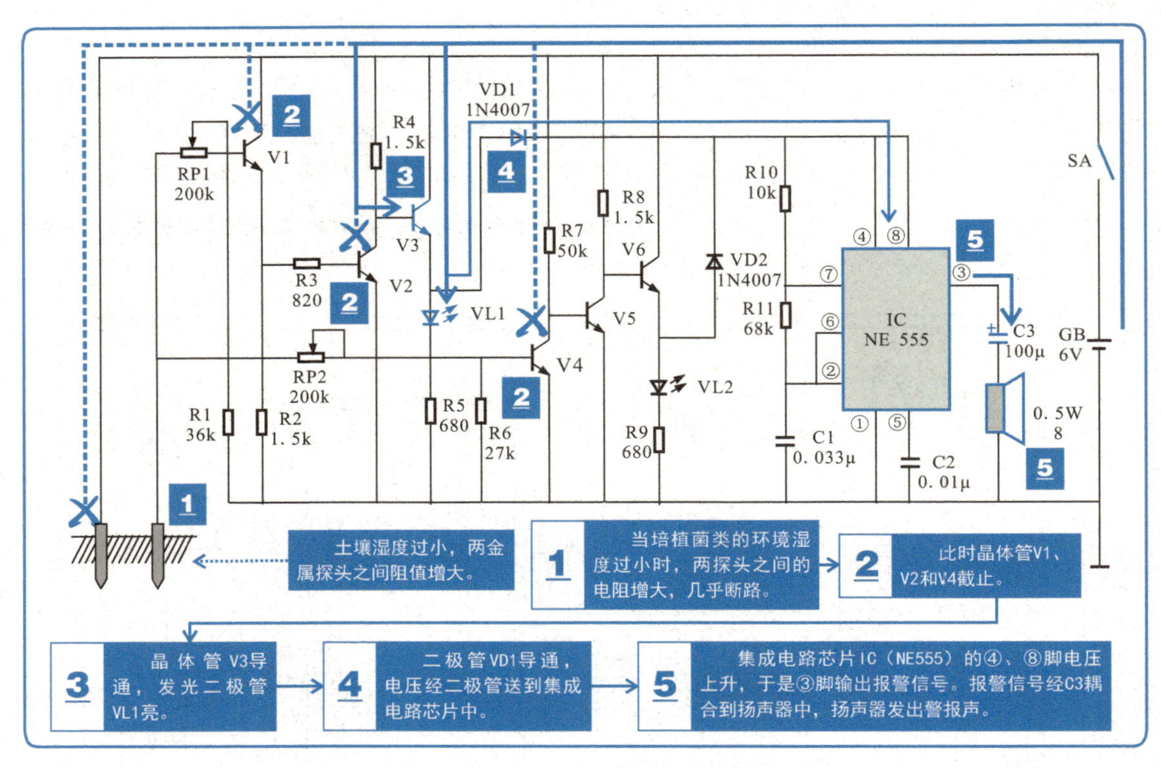

【菌类培养室湿度检测电路图中湿度正常工作过程的识读】

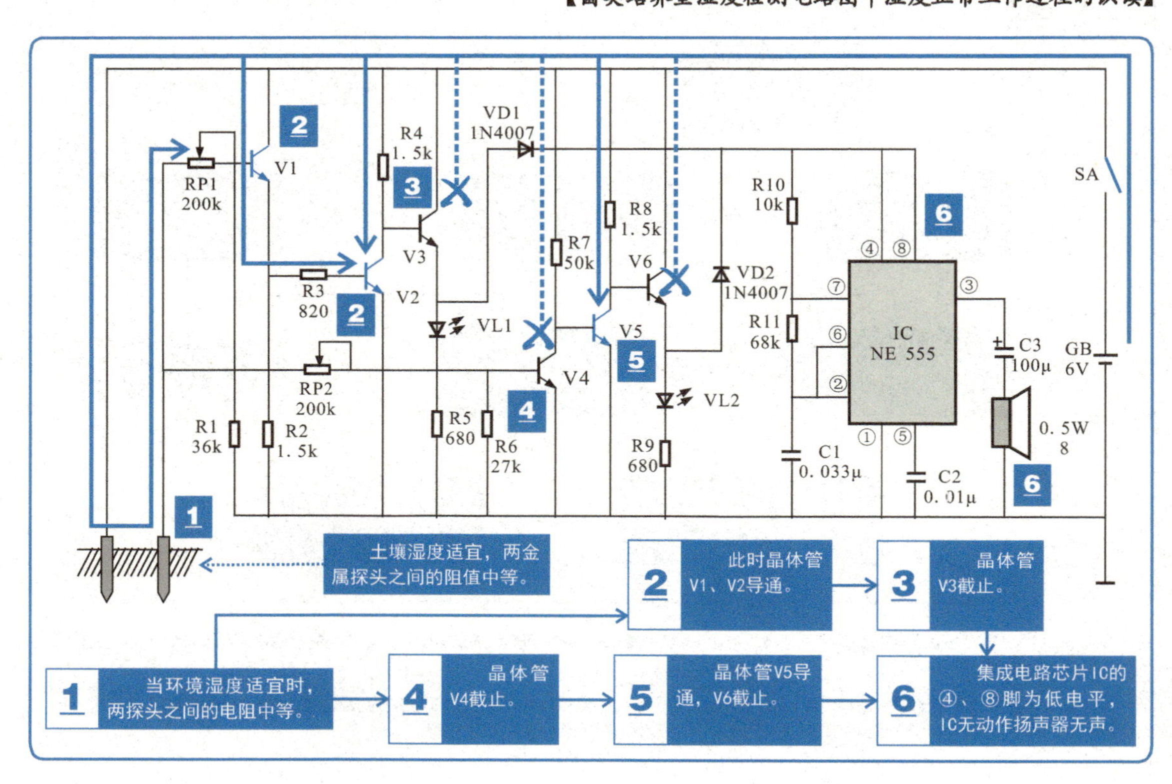

3.大棚温度控制电路的识读

大棚温度控制电路是指自动对大棚内的环境温度进行调控的电路，该电路中利用热敏电阻器检测环境温度，通过其阻值的变化，来控制整个电路的工作，使加热器在低温时加热、高温时停止工作，从而维持大棚内的温度恒定。识读过程可参看下面的图解演示。

【大棚温度控制电路图的识读】

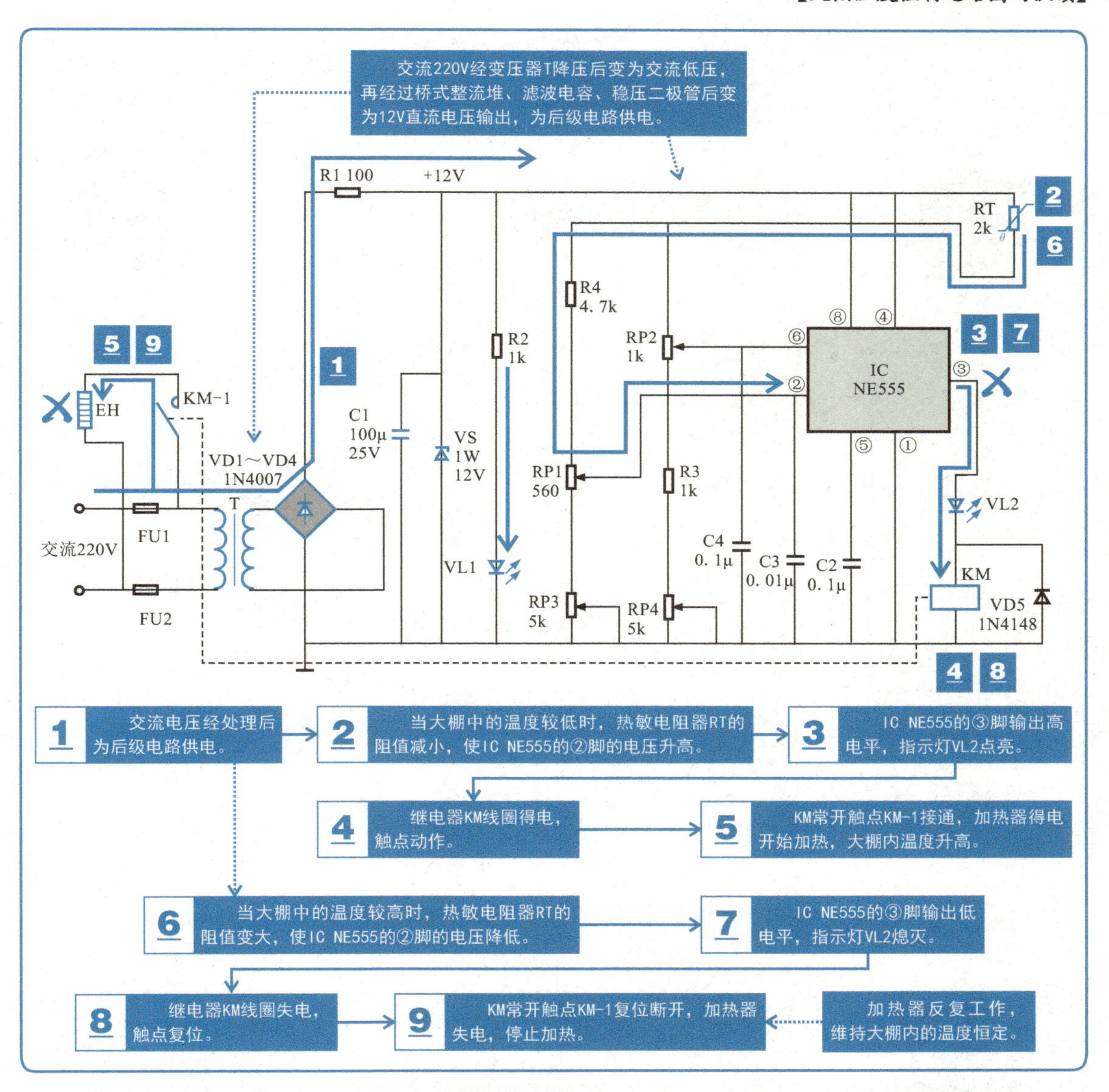

特别提醒

该电路图中，NE555时基电路的外围设置有多个滑动电阻器（RP1～RP4），通过调节这些滑动电阻器的大小，可以设置NE555的工作参数，从而调节大棚内的恒定温度。

7.4 农产品加工设备控制电路图的识读方法

7.4.1 农产品加工设备控制电路图的结构

农产品加工设备控制电路是指用于农产品加工，如谷物加工、磨面、秸秆切碎等的控制电路。该类控制电路主要由不同的电气部件及电动机组成，根据选用的元器件不同，可构成多种不同功能的控制电路。识读该类电路图，首先要了解电路图中的符号标识，根据标识了解电路的结构以及功能特点。

【秸秆切碎机控制电路图的结构】

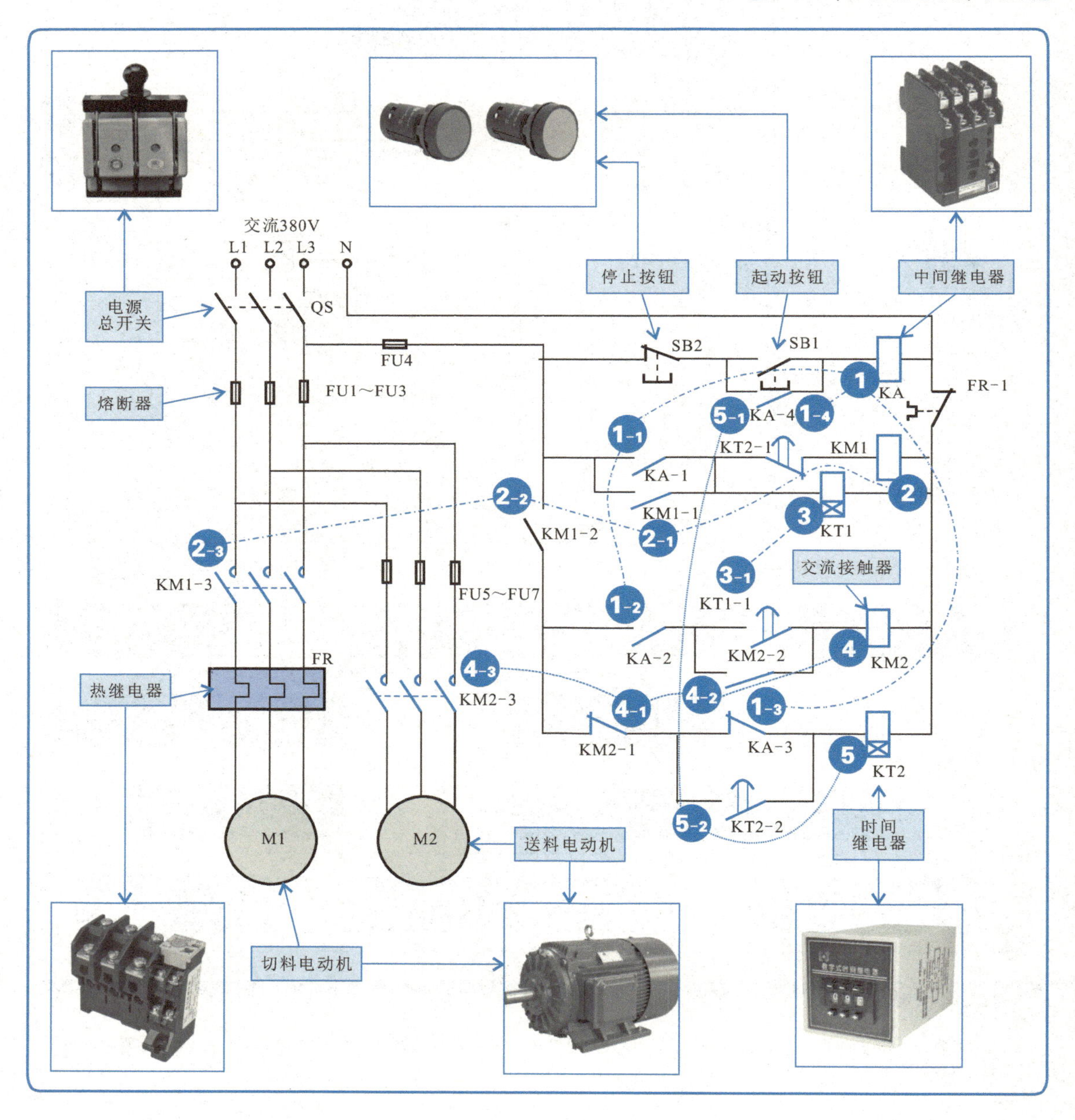

7.4.2 农产品加工设备控制电路图的识读

1. 秸秆切碎机控制电路的识读

对秸秆切碎机控制电路进行识读时，应从电路图中各主要元器件的功能特点和连接关系入手，对整个控制电路的工作流程进行细致地解析，搞清控制电路的工作过程和控制细节，完成秸秆切碎机控制电路的识读。

【秸秆切碎机控制电路图中起动过程的识读】

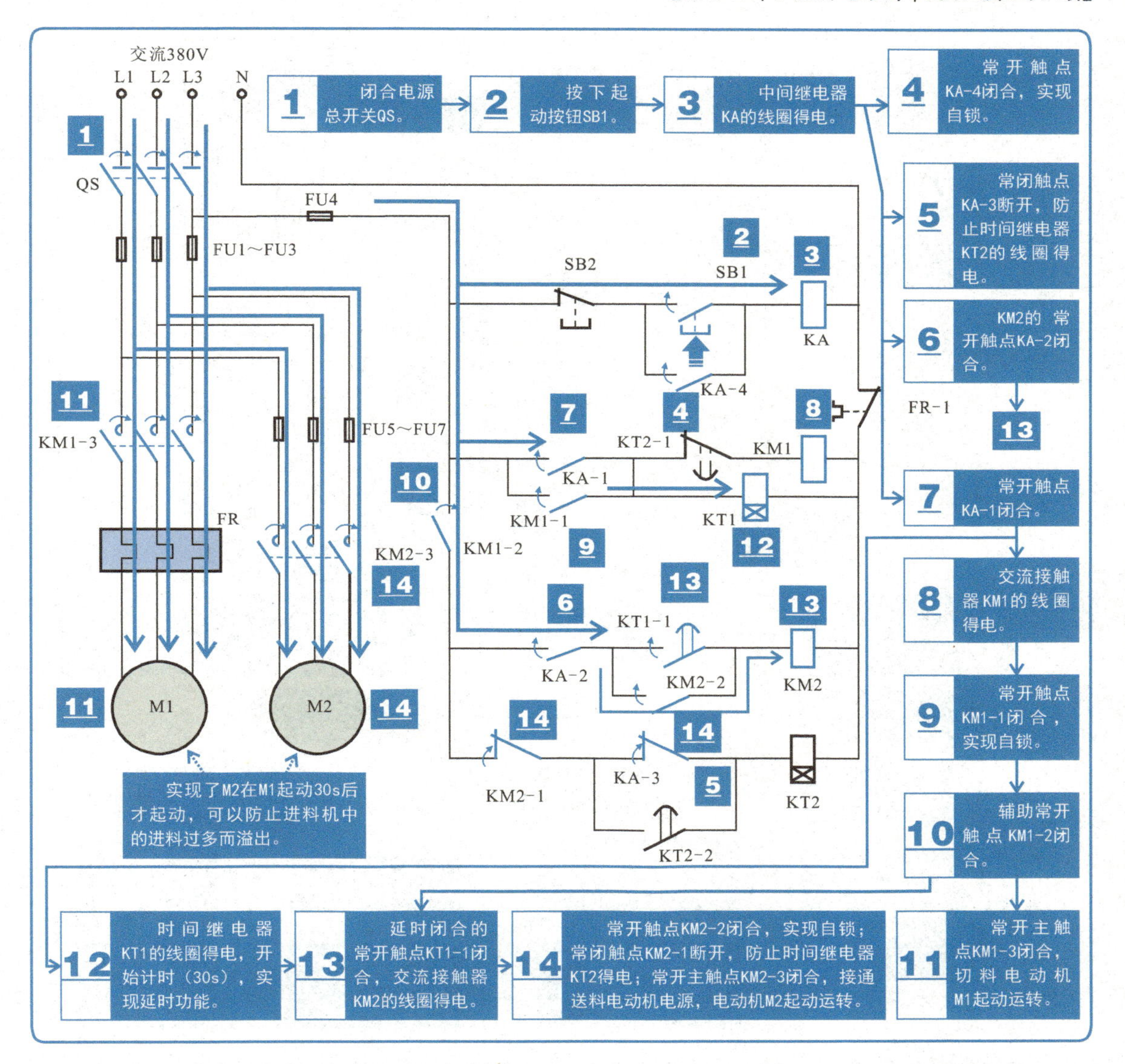

特别提醒

秸秆切碎机控制电路是指利用两个电动机带动机器上的机械设备动作，它是完成送料和切碎工作的一类农机控制电路，该电路可有效节省人力劳动，提高工作效率。

【秸秆切碎机控制电路图中停机过程的识读】

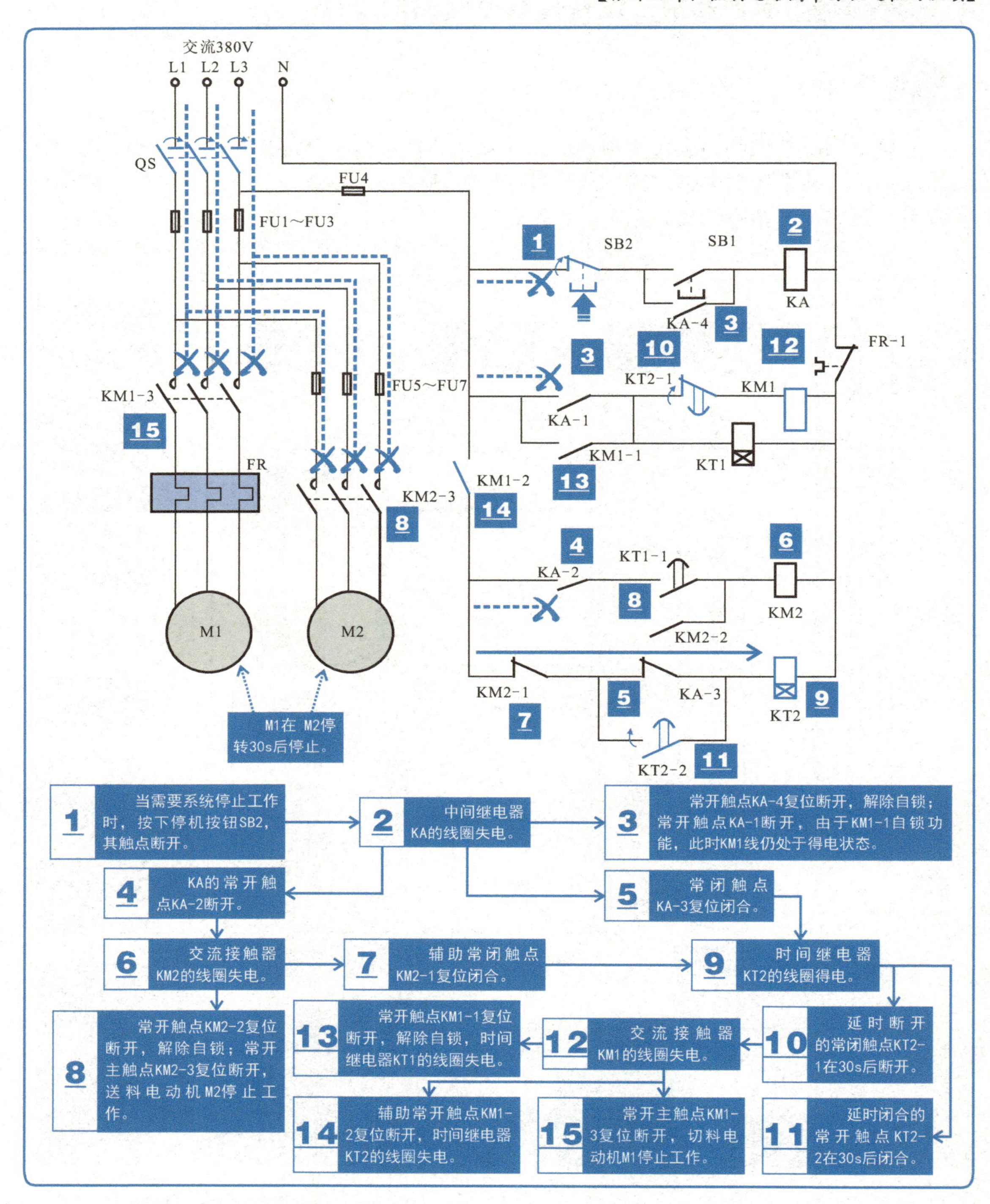

特别提醒

在秸秆切碎机控制电路工作过程中，若电路出现过载、电动机堵转导致过电流、温度过热等情况时，热继电器FR的热元件便会发热，其常闭触点FR-1自动断开，使电路断电，电动机停转，进入保护状态。

2.谷物加工机控制电路的识读

谷物加工机控制电路是利用控制电路分别对三台电动机进行控制，再由三台电动机带动用于加工谷物的机械负载设备，实现谷物加工功能。识读过程可参看下面的图解演示。

【谷物加工机控制电路图的识读】

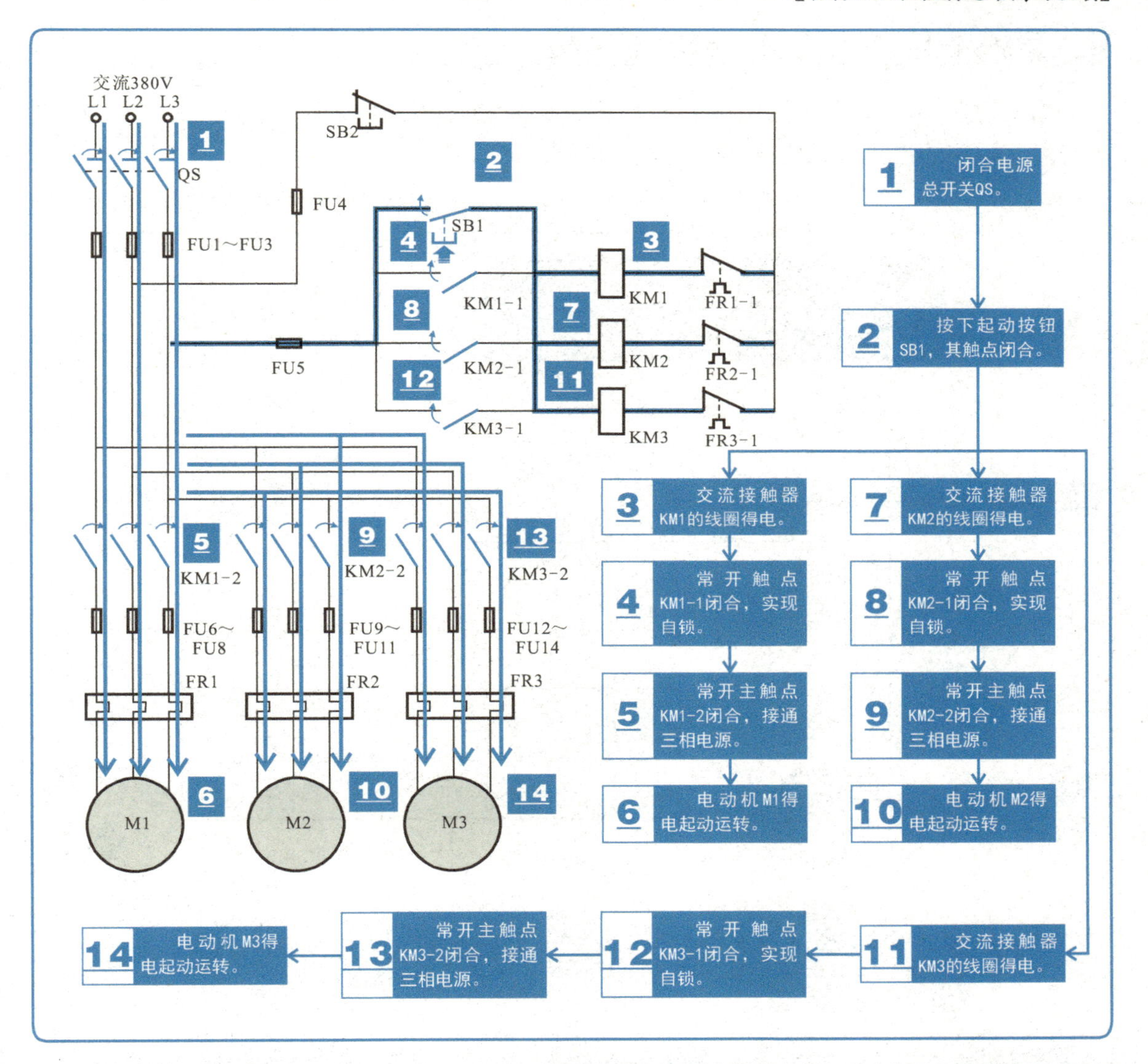

特别提醒

当加工工作完成后需要停机时，按动停机按钮SB2，交流接触器KM1、KM2、KM3失电，三个交流接触器触点全部复位，电动机的供电电路被切断，电动机M1、M2、M3停止工作。

电源总开关处设有供电保护熔断器FU1～FU3，总电流如果过电流则进行熔断保护。在每个电动机的供电电路中分别设有熔断器FU6～FU8、FU9～FU11、FU12～FU14，如果某一电动机出现过载的情况时，进行熔断保护。

此外，在每个电动机的供电电路中设有热继电器（FR1～FR3）。如果电动机出现过热的情况，热继电器FR1、FR2或FR3进行断电保护，切断电动机的供电电源，同时切断交流接触器的供电电源。

第8章

PLC及变频控制电路的识读

8.1 PLC控制电路图的识读方法

8.1.1 PLC控制电路图的结构

PLC控制电路是指将控制部件和功能部件直接连接到PLC相应接口上，然后根据PLC内部程序的设定，来实现相应功能的电路。

【三相交流电动机的PLC连续控制电路图】

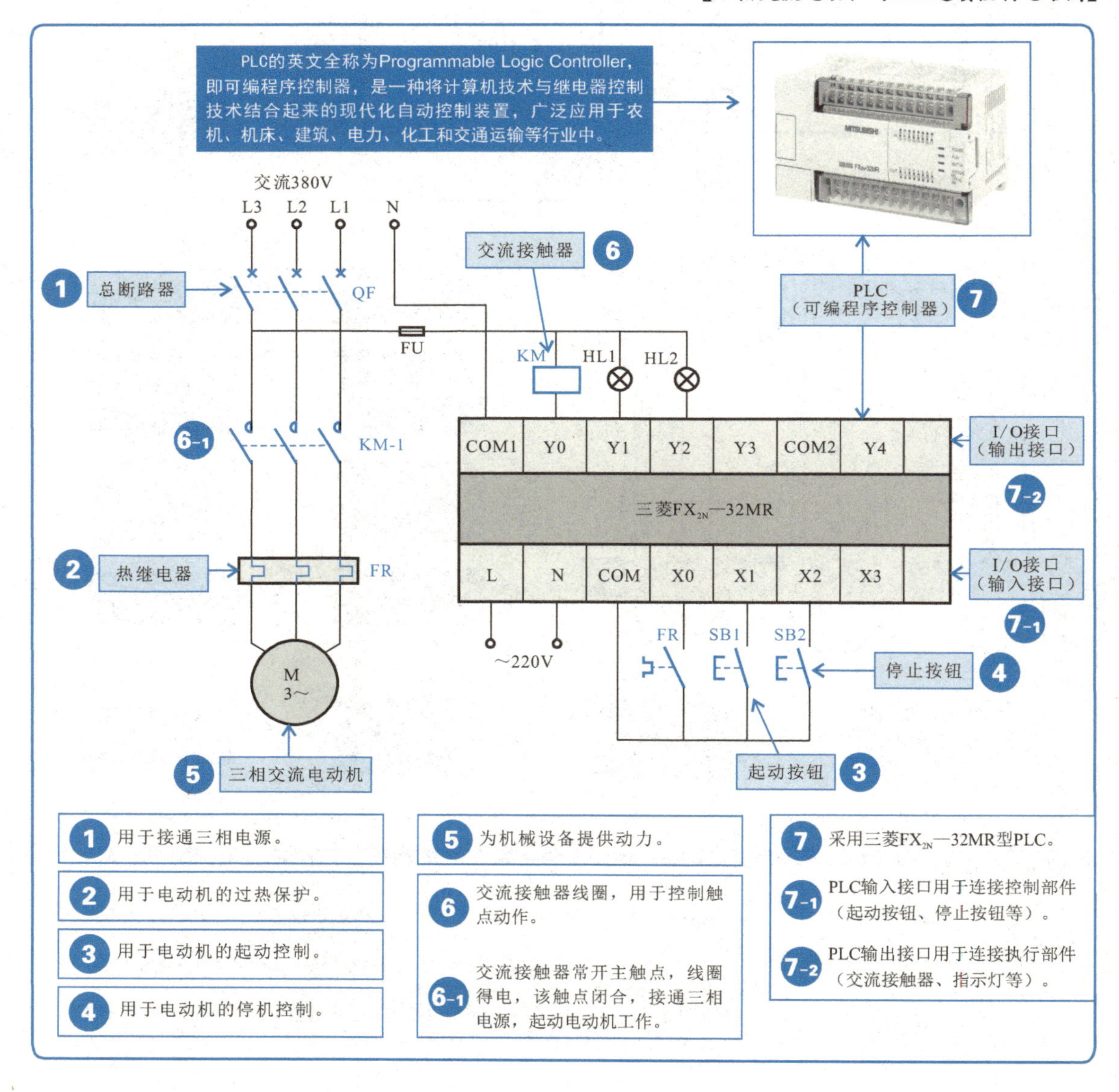

1. PLC的I/O分配表

控制部件和执行部件分别连接到PLC相应的I/O接口上，它是根据PLC控制系统设计之初建立的I/O分配表进行连接分配的，其所连接的接口名称也将对应于PLC内部程序的编程地址编号。

【由三菱FX_{2N}系列PLC控制的三相交流电动机连续控制系统的I/O分配表】

输入信号及地址编号			输出信号及地址编号		
名称	代号	输入点地址编号	名称	代号	输出点地址编号
热继电器	FR	X0	交流接触器	KM	Y0
起动按钮	SB1	X1	运行指示灯	HL1	Y1
停止按钮	SB2	X2	停机指示灯	HL2	Y2

2. PLC内的梯形图程序

PLC是通过预先编好的程序来实现对不同生产过程的自动控制，而梯形图（LAD）是目前使用最多的一种编程语言，它是以触点符号代替传统电气控制回路中的按钮、接触器、继电器触点等部件的一种编程语言。

【由三菱FX_{2N}系列PLC控制的三相交流电动机连续控制系统中PLC内梯形图控制程序】

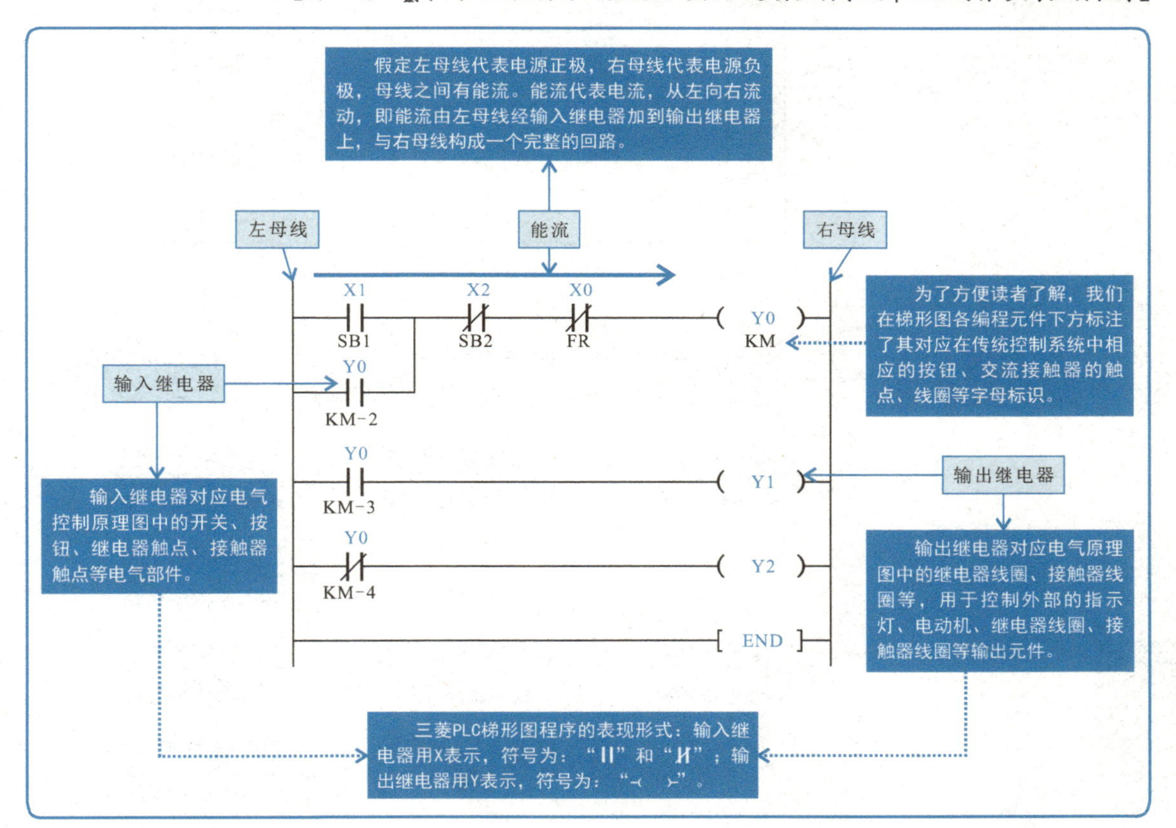

8.1.2 PLC控制电路图的识读

1. 三相交流电动机的PLC连续控制电路识读

对三相交流电动机的PLC连续控制电路进行识读时，应从电路图中各主要部件的功能特点、PLC的I/O分配表和PLC内部用户梯形图（见8. 1. 1）程序入手进行细致解析。

【PLC控制下三相交流电动机起动控制过程的识读】

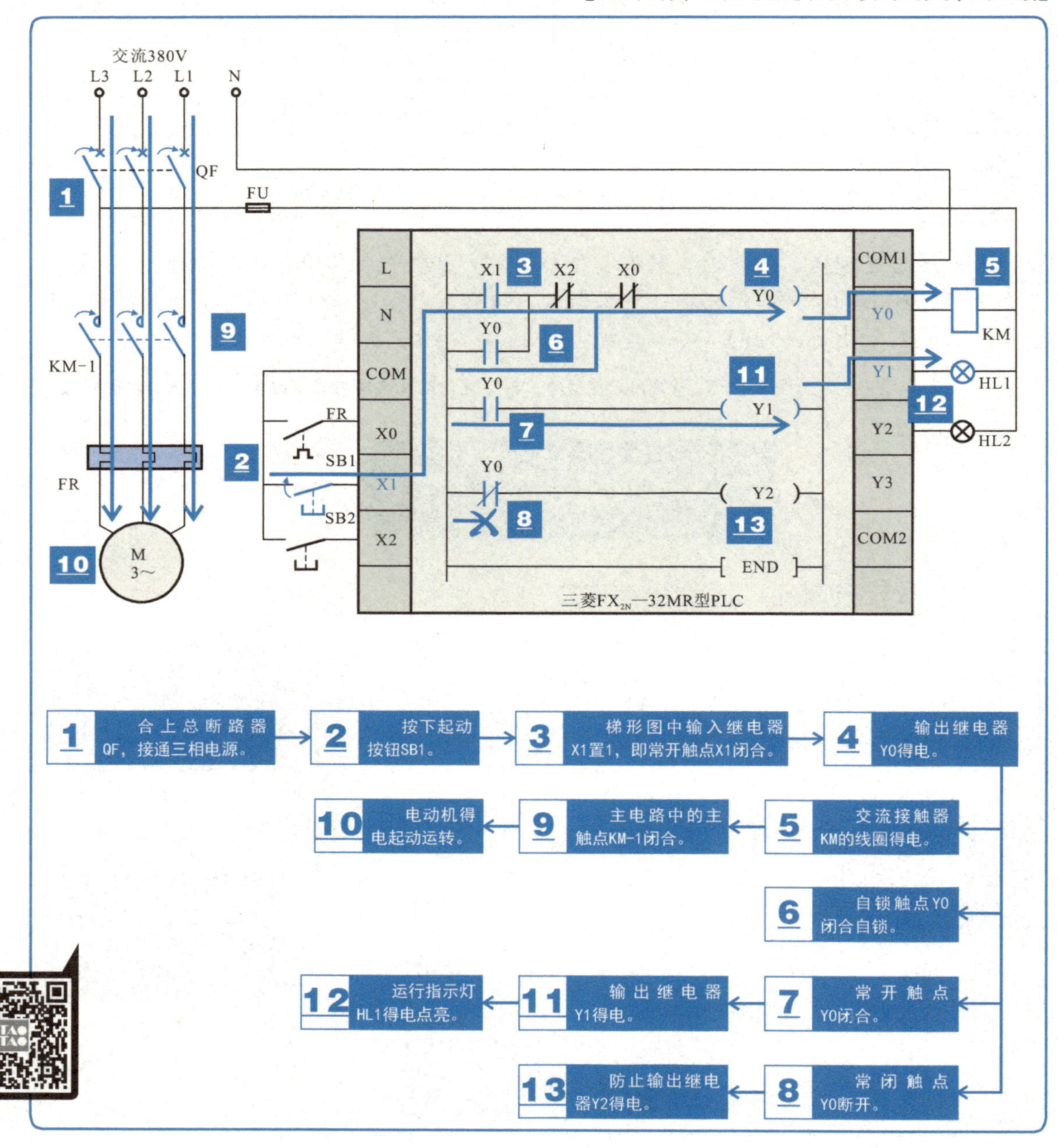

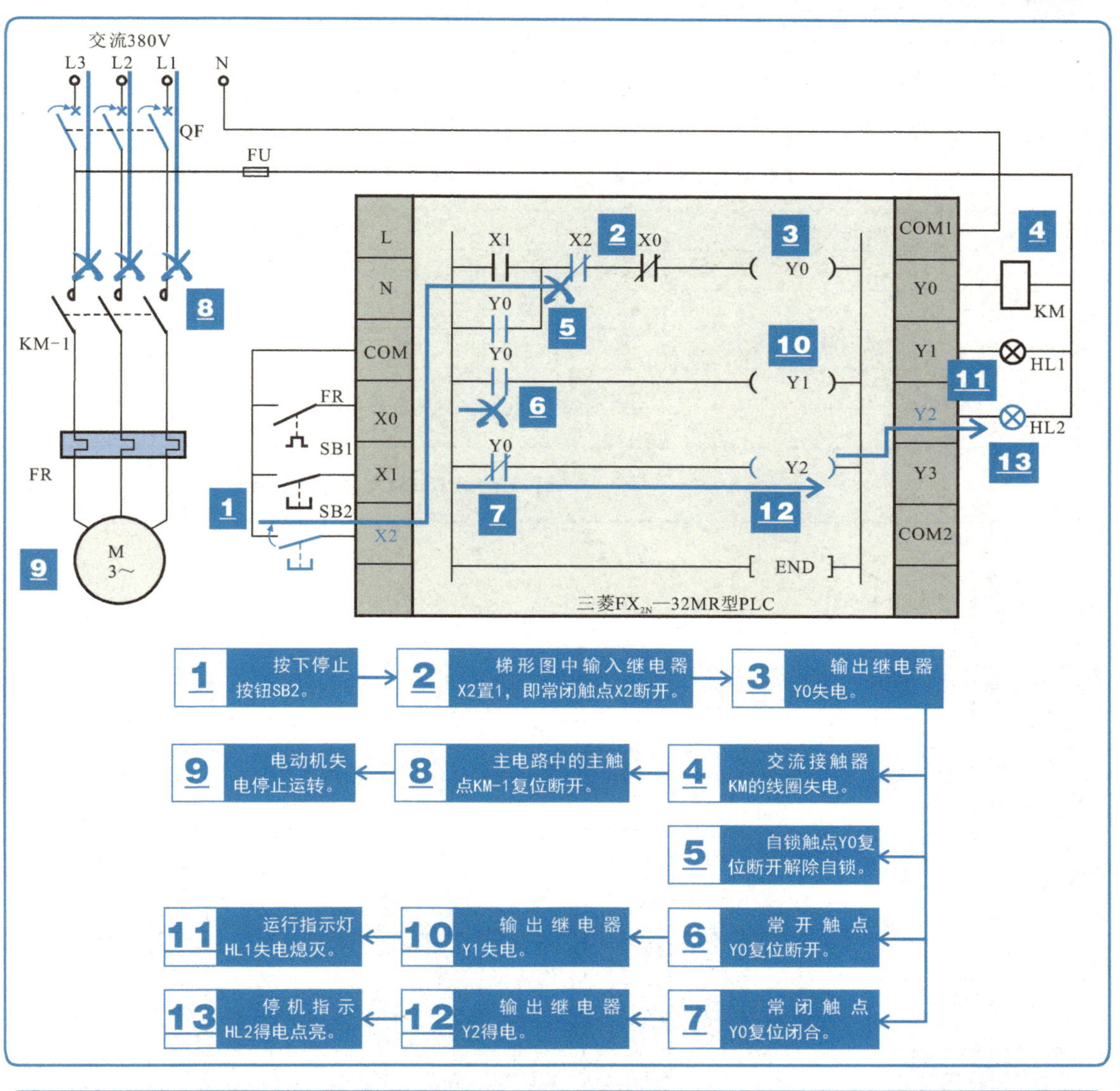

交流380V
L3 L2 L1 N
QF
FU
KM-1
FR
M 3～
L
N
COM
X0
X1
X2
FR
SB1
SB2
X1
X2
X0
Y0
Y0
Y0
Y0
Y1
Y2
END
COM1
Y0
Y1
Y2
Y3
COM2
KM
HL1
HL2
三菱FX2N—32MR型PLC
1 按下停止按钮SB2。
2 梯形图中输入继电器X2置1，即常闭触点X2断开。
3 输出继电器Y0失电。
4 交流接触器KM的线圈失电。
5 自锁触点Y0复位断开解除自锁。
6 常开触点Y0复位断开。
7 常闭触点Y0复位闭合。
8 主电路中的主触点KM-1复位断开。
9 电动机失电停止运转。
10 输出继电器Y1失电。
11 运行指示灯HL1失电熄灭。
12 输出继电器Y2得电。
13 停机指示HL2得电点亮。

特别提醒

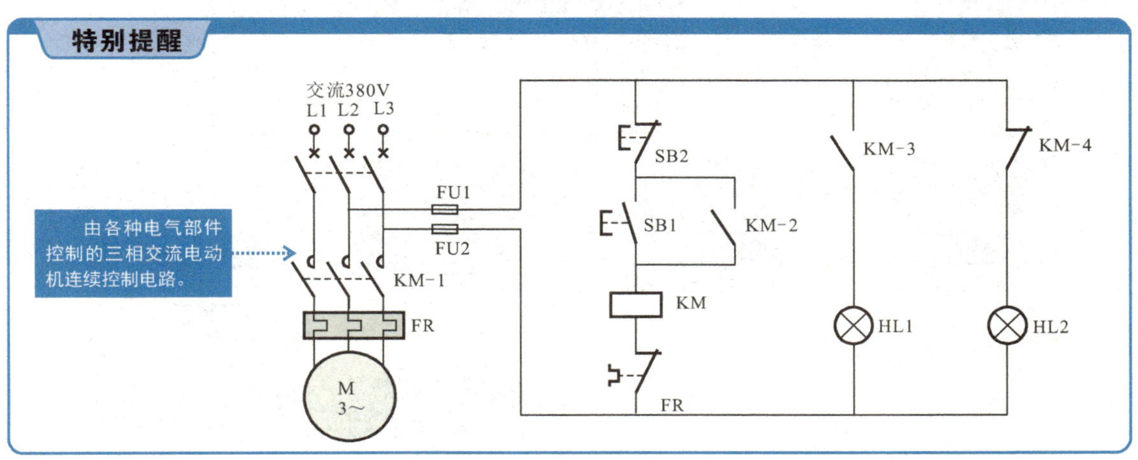

由各种电气部件控制的三相交流电动机连续控制电路。
交流380V
L1 L2 L3
FU1
FU2
KM-1
FR
M 3～
SB2
SB1
KM-2
KM
FR
KM-3
KM-4
HL1
HL2

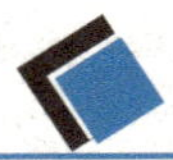

2. 三相交流电动机的PLC减压起动控制电路识读

对三相交流电动机的PLC减压起动控制电路进行识读时，应从电路图中各主要部件的功能特点、PLC的I/O分配表和PLC内部用户梯形图程序入手进行细致解析。

【由西门子S7-200型PLC控制的三相交流电动机减压起动控制系统的I/O分配表】

输入信号及地址编号			输出信号及地址编号		
名称	代号	输入点地址编号	名称	代号	输出点地址编号
热继电器	FR1	I0.0	减压起动接触器	KM1	Q0.0
减压起动按钮	SB1	I0.1	全压起动接触器	KM2	Q0.1
全压起动按钮	SB2	I0.2			
停止按钮	SB3	I0.3			

【PLC控制下三相交流电动机减压起动控制过程的识读】

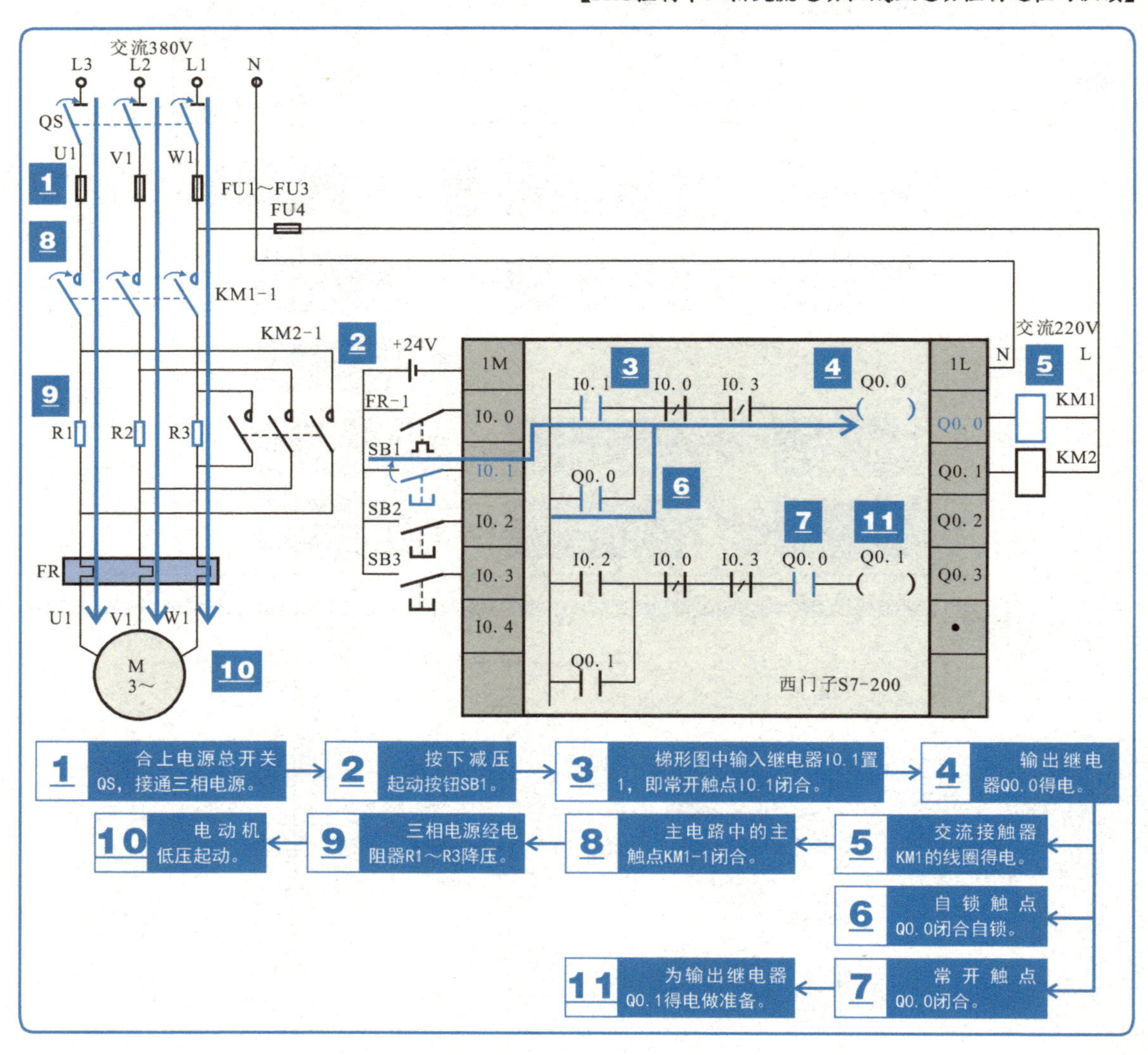

【PLC控制下三相交流电动机全压起动控制过程的识读】

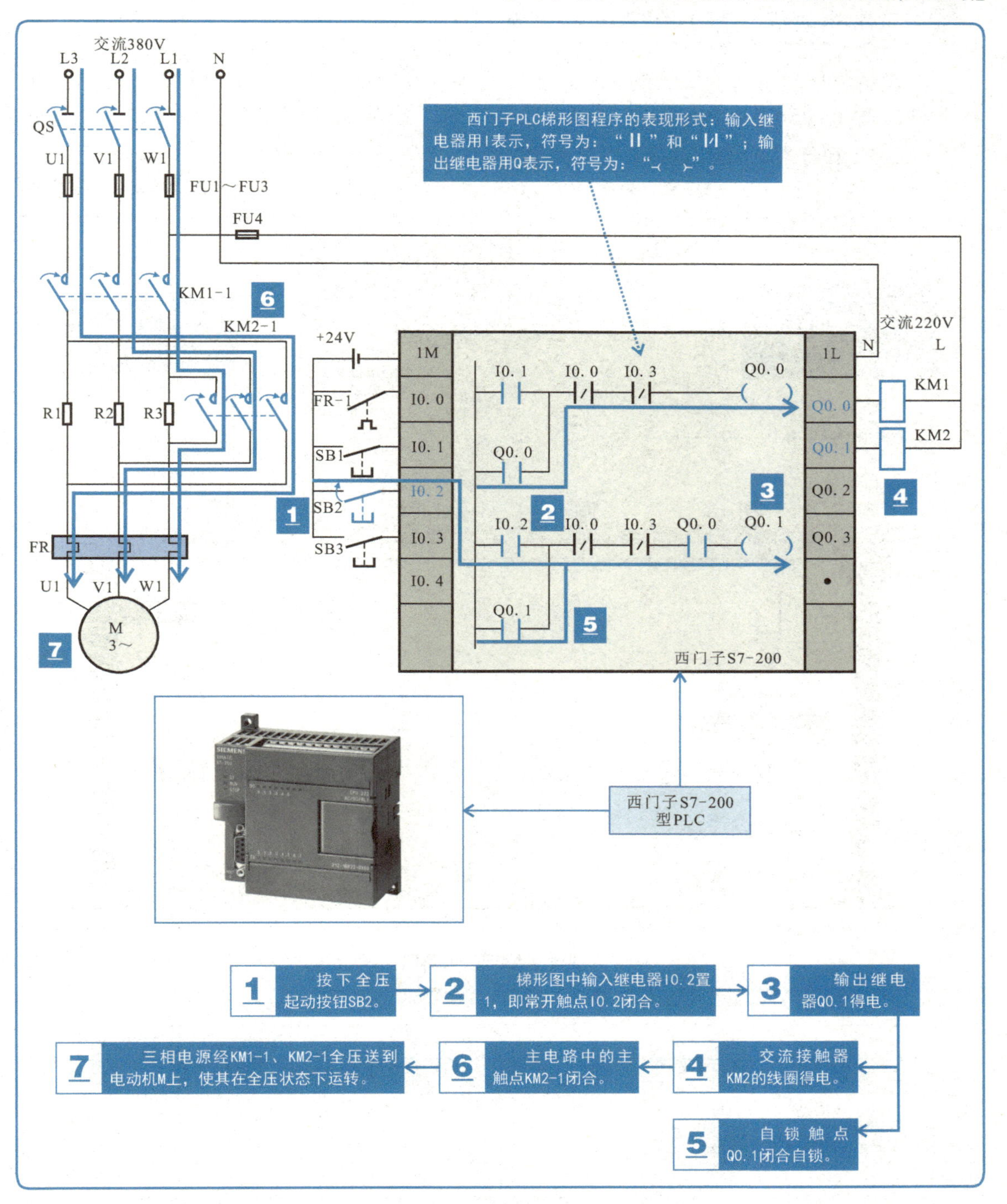

特别提醒

在PLC控制下三相交流异步电动机的停止过程比较简单：

当按下停机按钮SB3时，其将PLC内的I0. 3置"1"，即该触点断开，使得Q0. 0、Q0. 1失电，常开触点Q0. 0、Q0. 1复位断开，解除自锁。PLC外接交流接触器线圈KM1、KM2失电，主电路中的主触点KM1-1、KM2-1复位断开，切断电动机电源，电动机停止运转。

3. 电动葫芦的PLC控制电路识读

电动葫芦是起重运输机械的一种，主要用来提升或下降重物，并可以在水平方向平移重物。对电动葫芦的PLC控制电路进行识读时，应从电路图中各主要部件的功能特点、PLC的I/O分配表和PLC内部用户梯形图程序入手进行细致解析。

【电动葫芦在电镀流水线的典型应用】

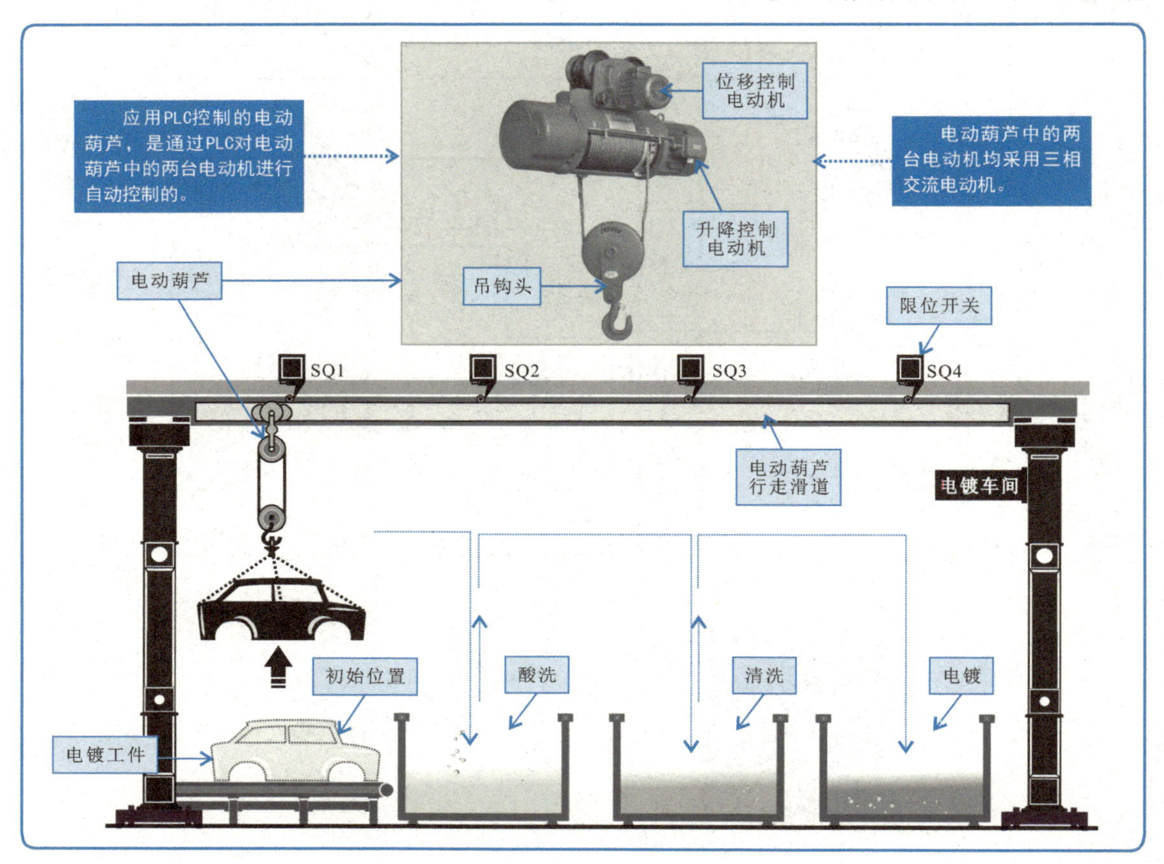

【由三菱FX_{2N}—32MR型PLC控制的电动葫芦控制系统I/O分配表】

输入信号及地址编号			输出信号及地址编号		
名称	代号	输入点地址编号	名称	代号	输出点地址编号
电动葫芦上升点动按钮	SB1	X1	电动葫芦上升接触器	KM1	Y0
电动葫芦下降点动按钮	SB2	X2	电动葫芦下降接触器	KM2	Y1
电动葫芦左移点动按钮	SB3	X3	电动葫芦左移接触器	KM3	Y2
电动葫芦右移点动按钮	SB4	X4	电动葫芦右移接触器	KM4	Y3
电动葫芦上升限位开关	SQ1	X5			
电动葫芦下降限位开关	SQ2	X6			
电动葫芦左移限位开关	SQ3	X7			
电动葫芦右移限位开关	SQ4	X10			

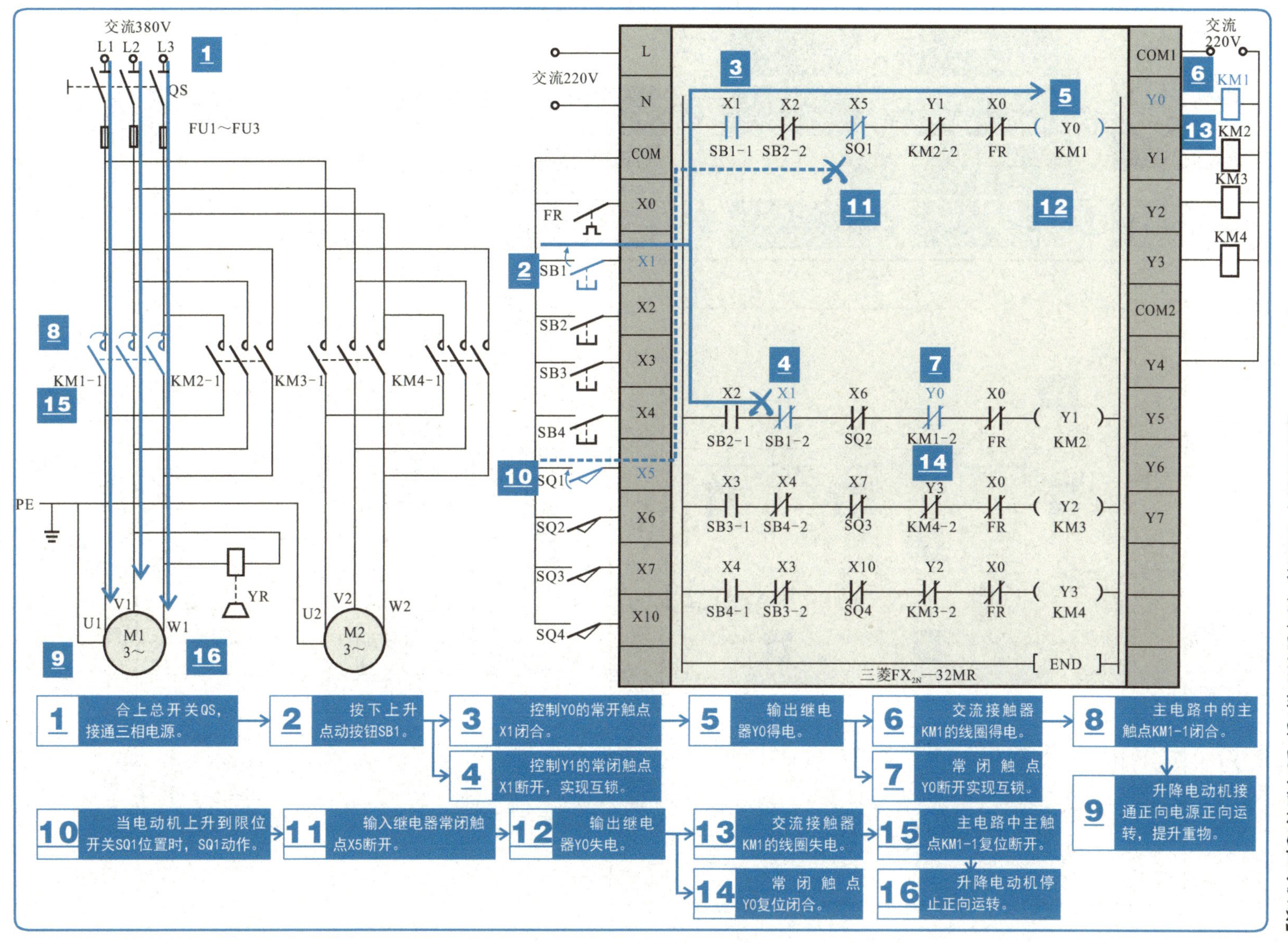

交流380V
L1 L2 L3
QS
FU1～FU3
KM1-1
KM2-1
KM3-1
KM4-1
PE
YR
U1 V1 W1
M1 3～
U2 V2 W2
M2 3～
交流220V
L
N
COM
X0 X1 X2 X3 X4 X5 X6 X7 X10
FR SB1 SB2 SB3 SB4 SQ1 SQ2 SQ3 SQ4
X1 X2 X5 Y1 X0 Y0
SB1-1 SB2-2 SQ1 KM2-2 FR KM1
X2 X1 X6 Y0 X0 Y1
SB2-1 SB1-2 SQ2 KM1-2 FR KM2
X3 X4 X7 Y3 X0 Y2
SB3-1 SB4-2 SQ3 KM4-2 FR KM3
X4 X3 X10 Y2 X0 Y3
SB4-1 SB3-2 SQ4 KM3-2 FR KM4
END
三菱FX2N—32MR
COM1 Y0 Y1 Y2 Y3 COM2 Y4 Y5 Y6 Y7
交流220V
KM1 KM2 KM3 KM4
1 合上总开关QS，接通三相电源。
2 按下上升点动按钮SB1。
3 控制Y0的常开触点X1闭合。
4 控制Y1的常闭触点X1断开，实现互锁。
5 输出继电器Y0得电。
6 交流接触器KM1的线圈得电。
7 常闭触点Y0断开实现互锁。
8 主电路中的主触点KM1-1闭合。
9 升降电动机接通正向电源正向运转，提升重物。
10 当电动机上升到限位开关SQ1位置时，SQ1动作。
11 输入继电器常闭触点X5断开。
12 输出继电器Y0失电。
13 交流接触器KM1的线圈失电。
14 常闭触点Y0复位闭合。
15 主电路中主触点KM1-1复位断开。
16 升降电动机停止正向运转。

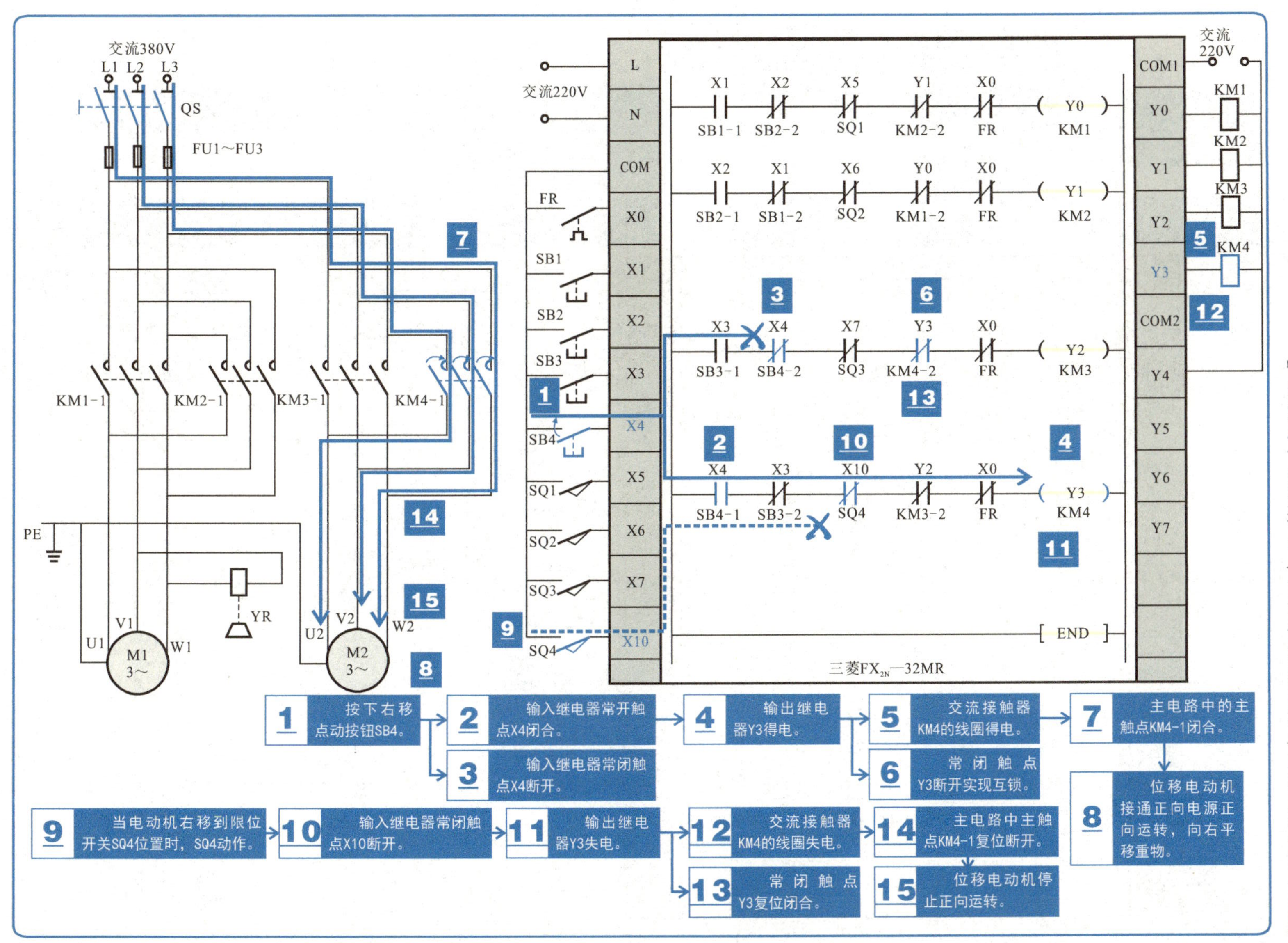
交流380V
L1 L2 L3
QS
FU1～FU3
KM1-1
KM2-1
KM3-1
KM4-1
PE
YR
U1 V1 W1
M1 3～
U2 V2 W2
M2 3～
交流220V
L
N
COM
X0 X1 X2 X3 X4 X5 X6 X7 X10
FR SB1 SB2 SB3 SB4 SQ1 SQ2 SQ3 SQ4
X1 X2 X5 Y1 X0 Y0
SB1-1 SB2-2 SQ1 KM2-2 FR KM1
X2 X1 X6 Y0 X0 Y1
SB2-1 SB1-2 SQ2 KM1-2 FR KM2
X3 X4 X7 Y3 X0 Y2
SB3-1 SB4-2 SQ3 KM4-2 FR KM3
X4 X3 X10 Y2 X0 Y3
SB4-1 SB3-2 SQ4 KM3-2 FR KM4
END
三菱FX2N—32MR
COM1 Y0 Y1 Y2 Y3 COM2 Y4 Y5 Y6 Y7
交流220V
KM1 KM2 KM3 KM4
1 按下右移点动按钮SB4。
2 输入继电器常开触点X4闭合。
3 输入继电器常闭触点X4断开。
4 输出继电器Y3得电。
5 交流接触器KM4的线圈得电。
6 常闭触点Y3断开实现互锁。
7 主电路中的主触点KM4-1闭合。
8 位移电动机接通正向电源正向运转，向右平移重物。
9 当电动机右移到限位开关SQ4位置时，SQ4动作。
10 输入继电器常闭触点X10断开。
11 输出继电器Y3失电。
12 交流接触器KM4的线圈失电。
13 常闭触点Y3复位闭合。
14 主电路中主触点KM4-1复位断开。
15 位移电动机停止正向运转。

特别提醒

在电动葫芦控制中，重物的下降、左移控制与上述控制方式相同，可参照上述分析过程。

通过上述PLC控制电路的分析，我们大致可以归纳出在PLC控制下电动葫芦的各控制过程。另外，上述PLC控制过程中重物的提升 → 停止提升 → 右移 → 停止右移 → 下降 → 工序处理 → 处理完成后上升 → 停止上升 → 再次右移至第二个工序 → 下降 → 进行第二个工序处理等过程中还可通过定时器设定工序执行时间后，自动提升重物，并自动进入第二个工序，实现整个控制系统的自动化控制，其梯形图程序也将有所不同。也就是说，通过更改PLC内的梯形图程序便可实现不同控制功能，而无需拆除外接电气部件，具有高可靠性和灵活性。

4. 自动门的PLC控制电路识读

PLC自动门控制系统中，各主要控制部件和功能部件都直接连接到PLC相应的接口上，然后根据PLC内部程序的设定，实现对自动门开启、关闭、停止等控制功能。对该电路进行识读时，应从电路图中各主要部件的功能特点、PLC的I/O分配表和PLC内部用户梯形图程序入手进行细致解析。

【自动门功能示意图】

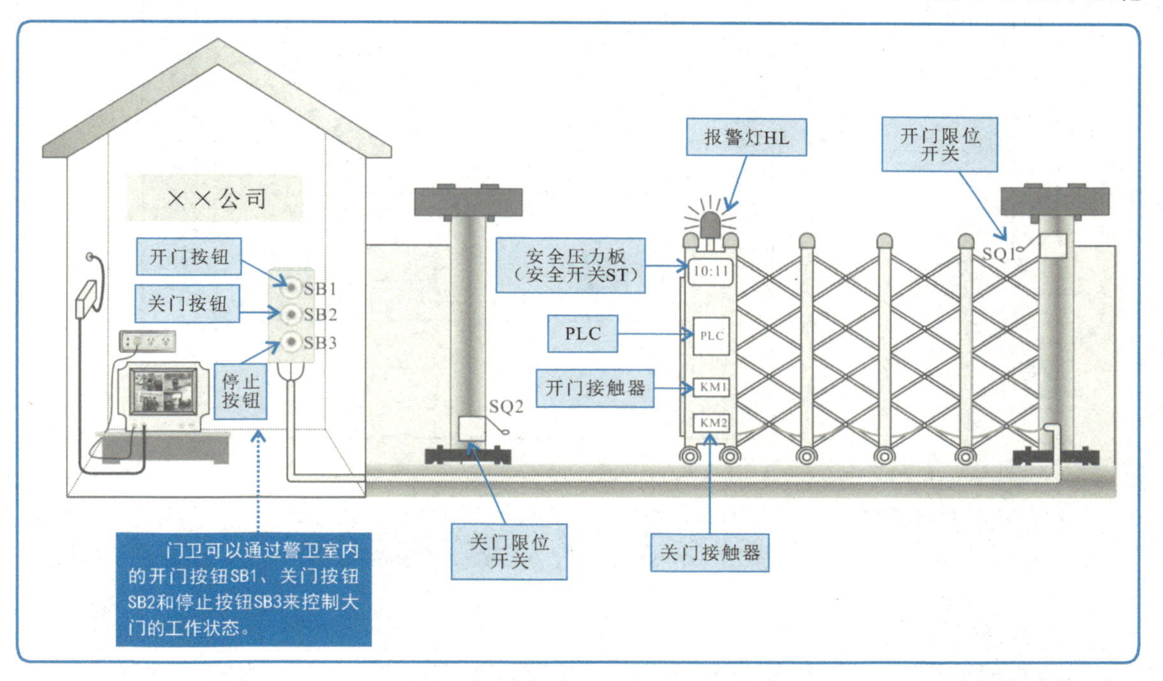

【由PLC控制的自动门控制系统的I/O分配表】

输入信号及地址编号			输出信号及地址编号		
名称	代号	输入点地址编号	名称	代号	输出点地址编号
开门按钮	SB1	X1	关门接触器	KM1	Y1
关门按钮	SB2	X2	开门接触器	KM2	Y2
停止按钮	SB3	X3	报警灯	HL	Y3
开门限位开关	SQ1	X4			
关门限位开关	SQ2	X5			
安全开关	ST	X6			

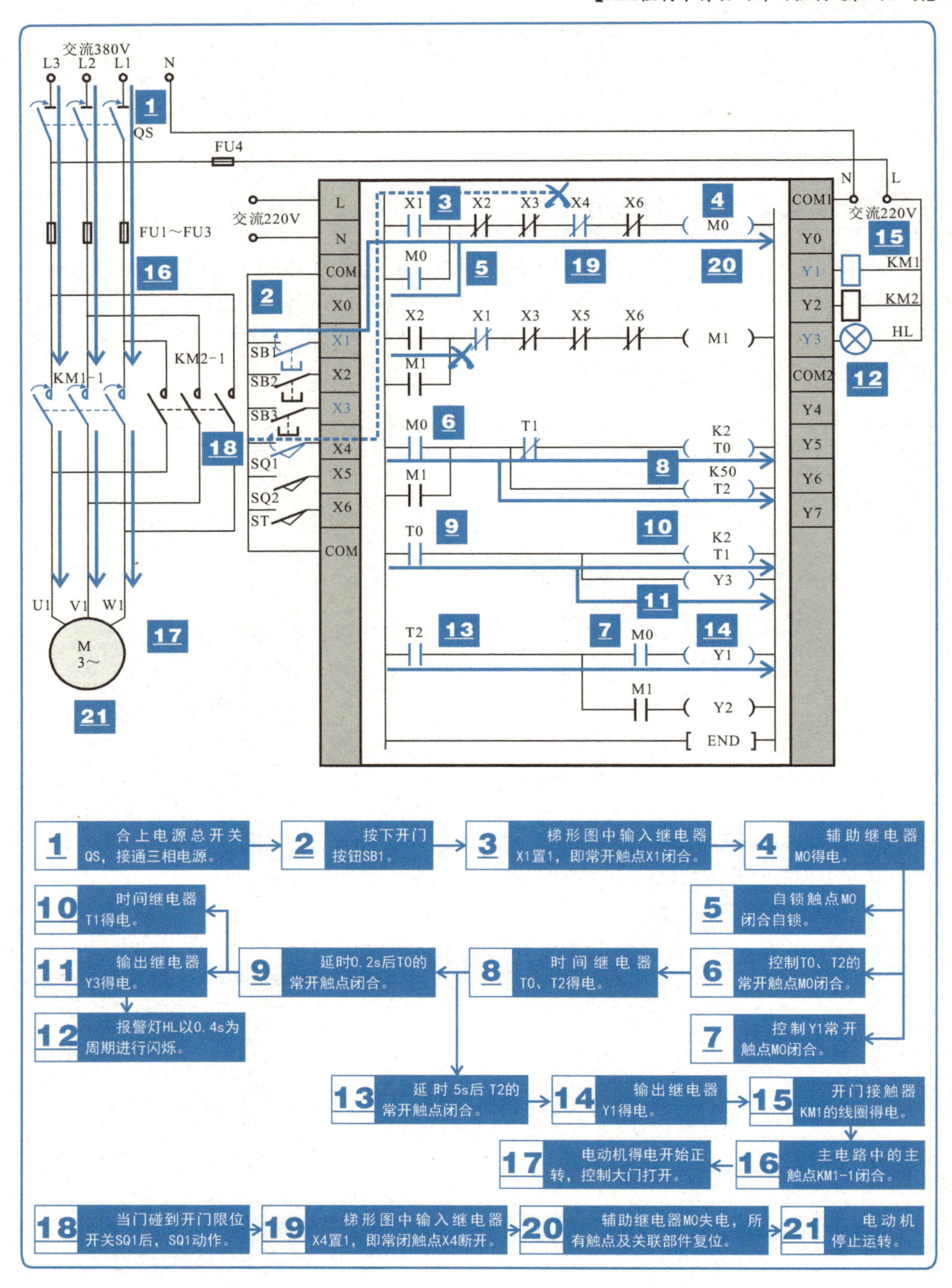

交流380V
L3 L2 L1 N
QS
FU4
FU1～FU3
KM1-1
KM2-1
U1 V1 W1
M 3～
交流220V
L
N
COM
X0
X1
X2
X3
X4
X5
X6
COM
SB1
SB2
SB3
SQ1
SQ2
ST
X1 X2 X3 X4 X6 M0
M0
X2 X1 X3 X5 X6 M1
M1
M0 T1 K2 T0
M1 K50 T2
T0 K2 T1
Y3
T2 M0 Y1
M1 Y2
END
COM1
Y0
Y1
Y2
Y3
COM2
Y4
Y5
Y6
Y7
N L
交流220V
KM1
KM2
HL
1 合上电源总开关QS，接通三相电源。
2 按下开门按钮SB1。
3 梯形图中输入继电器X1置1，即常开触点X1闭合。
4 辅助继电器M0得电。
5 自锁触点M0闭合自锁。
6 控制T0、T2的常开触点M0闭合。
7 控制Y1常开触点M0闭合。
8 时间继电器T0、T2得电。
9 延时0.2s后T0的常开触点闭合。
10 时间继电器T1得电。
11 输出继电器Y3得电。
12 报警灯HL以0.4s为周期进行闪烁。
13 延时5s后T2的常开触点闭合。
14 输出继电器Y1得电。
15 开门接触器KM1的线圈得电。
16 主电路中的主触点KM1-1闭合。
17 电动机得电开始正转，控制大门打开。
18 当门碰到开门限位开关SQ1后，SQ1动作。
19 梯形图中输入继电器X4置1，即常闭触点X4断开。
20 辅助继电器M0失电，所有触点及关联部件复位。
21 电动机停止运转。

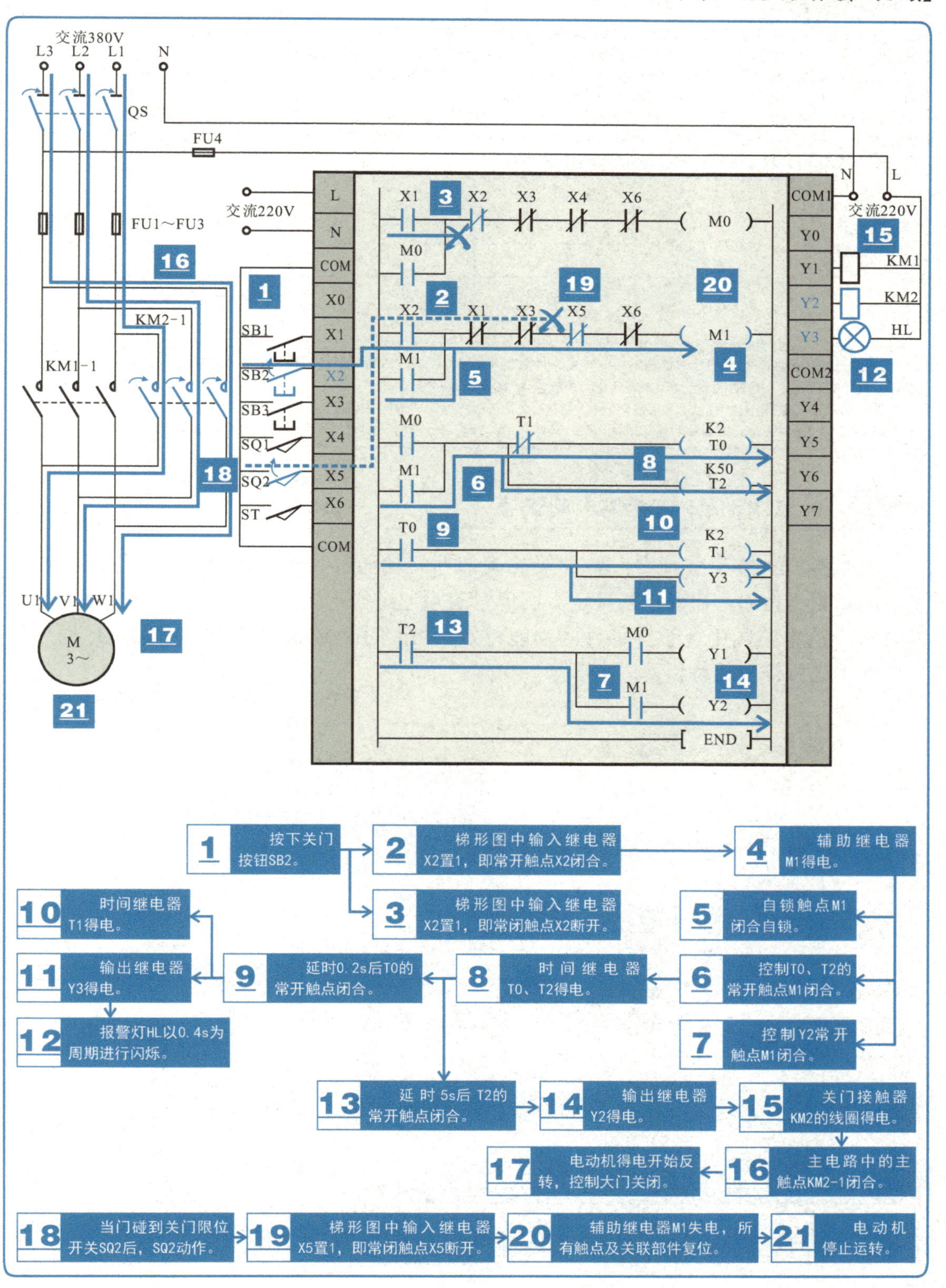
交流380V
L3 L2 L1 N
QS
FU4
FU1～FU3
KM2-1
KM1-1
SB1
SB2
SB3
SQ1
SQ2
ST
U1 V1 W1
M
3～
交流220V
L
N
COM
X0
X1
X2
X3
X4
X5
X6
COM
X1 X2 X3 X4 X6 M0
M0
X2 X1 X3 X5 X6 M1
M1
M0 T1 K2 T0
M1 K50 T2
T0 K2 T1
Y3
T2 M0 Y1
M1 Y2
END
COM1
Y0
Y1
Y2
Y3
COM2
Y4
Y5
Y6
Y7
N L
交流220V
KM1
KM2
HL
1 按下关门按钮SB2。
2 梯形图中输入继电器X2置1，即常开触点X2闭合。
3 梯形图中输入继电器X2置1，即常闭触点X2断开。
4 辅助继电器M1得电。
5 自锁触点M1闭合自锁。
6 控制T0、T2的常开触点M1闭合。
7 控制Y2常开触点M1闭合。
8 时间继电器T0、T2得电。
9 延时0.2s后T0的常开触点闭合。
10 时间继电器T1得电。
11 输出继电器Y3得电。
12 报警灯HL以0.4s为周期进行闪烁。
13 延时5s后T2的常开触点闭合。
14 输出继电器Y2得电。
15 关门接触器KM2的线圈得电。
16 主电路中的主触点KM2-1闭合。
17 电动机得电开始反转，控制大门关闭。
18 当门碰到关门限位开关SQ2后，SQ2动作。
19 梯形图中输入继电器X5置1，即常闭触点X5断开。
20 辅助继电器M1失电，所有触点及关联部件复位。
21 电动机停止运转。

特别提醒

在三菱PLC梯形图中字母M表示辅助继电器，采用十进制编号，是PLC编程中应用较多的一种编程元件，它不能直接读取外部输入，也不能直接驱动外部功能部件，只能作为辅助运算，因此不需要为其分配输入点地址编号。

在三菱PLC梯形图中字母T表示时间继电器，采用十进制编号，它是将PLC内的1ms、10ms、100ms等时钟脉冲进行累计计时的，计时到达预设值时，其延时动作的常开、常闭触点才会相应动作。

根据功能的不同，定时器可分为通用型定时器和累计型定时器两种，其中通用型定时器共有246点，元件范围为T0～T245；累计型定时器共有10点，元件范围为T246～T255。不同类型不同编号的定时器其时钟脉冲和计时范围也有所不同，下表所列为三菱FX_{2N}系列PLC不同类型不同编号的定时器所对应的时钟脉冲和计时范围。

定时器类型	定时器编号	时钟脉冲	计时范围
通用型定时器	T0～T199	100ms	0.1～3276.7s
	T200～T245	10ms	0.01～327.67s
累计型定时器	T246～T249	10ms	0.001～32.767s
	T250～T255	100ms	0.1～3276.7s

三菱PLC定时器的定时时间T=时钟脉冲（ms）×计时常数（K或H）。计时常数用于设定定时器的计时时间，常使用字母K或H进行标识，其中K用来表示十进制常数，H用来表示十六进制常数（0～9和A～F）。

例如，定时器的编号为T0，计时常数K预设值为2，通过表查询可知T0的时钟脉冲为100ms，因此可计算出该定时器的定时时间T=100ms×2=200 ms=0.2s。即当定时器T0线圈得电，开始计时0.2s，当计时时间到时，其延时闭合的常开触点T0闭合。

5. 蓄水池的PLC控制电路识读

PLC蓄水池控制系统中，各主要控制部件和功能部件直接连接到PLC相应的接口上，然后根据PLC内部程序的设定，实现对蓄水池进排水的控制功能。对该电路进行识读时，应从电路图中各主要部件的功能特点、PLC的I/O分配表和PLC内部用户梯形图程序入手进行细致地解析。

【蓄水池双向进排水控制电路的功能结构图】

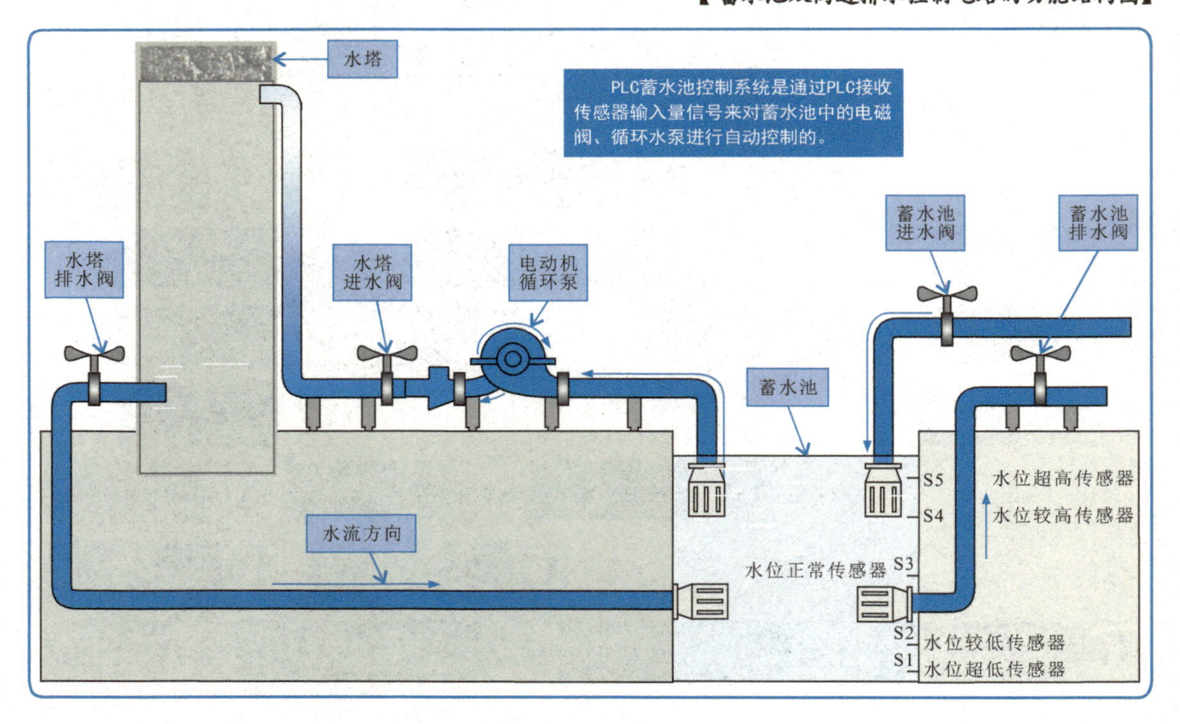

【由PLC控制的蓄水池控制系统的I/O分配表】

输入信号及地址编号			输出信号及地址编号		
名称	代号	输入点地址编号	名称	代号	输出点地址编号
系统起动按钮	SB1	X0	水塔排水阀接触器	KA1	Y0
系统停止按钮	SB2	X1	水塔进水阀接触器	KA2	Y1
蓄水池水位超低传感器	S1	X2	蓄水池进水阀接触器	KA3	Y2
蓄水池水位较低传感器	S2	X3	蓄水池排水阀接触器	KA4	Y3
蓄水池水位正常传感器	S3	X4	电动机循环泵接触器	KM5	Y4
蓄水池水位较高传感器	S4	X5			
蓄水池水位超高传感器	S5	X6			

【蓄水池的PLC控制电路原理图】

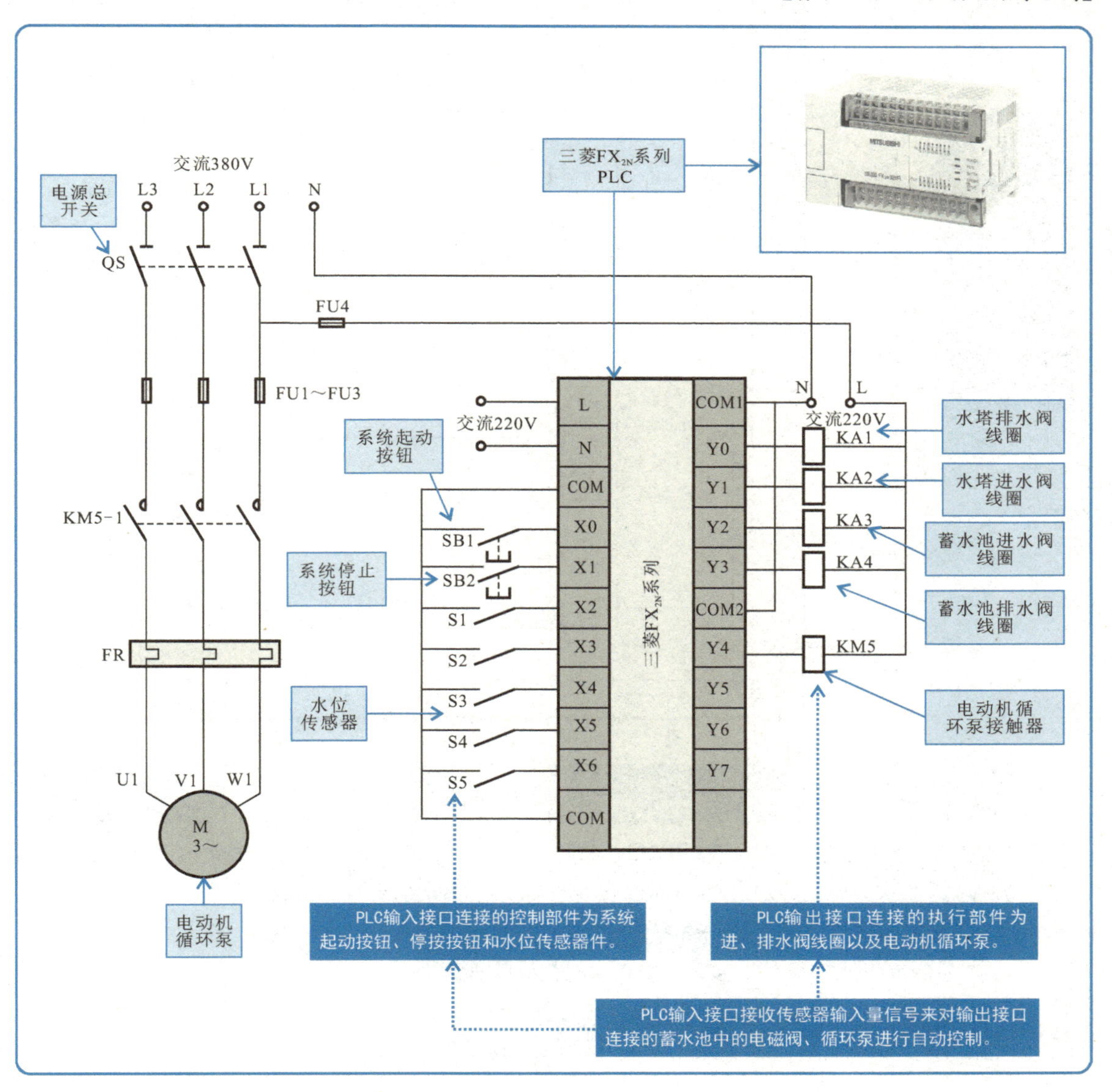

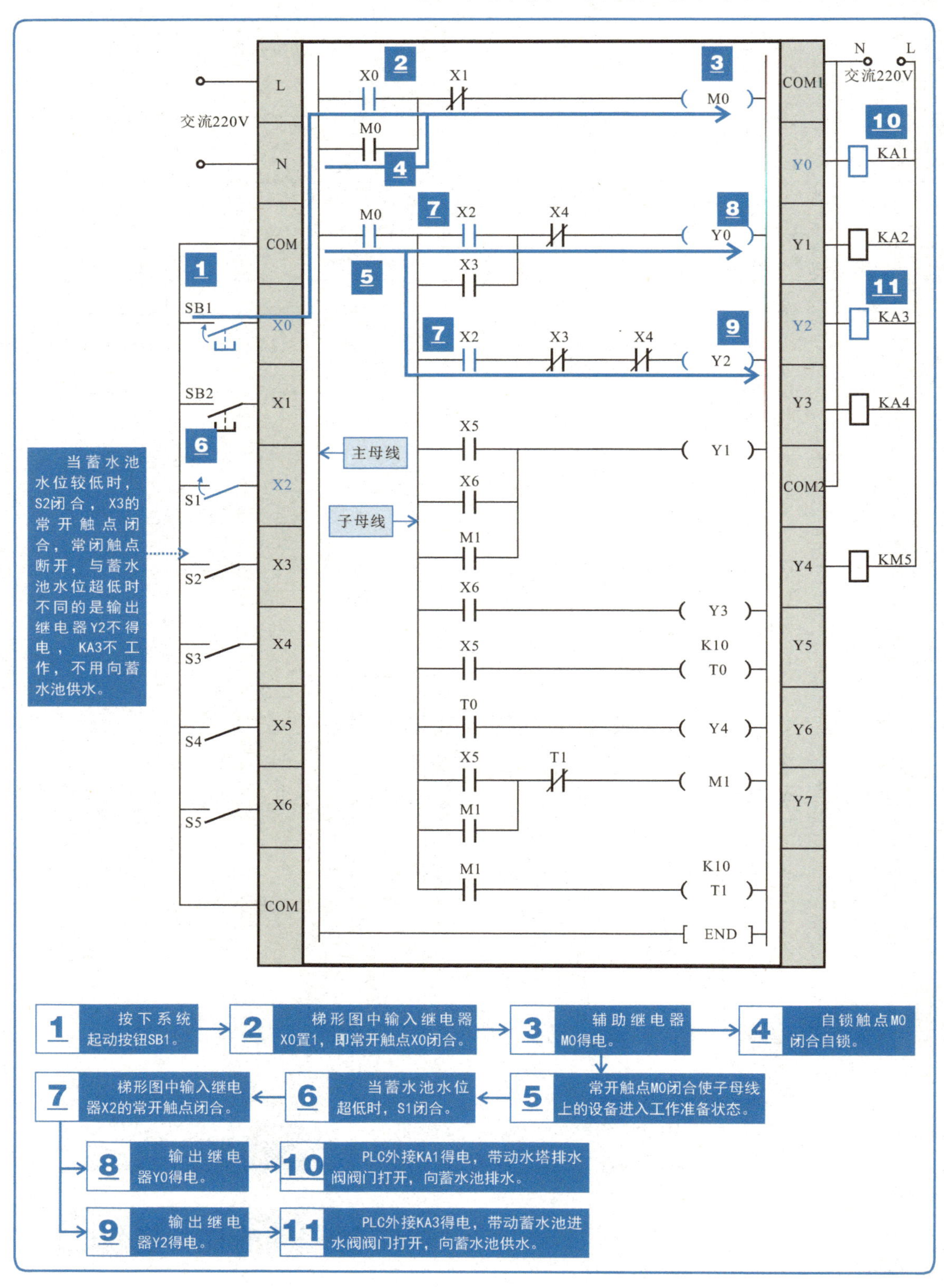
交流220V
L
N
COM
X0
X1
X2
X3
X4
X5
X6
COM
SB1
SB2
S1
S2
S3
S4
S5
当蓄水池水位较低时，S2闭合，X3的常开触点闭合，常闭触点断开，与蓄水池水位超低时不同的是输出继电器Y2不得电，KA3不工作，不用向蓄水池供水。
主母线
子母线
X0
X1
M0
X2
X4
Y0
X3
Y2
X5
Y1
X6
M1
Y3
K10
T0
Y4
T1
END
COM1
COM2
Y5
Y6
Y7
N
L
交流220V
KA1
KA2
KA3
KA4
KM5
1 按下系统起动按钮SB1。
2 梯形图中输入继电器X0置1，即常开触点X0闭合。
3 辅助继电器M0得电。
4 自锁触点M0闭合自锁。
5 常开触点M0闭合使子母线上的设备进入工作准备状态。
6 当蓄水池水位超低时，S1闭合。
7 梯形图中输入继电器X2的常开触点闭合。
8 输出继电器Y0得电。
9 输出继电器Y2得电。
10 PLC外接KA1得电，带动水塔排水阀阀门打开，向蓄水池排水。
11 PLC外接KA3得电，带动蓄水池进水阀阀门打开，向蓄水池供水。

【PLC控制下蓄水池水位超高或较高时进排水控制过程的识读】

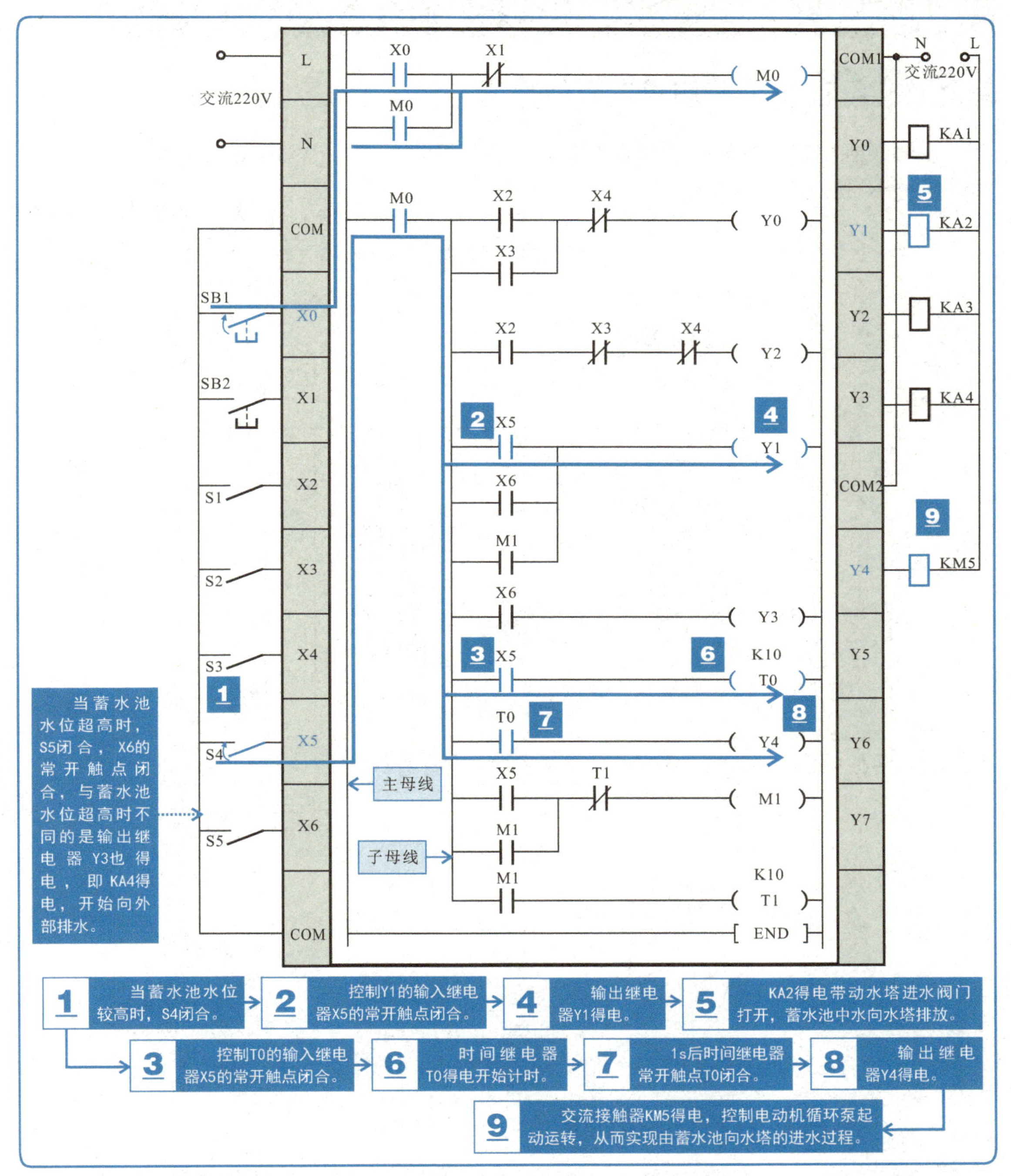

特别提醒

在梯形图中共有两条母线，其中，靠近最外侧的母线为主母线，其内部的一条线为子母线，只有当设置在主母线上的M0得电后，其子母线上的相关操作才可实现。

同时，根据蓄水池水塔进/排水控制电路的设计需求，需要在电路中设计两个时间继电器来对电动机循环泵与水塔进水阀先后控制的间隔时间进行设定，其间隔控制时间为1s。从该梯形图可看出，其时间继电器的设置时间为“K10”，即经过的时间为10×0.1s=1s。

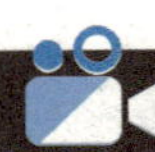

8.2 变频控制电路图的识读方法

8.2.1 变频控制电路图的结构

变频控制电路是指利用变频器对各种负载设备中的交流电动机进行起动、变频调速和停机等多种控制。

【绕线机的变频控制电路图】

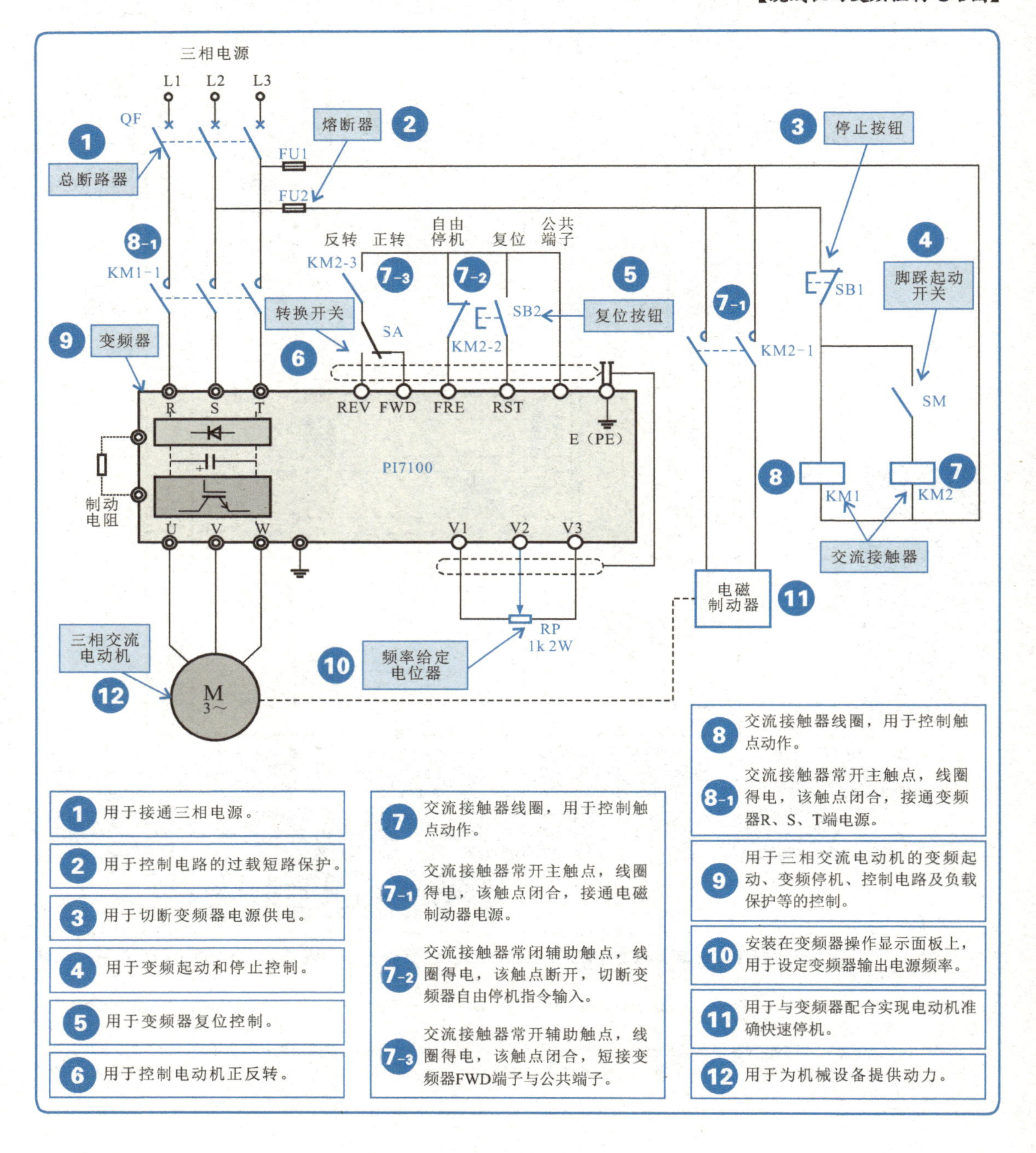

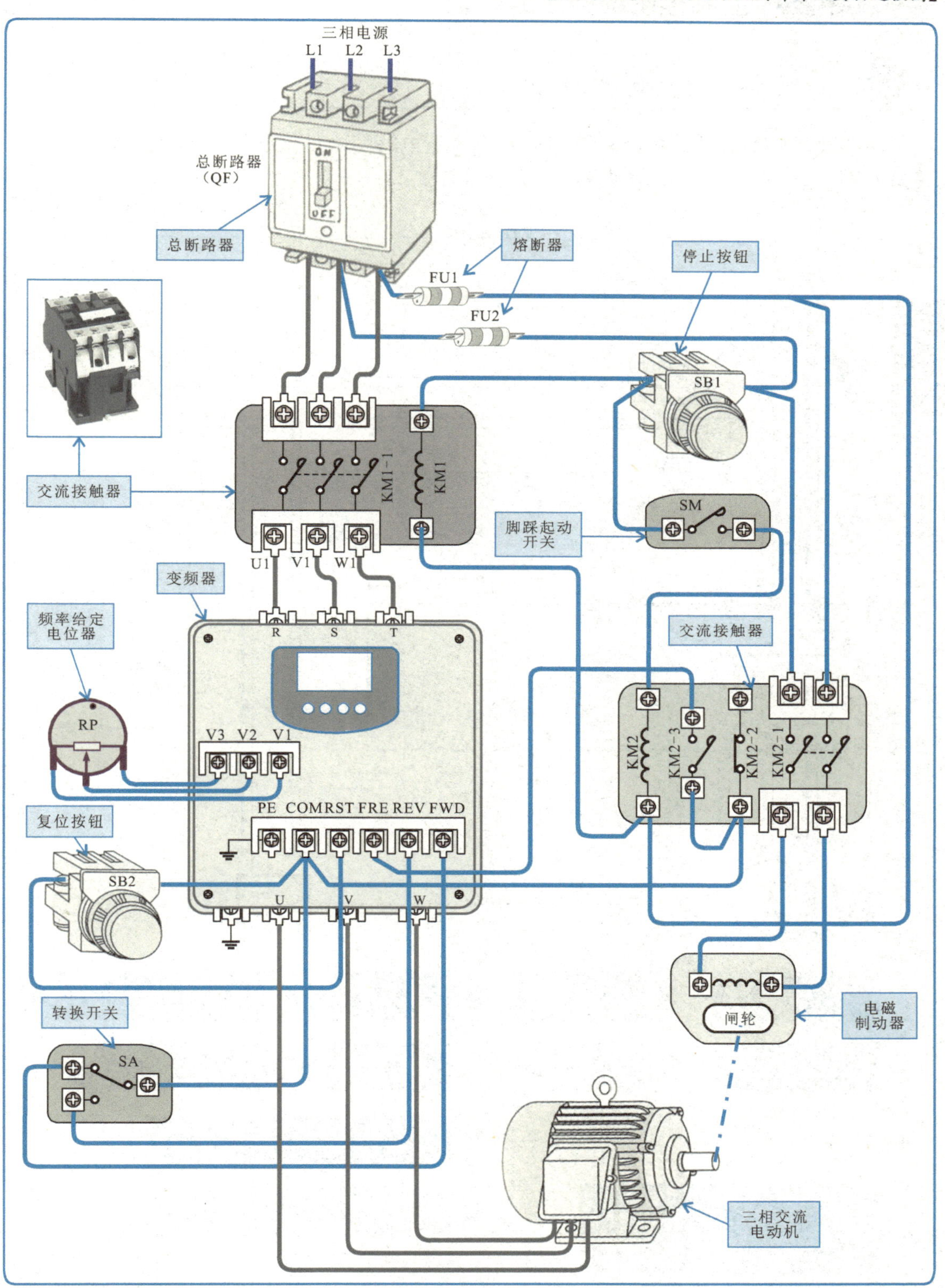
三相电源
L1 L2 L3
总断路器
(QF)
总断路器
熔断器
FU1
FU2
停止按钮
SB1
交流接触器
KM1-1
KM1
SM
脚踩起动开关
U1 V1 W1
变频器
R S T
频率给定电位器
RP
V3 V2 V1
PE COM RST FRE REV FWD
复位按钮
SB2
U V W
交流接触器
KM2 KM2-3 KM2-2 KM2-1
转换开关
SA
闸轮
电磁制动器
三相交流电动机

8.2.2 变频控制电路图的识读

1. 绕线机的变频控制电路识读

对绕线机的变频控制电路进行识读时，应从电路图中各主要部件的功能特点和连接关系入手，对整个变频控制电路进行细致地识读。

【绕线机变频起动控制过程的识读】

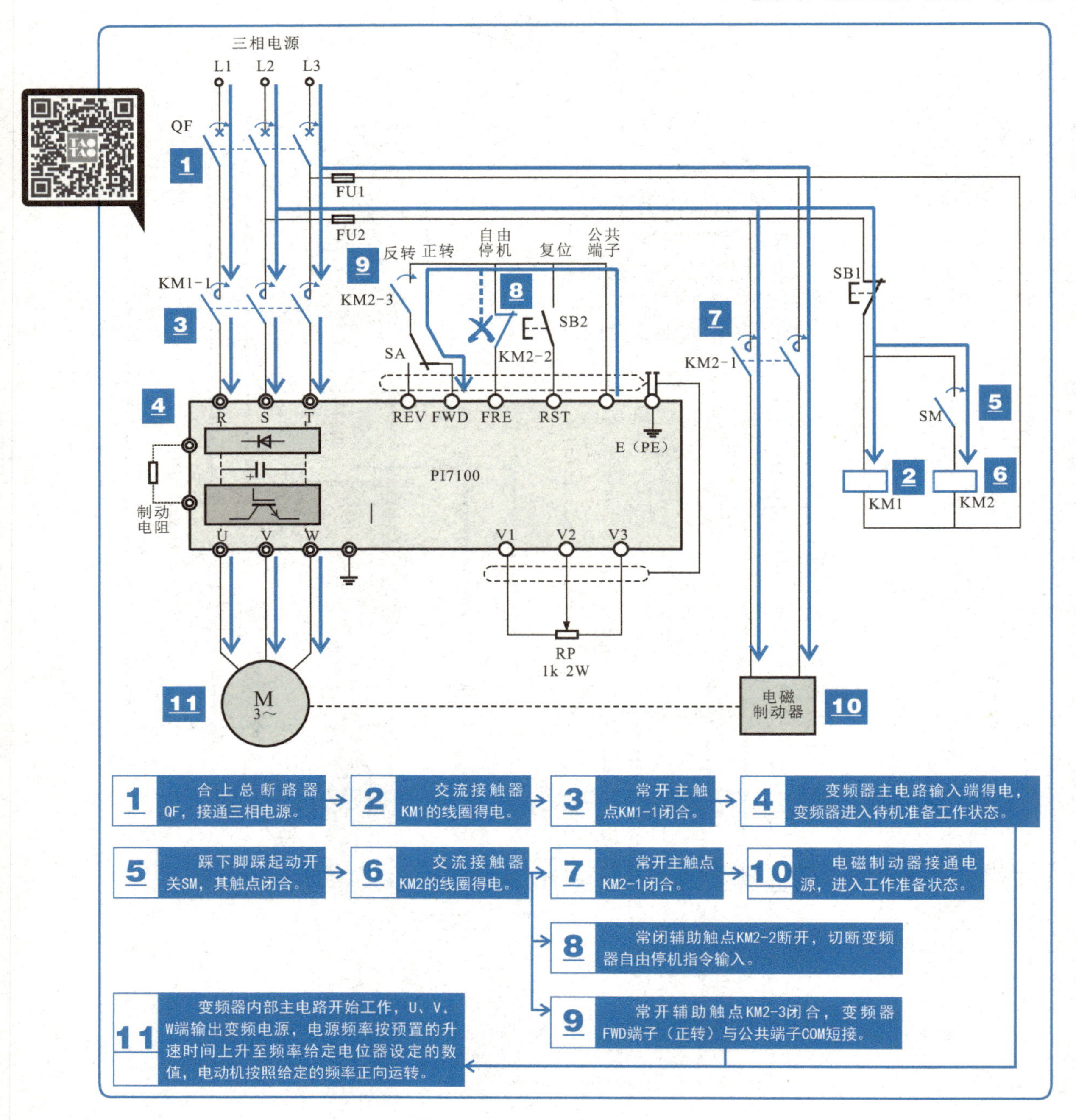

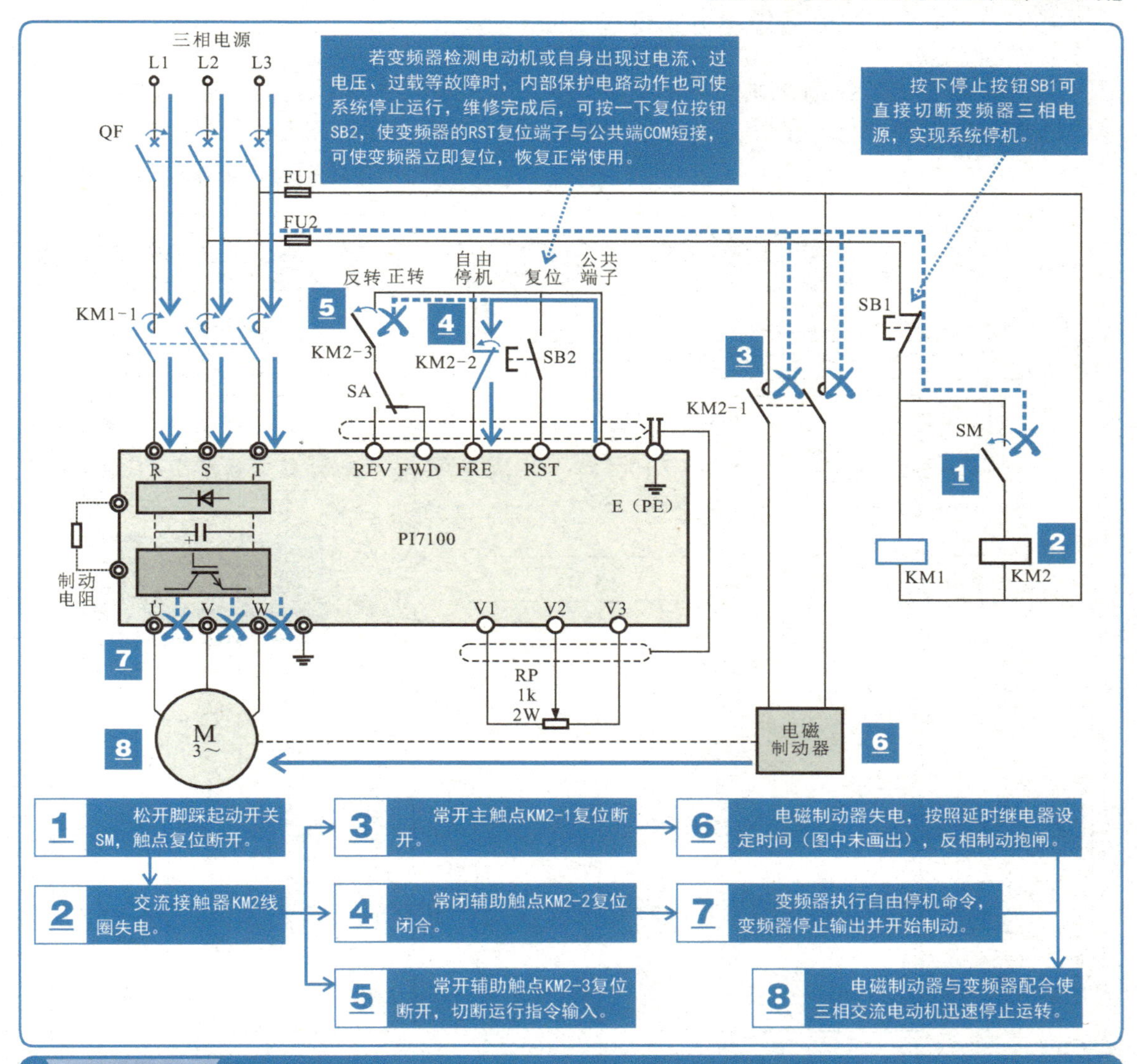

特别提醒

电磁制动器用于与变频器配合实现电动机准确快速停机。其内部一般是由衔铁、线圈、闸轮、闸瓦、杠杆和弹簧构成，其中闸轮与电动机装在同一根转轴上，当闸轮停止转动时，电动机也同时迅速停转。电磁制动器线圈得电时，吸引衔铁，并使其与线圈吸合，衔铁带动杠杆按顺时针方向旋转，从而使闸瓦与闸轮分开，电动机正常运行。电磁制动器线圈断电时，杠杆在弹簧力作用下复位，使闸瓦与闸轮紧紧抱住。闸轮迅速停止转动，与之连接在同一根转轴上的电动机也迅速停止转动。

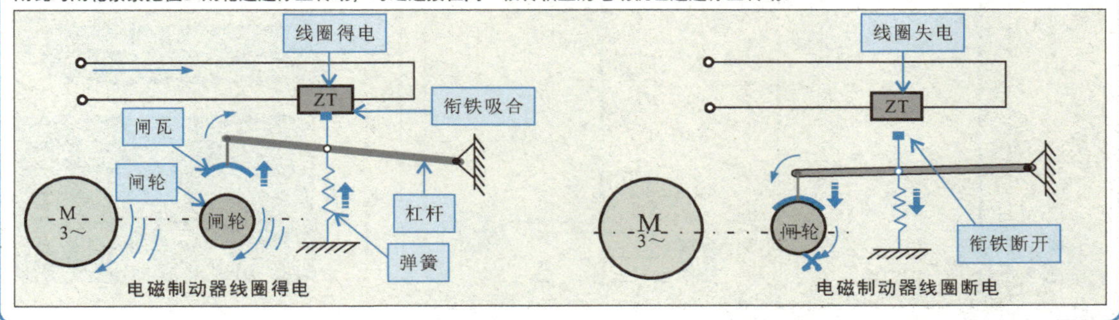

2. 拉线机的变频控制电路识读

拉线机属于工业线缆行业的一种常用设备，对拉线机变频控制电路进行识读时，应从电路图中各主要部件功能特点和连接关系入手，对整个变频控制电路进行细致识读。

【拉线机变频起动控制过程的识读】

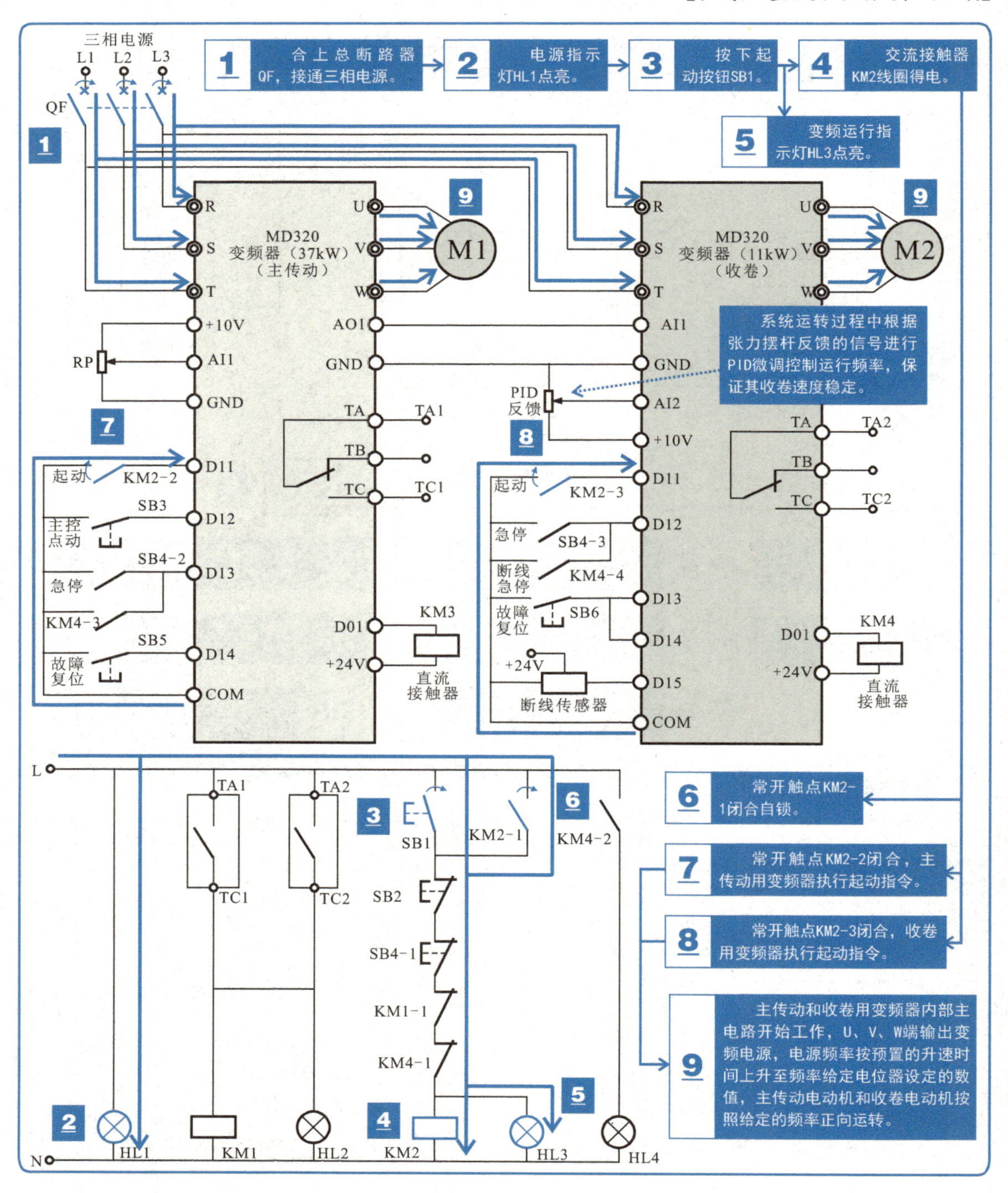

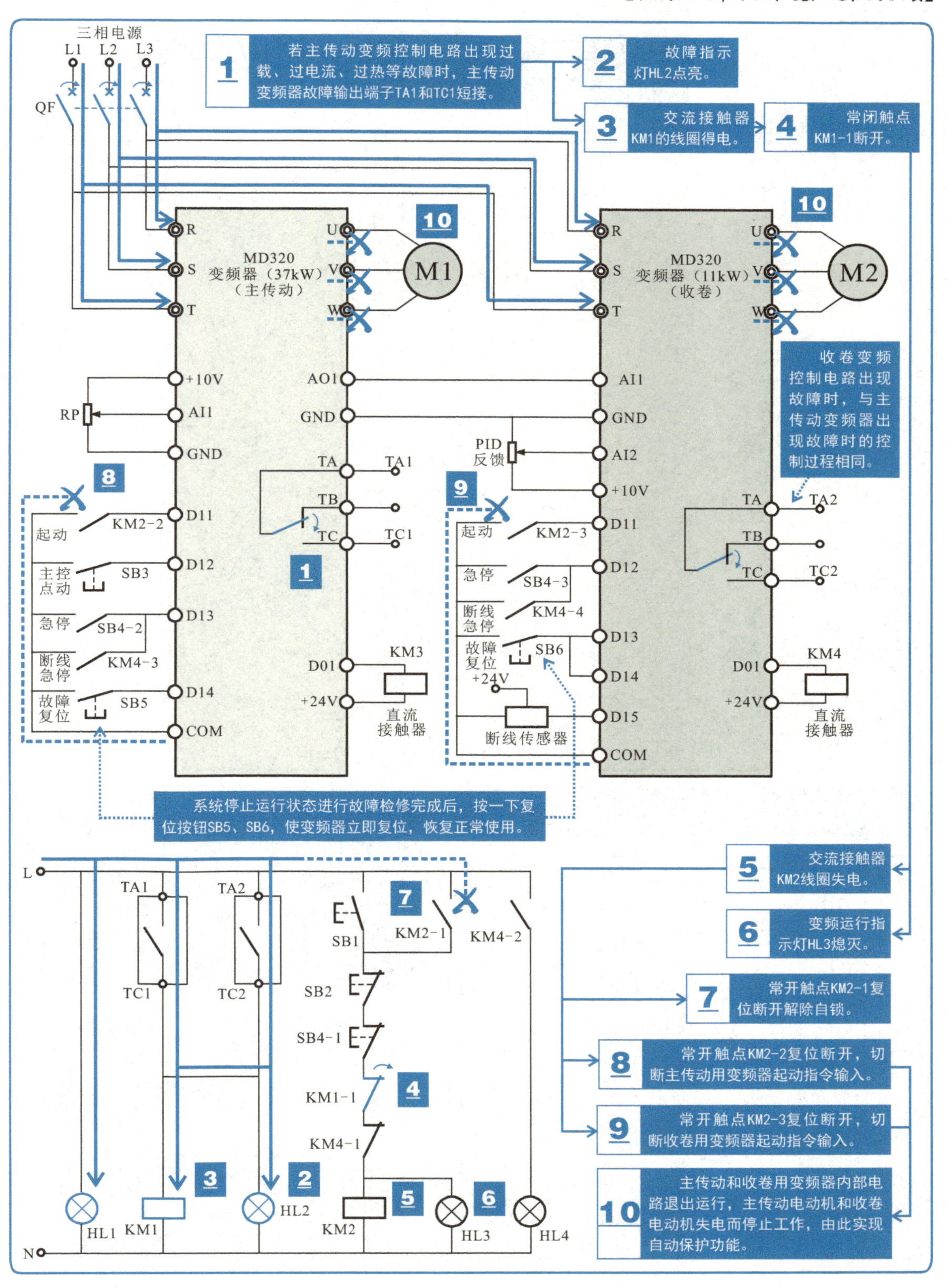

三相电源
L1 L2 L3
QF
1 若主传动变频控制电路出现过载、过电流、过热等故障时，主传动变频器故障输出端子TA1和TC1短接。
2 故障指示灯HL2点亮。
3 交流接触器KM1的线圈得电。
4 常闭触点KM1-1断开。
MD320 变频器（37kW）（主传动）
MD320 变频器（11kW）（收卷）
M1
M2
10
收卷变频控制电路出现故障时，与主传动变频器出现故障时的控制过程相同。
RP
PID 反馈
起动 KM2-2
主控点动 SB3
急停 SB4-2
断线急停 KM4-3
故障复位 SB5
起动 KM2-3
急停 SB4-3
断线急停 KM4-4
故障复位 SB6
+24V
断线传感器
KM3 直流接触器
KM4 直流接触器
系统停止运行状态进行故障检修完成后，按一下复位按钮SB5、SB6，使变频器立即复位，恢复正常使用。
5 交流接触器KM2线圈失电。
6 变频运行指示灯HL3熄灭。
7 常开触点KM2-1复位断开解除自锁。
8 常开触点KM2-2复位断开，切断主传动用变频器起动指令输入。
9 常开触点KM2-3复位断开，切断收卷用变频器起动指令输入。
10 主传动和收卷用变频器内部电路退出运行，主传动电动机和收卷电动机失电而停止工作，由此实现自动保护功能。
SB1 SB2 SB4-1 KM1-1 KM4-1 KM2-1 KM4-2
HL1 KM1 HL2 KM2 HL3 HL4

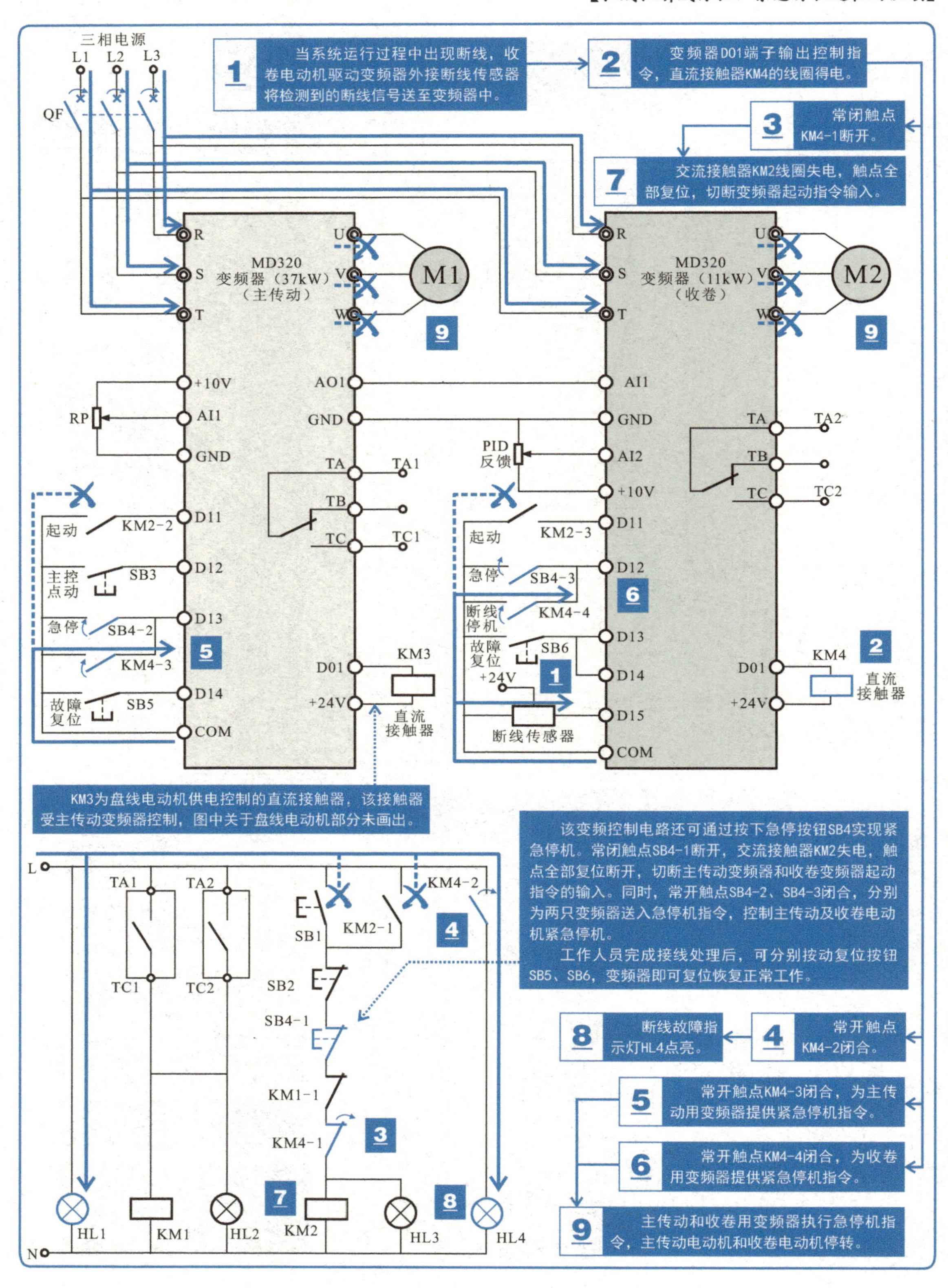

三相电源
L1 L2 L3
QF
1 当系统运行过程中出现断线，收卷电动机驱动变频器外接断线传感器将检测到的断线信号送至变频器中。
2 变频器D01端子输出控制指令，直流接触器KM4的线圈得电。
3 常闭触点KM4-1断开。
7 交流接触器KM2线圈失电，触点全部复位，切断变频器起动指令输入。
MD320 变频器（37kW）（主传动）
M1
MD320 变频器（11kW）（收卷）
M2
R S T U V W
+10V AI1 GND AO1 GND TA TB TC TA1 TC1
RP
起动 KM2-2 D11
主控点动 SB3 D12
急停 SB4-2 D13
KM4-3
故障复位 SB5 D14
COM
D01 KM3 +24V 直流接触器
AI1 GND AI2 +10V
PID 反馈
TA2 TC2
起动 KM2-3 D11
急停 SB4-3 D12
断线停机 KM4-4
故障复位 SB6 D13 D14
+24V D15
断线传感器
COM
D01 KM4 +24V 直流接触器
KM3为盘线电动机供电控制的直流接触器，该接触器受主传动变频器控制，图中关于盘线电动机部分未画出。
该变频控制电路还可通过按下急停按钮SB4实现紧急停机。常闭触点SB4-1断开，交流接触器KM2失电，触点全部复位断开，切断主传动变频器和收卷变频器起动指令的输入。同时，常开触点SB4-2、SB4-3闭合，分别为两只变频器送入急停机指令，控制主传动及收卷电动机紧急停机。
工作人员完成接线处理后，可分别按动复位按钮SB5、SB6，变频器即可复位恢复正常工作。
L N
TA1 TA2 TC1 TC2
SB1 KM2-1 KM4-2
SB2 SB4-1 KM1-1 KM4-1
HL1 KM1 HL2 KM2 HL3 HL4
8 断线故障指示灯HL4点亮。
4 常开触点KM4-2闭合。
5 常开触点KM4-3闭合，为主传动用变频器提供紧急停机指令。
6 常开触点KM4-4闭合，为收卷用变频器提供紧急停机指令。
9 主传动和收卷用变频器执行急停机指令，主传动电动机和收卷电动机停转。

3. 恒压供气的变频控制电路识读

恒压供气系统的控制对象为空气压缩机电动机，通过变频器对空气压缩机电动机的转速进行控制，可调节供气量，使其系统压力维持在设定值上。该控制电路的识读过程可参看下面的图解演示。

【空气压缩机变频起动控制过程的识读】

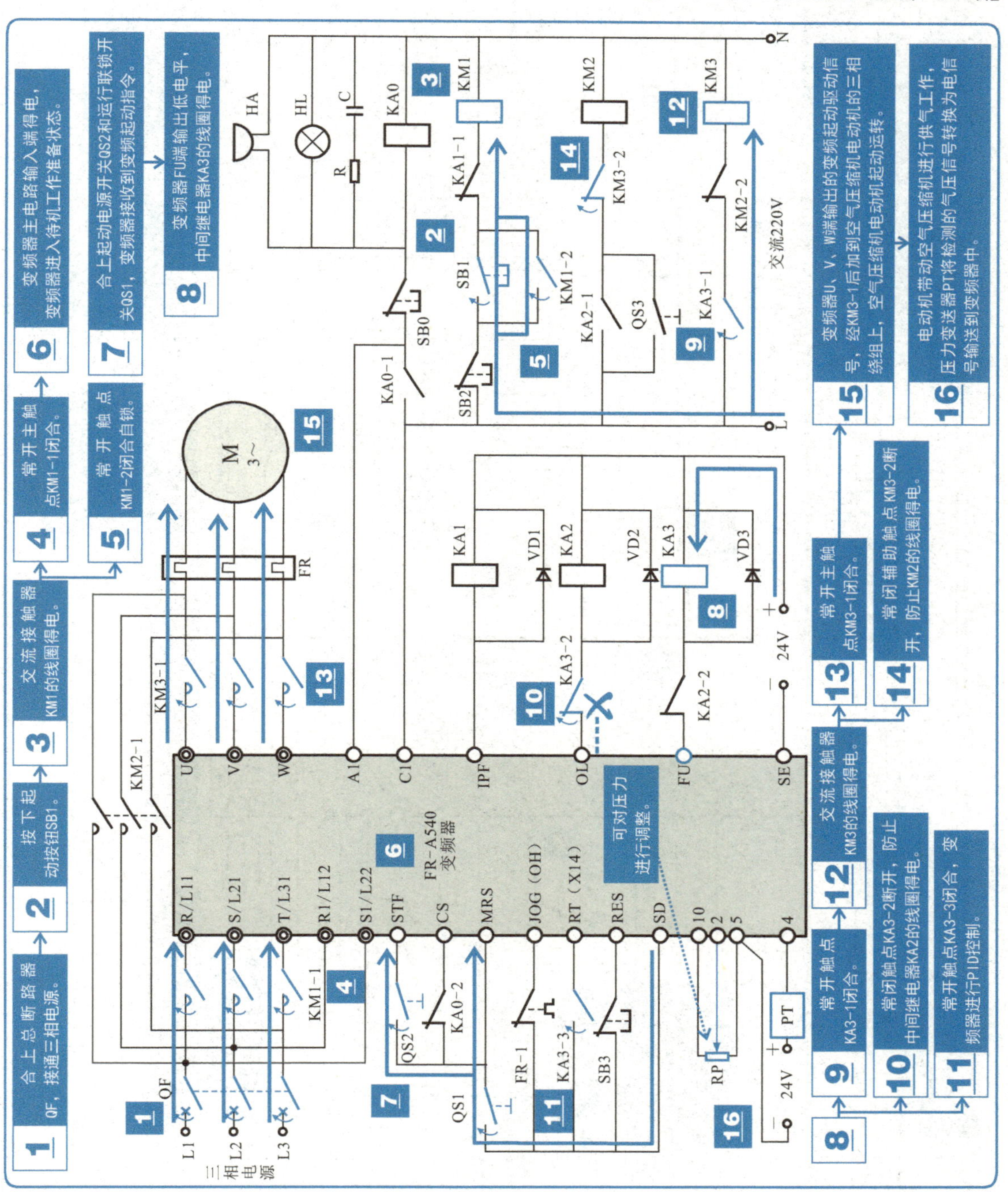

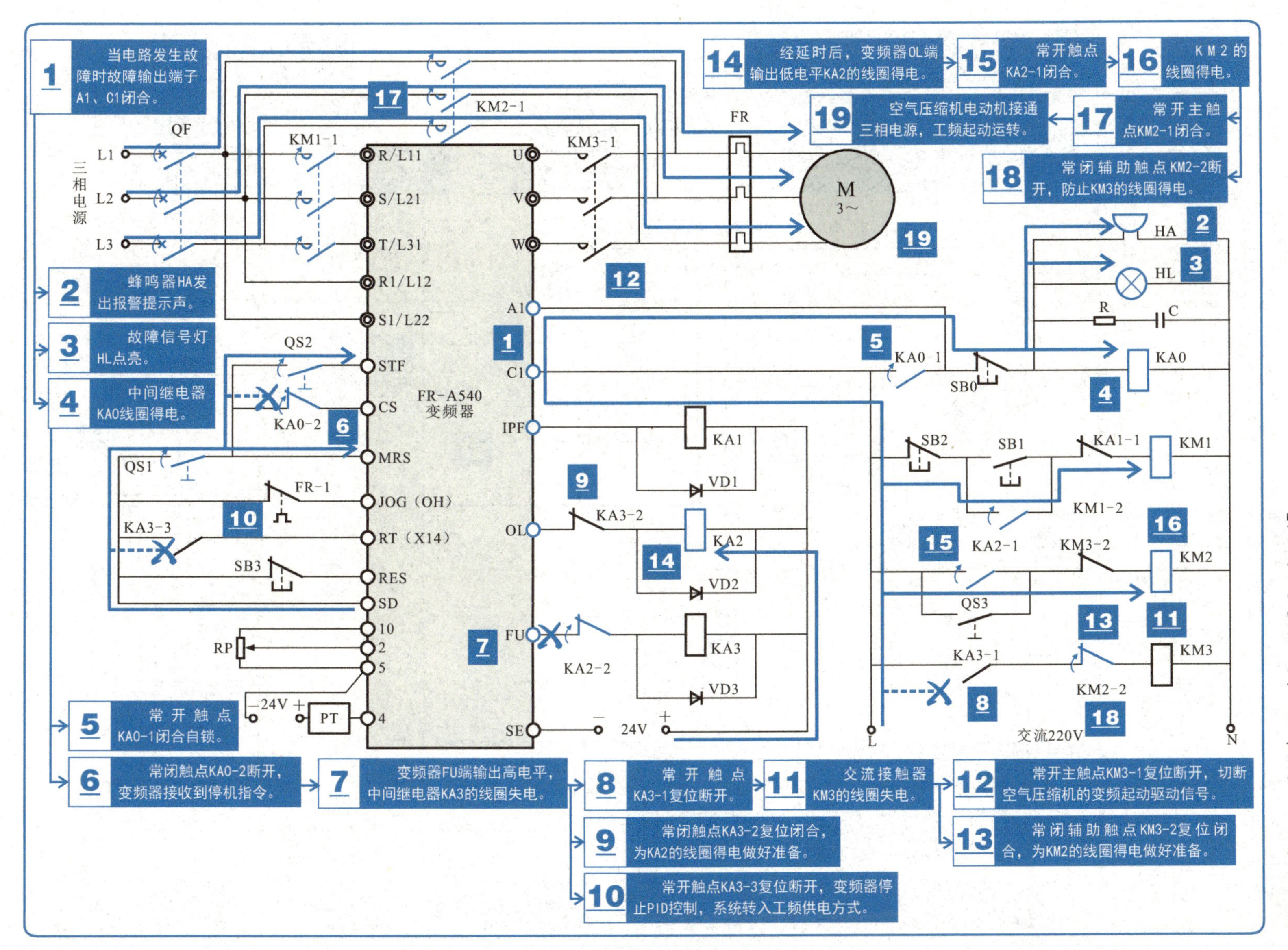

1 当电路发生故障时故障输出端子A1、C1闭合。
2 蜂鸣器HA发出报警提示声。
3 故障信号灯HL点亮。
4 中间继电器KA0线圈得电。
5 常开触点KA0-1闭合自锁。
6 常闭触点KA0-2断开，变频器接收到停机指令。
7 变频器FU端输出高电平，中间继电器KA3的线圈失电。
8 常开触点KA3-1复位断开。
9 常闭触点KA3-2复位闭合，为KA2的线圈得电做好准备。
10 常开触点KA3-3复位断开，变频器停止PID控制，系统转入工频供电方式。
11 交流接触器KM3的线圈失电。
12 常开主触点KM3-1复位断开，切断空气压缩机的变频起动驱动信号。
13 常闭辅助触点KM3-2复位闭合，为KM2的线圈得电做好准备。
14 经延时后，变频器OL端输出低电平KA2的线圈得电。
15 常开触点KA2-1闭合。
16 KM2的线圈得电。
17 常开主触点KM2-1闭合。
18 常闭辅助触点KM2-2断开，防止KM3的线圈得电。
19 空气压缩机电动机接通三相电源，工频起动运转。

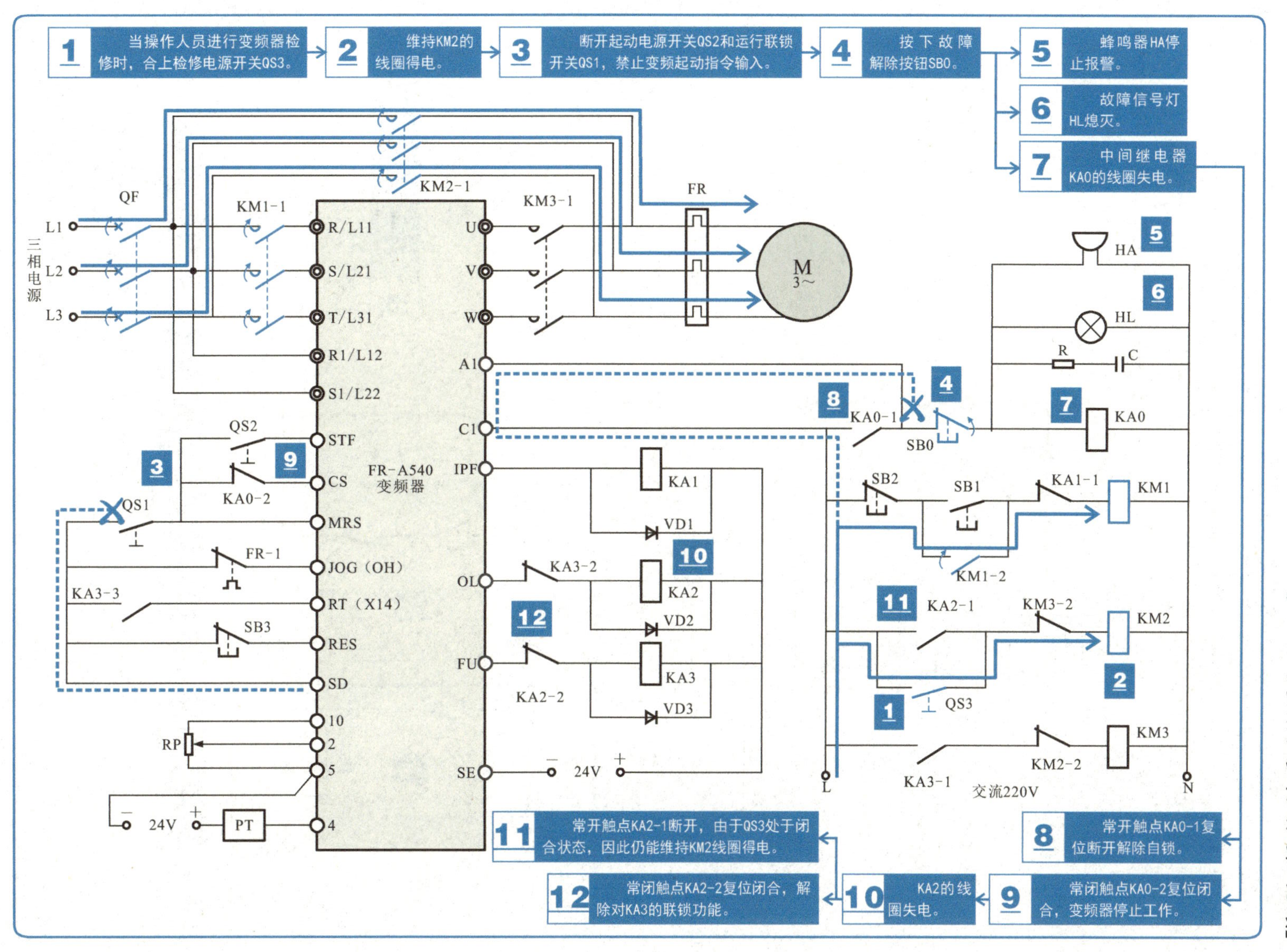
1 当操作人员进行变频器检修时，合上检修电源开关QS3。
2 维持KM2的线圈得电。
3 断开起动电源开关QS2和运行联锁开关QS1，禁止变频起动指令输入。
4 按下故障解除按钮SB0。
5 蜂鸣器HA停止报警。
6 故障信号灯HL熄灭。
7 中间继电器KA0的线圈失电。
8 常开触点KA0-1复位断开解除自锁。
9 常闭触点KA0-2复位闭合，变频器停止工作。
10 KA2的线圈失电。
11 常开触点KA2-1断开，由于QS3处于闭合状态，因此仍能维持KM2线圈得电。
12 常闭触点KA2-2复位闭合，解除对KA3的联锁功能。
三相电源
L1
L2
L3
QF
KM1-1
KM2-1
KM3-1
FR
M
3~
R/L11
S/L21
T/L31
R1/L12
S1/L22
STF
CS
MRS
JOG（OH）
RT（X14）
RES
SD
10
2
5
4
U
V
W
A1
C1
IPF
OL
FU
SE
FR-A540
变频器
QS2
KA0-2
QS1
FR-1
KA3-3
SB3
RP
24V
PT
KA1
VD1
KA2
VD2
KA3
VD3
KA3-2
KA2-2
HA
HL
R
C
KA0
KA0-1
SB0
SB2
SB1
KA1-1
KM1
KM1-2
KA2-1
KM3-2
KM2
QS3
KA3-1
KM2-2
KM3
L
N
交流220V

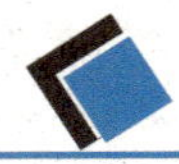

4. 物料传输机的变频控制电路识读

传输机是一种通过电动机带动传动设备来向定点位置输送物件的工业设备，对该变频控制电路进行识读时，应从各主要部件功能特点和连接关系入手进行细致识读。

【传输机变频器进入待机状态控制过程的识读】

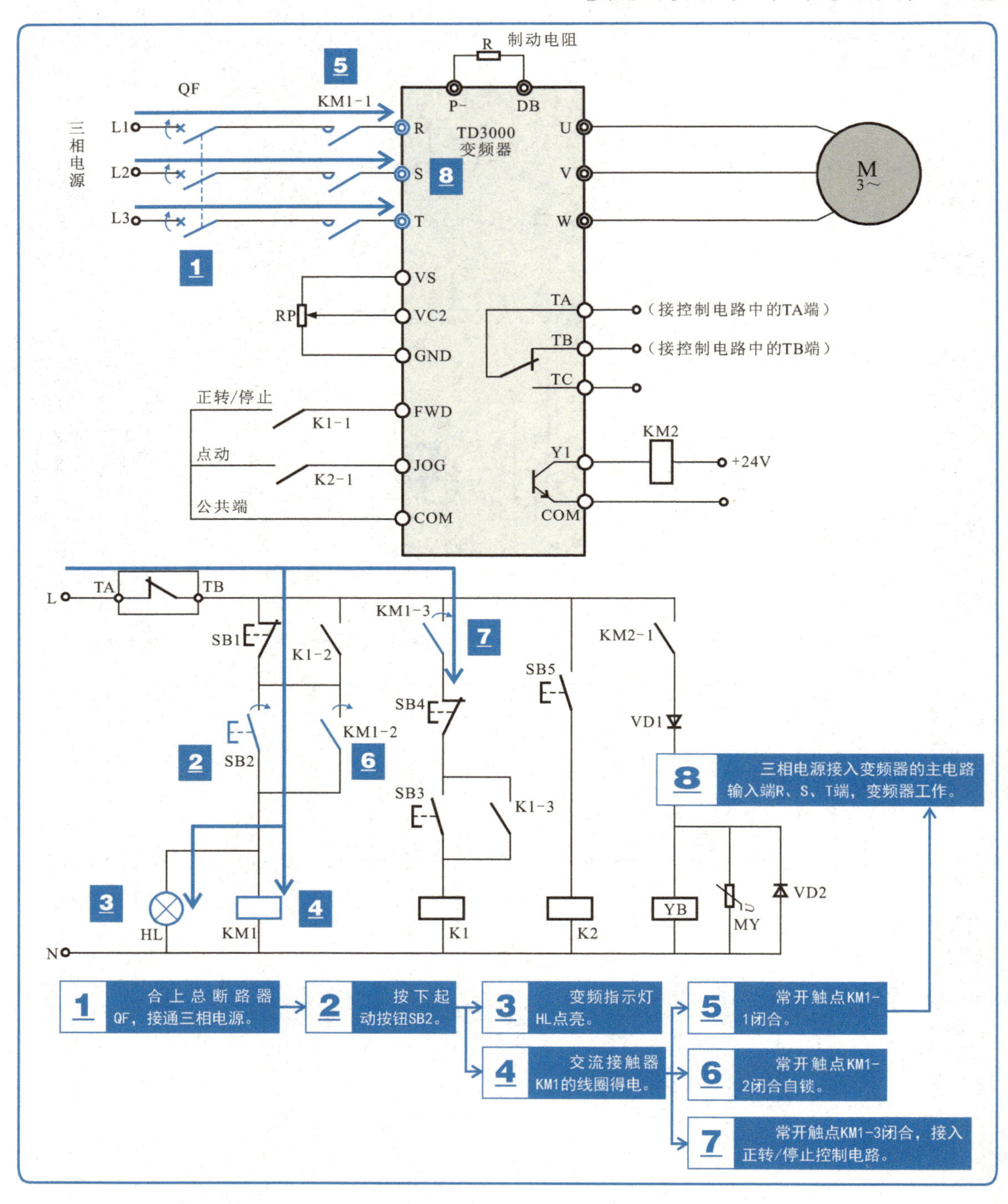

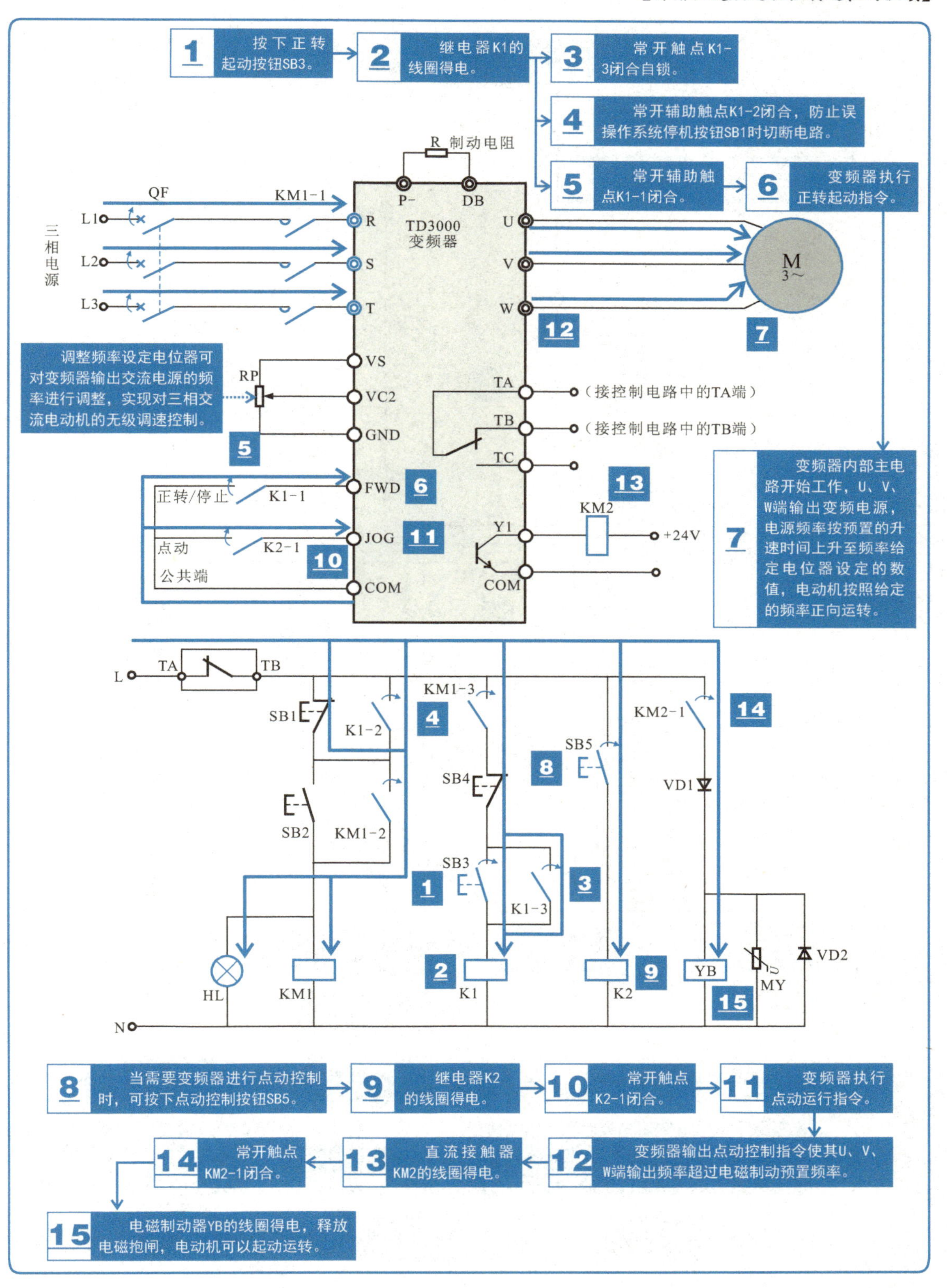

1 按下正转起动按钮SB3。
2 继电器K1的线圈得电。
3 常开触点K1-3闭合自锁。
4 常开辅助触点K1-2闭合，防止误操作系统停机按钮SB1时切断电路。
5 常开辅助触点K1-1闭合。
6 变频器执行正转起动指令。
R 制动电阻
P-
DB
QF
KM1-1
三相电源
L1
L2
L3
R
S
T
TD3000 变频器
U
V
W
M 3~
调整频率设定电位器可对变频器输出交流电源的频率进行调整，实现对三相交流电动机的无级调速控制。
RP
VS
VC2
GND
TA
TB
TC
（接控制电路中的TA端）
（接控制电路中的TB端）
正转/停止
K1-1
FWD
点动
K2-1
JOG
公共端
COM
KM2
Y1
+24V
COM
7 变频器内部主电路开始工作，U、V、W端输出变频电源，电源频率按预置的升速时间上升至频率给定电位器设定的数值，电动机按照给定的频率正向运转。
L
N
SB1
K1-2
KM1-3
KM2-1
SB5
SB4
VD1
SB2
KM1-2
SB3
K1-3
HL
KM1
K1
K2
YB
MY
VD2
8 当需要变频器进行点动控制时，可按下点动控制按钮SB5。
9 继电器K2的线圈得电。
10 常开触点K2-1闭合。
11 变频器执行点动运行指令。
12 变频器输出点动控制指令使其U、V、W端输出频率超过电磁制动预置频率。
13 直流接触器KM2的线圈得电。
14 常开触点KM2-1闭合。
15 电磁制动器YB的线圈得电，释放电磁抱闸，电动机可以起动运转。

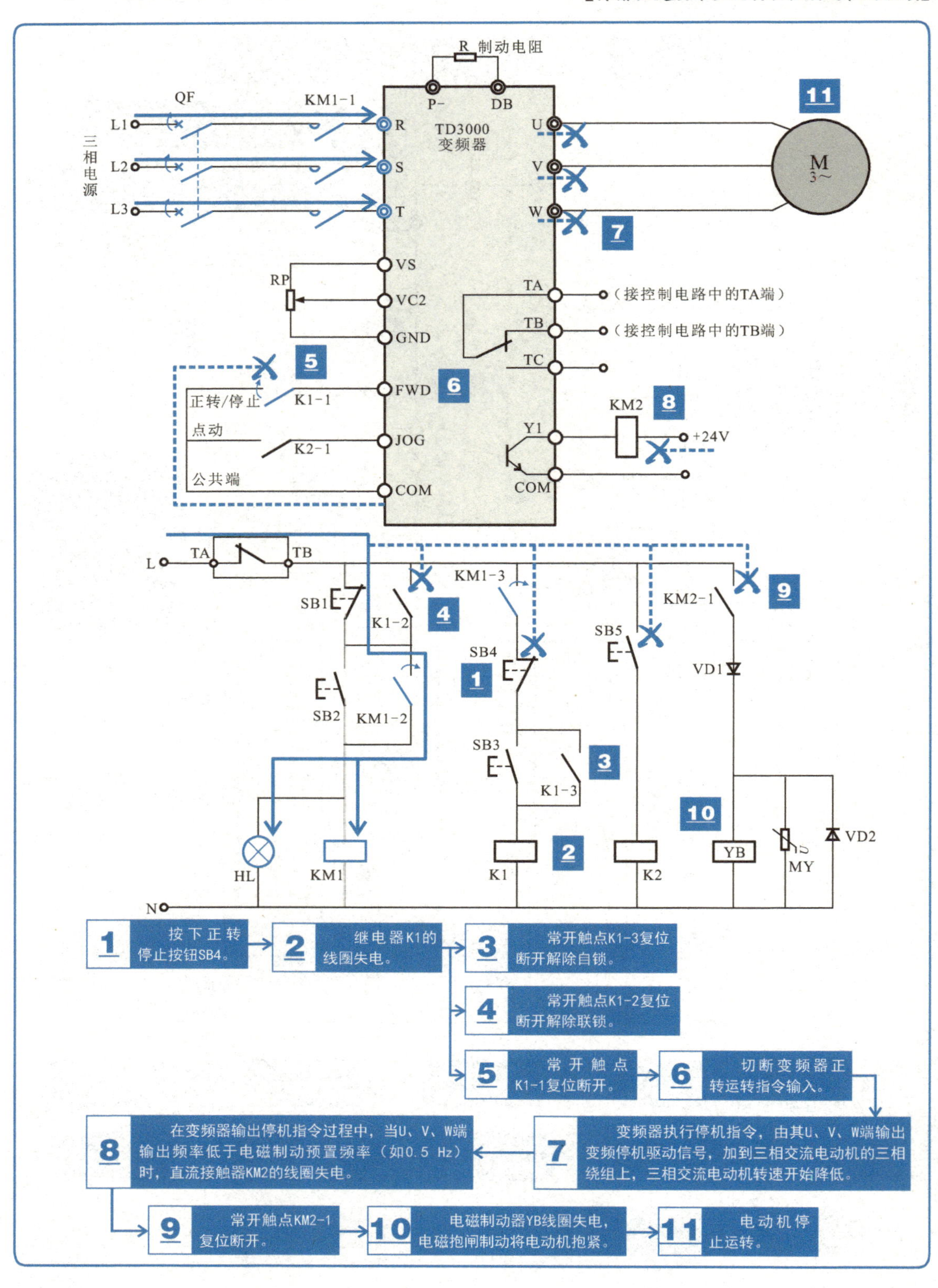

R 制动电阻
P-
DB
QF
KM1-1
L1
L2
L3
三相电源
R
S
T
TD3000
变频器
U
V
W
M
3~
11
7
VS
RP
VC2
GND
TA
TB
TC
（接控制电路中的TA端）
（接控制电路中的TB端）
5
正转/停止
K1-1
FWD
6
点动
K2-1
JOG
公共端
COM
KM2
8
Y1
+24V
COM
L
TA
TB
KM1-3
KM2-1
9
SB1
K1-2
4
SB5
SB4
VD1
1
SB2
KM1-2
SB3
3
K1-3
10
HL
KM1
K1
2
K2
YB
MY
VD2
N
1 按下正转停止按钮SB4。
2 继电器K1的线圈失电。
3 常开触点K1-3复位断开解除自锁。
4 常开触点K1-2复位断开解除联锁。
5 常开触点K1-1复位断开。
6 切断变频器正转运转指令输入。
7 变频器执行停机指令，由其U、V、W端输出变频停机驱动信号，加到三相交流电动机的三相绕组上，三相交流电动机转速开始降低。
8 在变频器输出停机指令过程中，当U、V、W端输出频率低于电磁制动预置频率（如0.5 Hz）时，直流接触器KM2的线圈失电。
9 常开触点KM2-1复位断开。
10 电磁制动器YB线圈失电，电磁抱闸制动将电动机抱紧。
11 电动机停止运转。

5. 一台变频器控制多台并联电动机正反转的变频控制电路识读

一台变频器对多台并联的电动机进行控制，可使多台电动机在同一频率下工作。对该变频控制电路进行识读时，应从各主要部件功能特点和连接关系入手进行细致识读。

【多台并联电动机正转起动控制过程的识读】

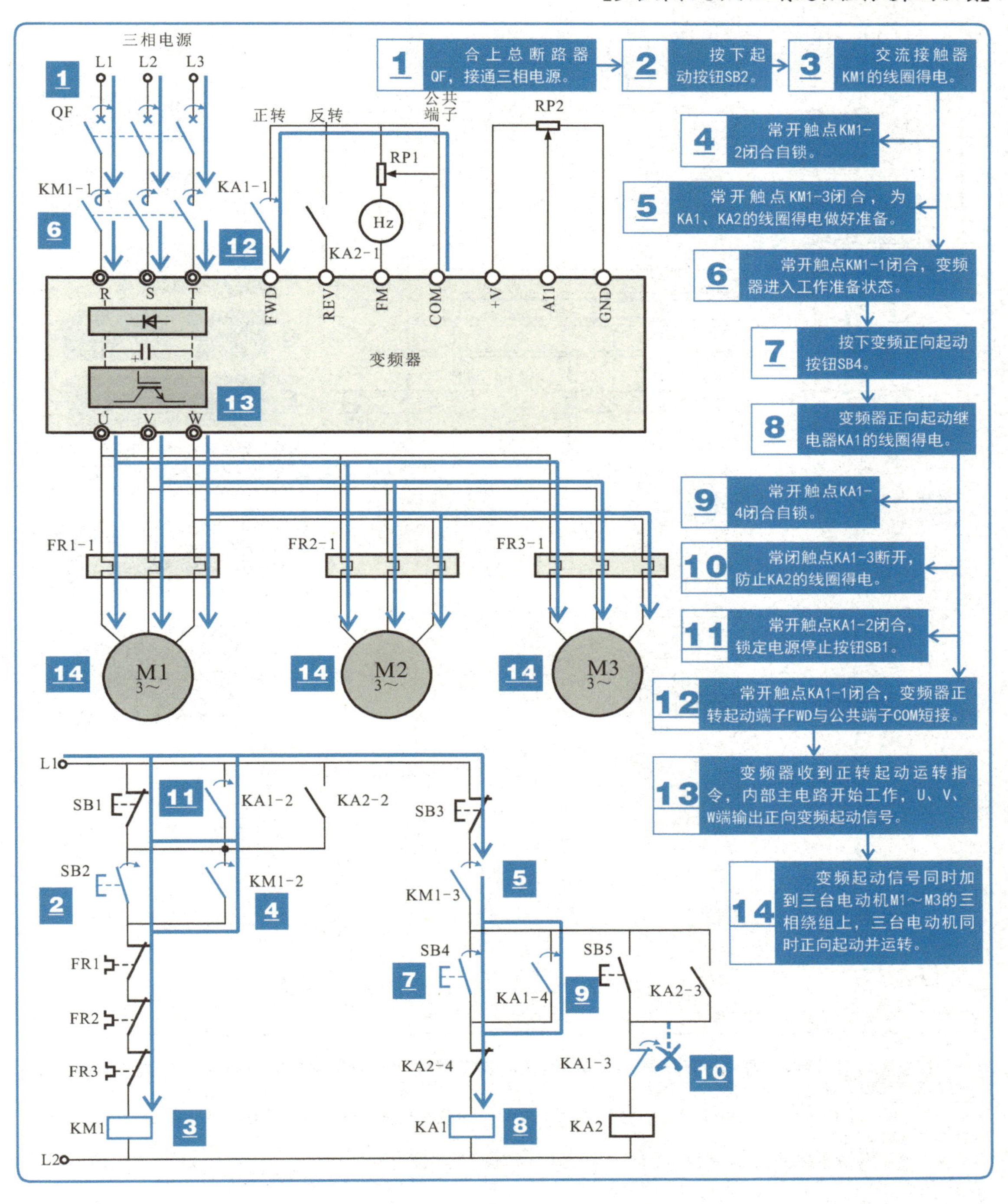

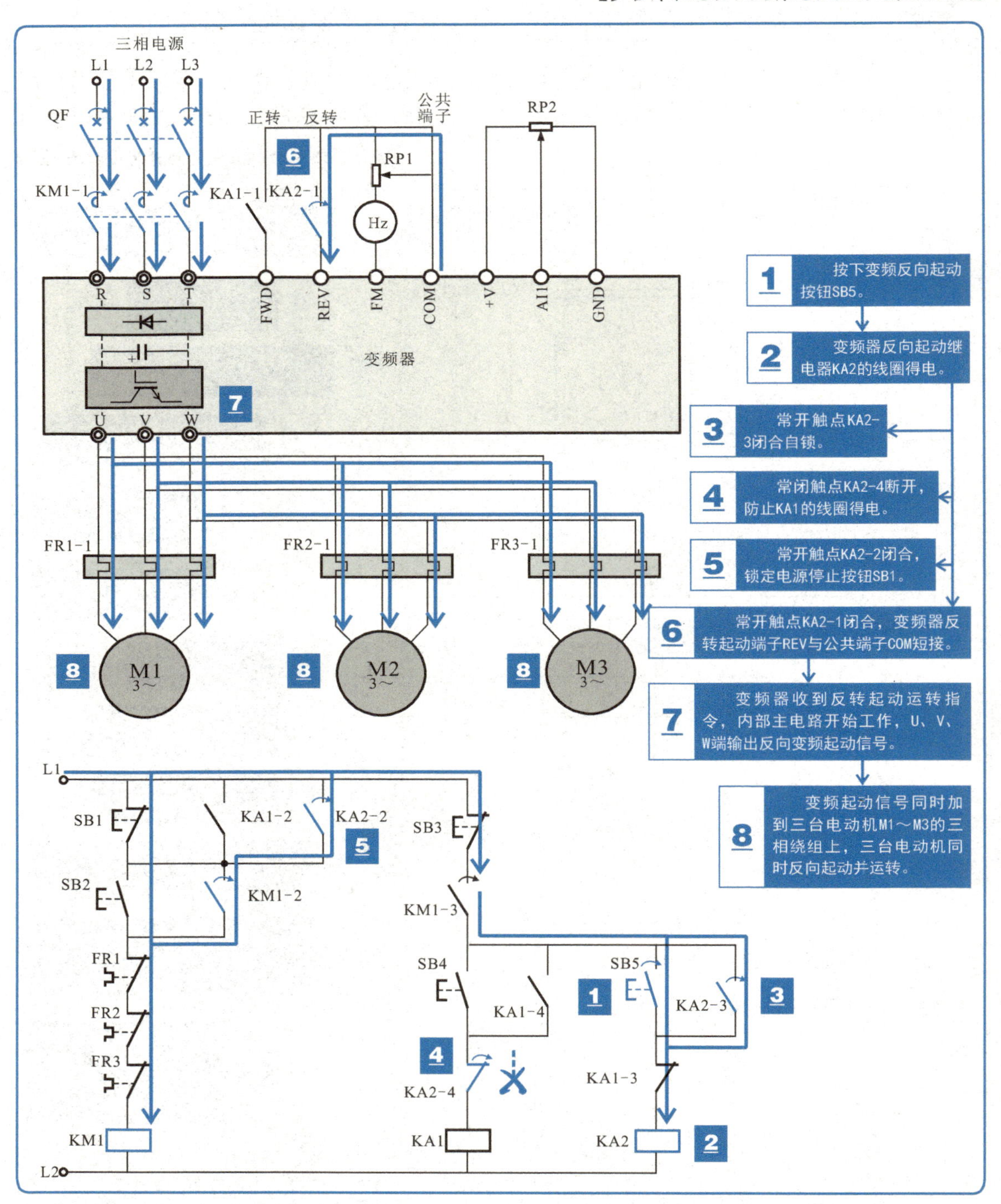

特别提醒

三台电动机运转过程中需要停机时，则按下变频器停止按钮SB3，变频器正向起动继电器KA1线圈失电，其所有触点均复位，变频器再次进入准备工作状态。

若长时间不使用该变频系统时，可按下电源停止按钮SB1，切断电路供电电源。